Polylactide Foams
Fundamentals,Manufacturing,and Applications

聚乳酸泡沫塑料
——基础、加工及应用

（加）默罕默德·礼萨·诺法尔（Mohammadreza Nofar） 著
（加）朴哲范（Chul B. Park）

朱文利 译

化学工业出版社

·北京·

本书首先介绍一般泡沫塑料和发泡的概念，聚乳酸（PLA）的基本原理及性能。然后讨论了 PLA/气体混合物的基本特性，即在以溶解的气体作为发泡剂的情况下，各种不同类型的 PLA 及其混合物的压力-温度-体积（PVT）、溶解度、界面张力行为以及结晶动力学。通过三种主要的发泡技术，即挤出发泡法、注射发泡法和珠粒发泡法，对各种类型的聚乳酸及其化合物的发泡行为和机理进行了广泛的分析和讨论。随后介绍了通过不同机理得到的聚乳酸泡沫的研究进展，及低密度优质泡孔、微孔和纳米孔聚乳酸泡沫的研究成果。

　　本书适用于高分子材料相关专业的师生、从事聚乳酸塑料发泡产品开发、生产的科研人员及企业的技术人员。

Polylactide Foams Fundamentals, Manufacturing, and Applications, first edition
Mohammadreza Nofar, Chul B. Park
ISBN: 9780128139912
Copyright © 2018 by Elsevier Inc. All rights reserved.
《聚乳酸泡沫塑料——基础、加工及应用》（第 1 版）（朱文利 译）
ISBN: 9787122356239
Copyright © Elsevier Inc. and Chemical Industry Press Co., Ltd. All rights reserved.

北京市版权局著作权合同登记号：01-2020-0506

图书在版编目（CIP）数据

聚乳酸泡沫塑料：基础、加工及应用/（加）默罕默德·礼萨·诺法尔（Mohammadreza Nofar），（加）朴哲范（Chul B. Park）著；朱文利译.—北京：化学工业出版社，2019.11

书名原文：Polylactide Foams：Fundamentals, Manufacturing and Applications

ISBN 978-7-122-35623-9

Ⅰ.①聚… Ⅱ.①默…②朴…③朱… Ⅲ.①泡沫塑料-研究 Ⅳ.①TQ328

中国版本图书馆 CIP 数据核字（2019）第 252569 号

责任编辑：仇志刚　高　宁　　　　　装帧设计：韩　飞
责任校对：宋　夏

出版发行：化学工业出版社（北京市东城区青年湖南街 13 号　邮政编码 100011）
印　　装：三河市航远印刷有限公司
710mm×1000mm　1/16　印张 16½　字数 282 千字　　2020 年 4 月北京第 1 版第 1 次印刷

购书咨询：010-64518888　　　　　售后服务：010-64518899
网　　址：http://www.cip.com.cn
凡购买本书，如有缺损质量问题，本社销售中心负责调换。

定　价：128.00 元　　　　　　　　　　　　　　版权所有　违者必究

译者前言

塑料制品物美价廉，给人类生活带来了巨大的便利。然而，无以计数的塑料废弃物对人类的生存环境造成了巨大的威胁。近几年，人们对塑料废弃物引发的土壤、空气和海洋污染问题给予了巨大的关注。2018年世界环境日的主题即为"塑战速决"，呼吁各国齐心协力对抗一次性塑料带来的环境污染。除了加大塑料废弃物的回收和再利用力度，大力发展可生物降解塑料也是解决传统塑料引发的环境污染问题的另一重要途径。泡沫塑料具有质轻、减震、保温等诸多优点，在运输包装和建筑方面应用广泛，推广可生物降解泡沫塑料的应用也将为环境保护作出一定的贡献。

聚乳酸是目前已经产业化的可生物降解塑料之一。聚乳酸来源于玉米和土豆等季节性收获作物，其废弃物又可以通过微生物在一定的环境下在短期内发生降解，且分解产物仅为水和二氧化碳，大大降低了对环境的危害。聚乳酸早在半个世纪前就已被开发出来，但其分子链结构是线型的，熔体强度较低，严重限制了其在发泡领域的应用。另外，聚乳酸是半结晶型聚合物，其结晶行为会对发泡过程产生深刻的影响。尤其是聚乳酸的发泡工艺几乎均采用绿色环保发泡剂——超临界二氧化碳或氮气，导致聚乳酸的发泡机理相当复杂。聚乳酸泡沫塑料的研究近几年才有实质性的进展，可以参考的相关文献和书籍还比较少。本书作者在多年的研究基础上，对聚乳酸的发泡技术和发泡机理进行了详尽的阐述：首先概述了泡沫塑料的分类、发泡机理和生产方法；然后介绍了聚乳酸的材料特性和发泡技术；接着详细分析了聚乳酸在二氧化碳中的 PVT、溶解度和界面张力行为，并重点阐述了聚乳酸在溶解有气体时的结晶动力学；本书的后半部分主要介绍聚乳酸的挤出发泡、注射发泡和珠粒发泡技术。本书的出版可为从事聚乳酸泡沫塑料研发的科研人员和生产人员提供宝贵的经验和科学参考。

本书由土耳其伊斯坦布尔科技大学的默罕默德·礼萨·诺法尔博士执笔，与多伦多大学机械与工业工程系的朴哲范教授共同编著而成。诺法尔博士于 2013 年在多伦多大学获得博士学位，2014 年和 2015 年分别在加拿大蒙特利尔工学院和麦吉尔大学从事博士后研究，多年来专注于聚乳酸的结晶、发泡和流变学等方面的基础研究。朴哲范教授为加拿大皇家科学院和工程院两院院士、加拿大微孔塑料领域首席科学家、多伦多大学微孔塑料制造实验室主任和微孔塑料产业化应用中心主任，其主要研究领域涵盖塑料发泡技术与机理、发泡过程的计算机模拟、可生物降解发泡材料以及环境友好型发泡剂的研究等。译者于 2007～2010 年曾在多伦多大学微孔塑料制造实验室从事博士后研究，在朴哲范教授的指导下，与诺法尔博士共同从事聚乳酸结晶和发泡方面的课题项目。本书中有译者亲手完成的实验和亲自分析和处理的实验数据，在翻译过程中回首往事，倍感亲切。

译者自 2008 年开始从事与聚乳酸结晶和发泡相关的研究工作一直延续至今。多年的研究工作过程中发现，作为一种非常有前途的环保型塑料，聚乳酸及其发泡的相关专著却少之又少。2018 年年初收到诺法尔博士的邮件告知他的新书即将出版，当时就萌发了将其翻译成中文的想法，2018 年年底在化学工业出版仇志刚主任和高宁编辑的支持和帮助下开始着手翻译。翻译的前期得到了研究生王迪、本科生余肖慧和李晓月的大力帮助，最后由译者进行统稿、校正和润色。本书的翻译出版得到了国家自然科学基金青年基金项目（51403059）和"机电汽车"湖北省优势特色学科群（XKQ2018008）的资助，在此表示感谢。

限于译者英语和专业知识水平，在本书译文中可能会存在许多问题和不当之处，请专家和读者不吝指正。

湖北文理学院　朱文利
2019 年 10 月于武汉

　　自 19 世纪以来，聚合物产品的开发一直备受关注，主要是因为它们易于加工且具有质轻的特点。然而，随着技术的发展，地球已开始遭受若干严重的环境问题，例如全球变暖和不可再循环和/或不可堆肥的聚合物废物，对地球上人类的生命安全产生了严重的威胁。另一方面，有限的石油资源和石油价格的波动造成了全球性的能源和经济危机，从而影响了大多数以石油和化工燃料为原料的合成聚合物的生产和成本。近二十年来，全球一直在努力开发生物基聚合物，这些聚合物可从诸如农产品及其废弃物等可再生资源中获得。这些新开发的生物基聚合物中有一些是不可生物降解的，其灵感来自它们的石油基聚合物对等物，例如生物基聚乙烯（PE）、聚对苯二甲酸乙二醇酯（PET）和聚酰胺（PA）。另一组创新的生物基聚合物是那些由石油资源合成的但本质上可生物降解的生物基聚合物。这类生物基聚合物的实例有聚丁二酸丁二酯-己二酸丁二酯（PBSA）、聚己二酸丁二酯-对苯二甲酸酯（PBAT）和聚己内酯（PCL）。最后一类生物聚合物指的是生物基且生物可降解的聚合物，这些聚合物由于满足全球环境和能源方面的关注而引起更人的兴趣。这些聚合物是聚乳酸（PLA）和热塑性淀粉。所有这些生物聚合物类别都可以在各种商品和工程应用中替代目前使用的基于石油的/不可堆肥的对应物。此外，具有生物相容性的可降解生物聚合物可以进一步用于高级医疗应用，例如组织工程、药物释放和支架。

　　在这些生物基聚合物中，PLA 是最为成熟的商业化热塑性聚酯生物基聚合物，它来源于玉米淀粉和甘蔗等资源并通过开环聚合制成。在过去的十年中，PLA 作为石油基聚合物在商品和生物医学应用中的潜在替代品引起了工业界和学术界的广泛兴趣。这不仅是因为它具有绿色环保和可生物降解的特性，还因为它在制造过程中不释放有毒成分。由于需求旺盛，PLA 的价格一直下降到商品水平。此外，由于其具有竞争力的材料和加工成本、力学性能，这种环境友好的生物聚合物被认为是一种有前途的聚苯乙烯（PS）的替代品，特别是在日常应用中的 PS 泡沫产品，如包装，缓冲，建筑，隔热、隔声和塑料器具。用 PLA 泡沫替代 PS 泡沫产品将是非常有吸引力的，因为大量 PS 泡沫废弃物所需的填土量一直是全球关注的问题。由于 PLA 具有生物相容性，PLA 泡沫还可以在生物医学中应用，如支架和组织工程。由于聚乳酸的一些固有缺点，目前使用超临界二氧化碳和氮气作为物理发泡剂大规模生产具有均匀泡孔形态的低密度聚乳酸泡沫仍然具有一定的挑战性。PLA 的这些缺点主要是熔体强度低和结晶缓慢。在过去的二十年中，研究者们通过各种生产技术研究了 PLA/气体混合物的基本原理、PLA 发泡机理以及材料改性对 PLA 发泡行为的影响。

PLA 发泡主要是通过将物理发泡剂 CO_2 或丁烷溶解在 PLA 基体中然后再进行发泡。气泡成核和泡孔生长是通过发泡剂的过饱和（即降低压力或温度升高）导致的热力学不稳定性产生的。然后，溶解的气体从 PLA/气体混合物中释放出来从而产生泡孔结构。当温度低于 PLA 的 T_g（约 60℃）时，泡孔结构得以稳定，从而得到泡沫产品。

PLA 泡沫有一个令人吃惊的特征是它具有在高于 T_g 的高温下使用的潜力。通常，不发泡的 PLA 产品由于其固有的结晶动力较低所以其结晶度也较低。因此，它们的使用温度通常很低。然而，通过适当控制由于气体（即物理发泡剂）的溶解和发泡过程中的双向发泡行为而增强的结晶，PLA 泡沫产品可具有较高的结晶度。因此，和聚丙烯的情况相似，PLA 基体中的晶体可以形成网络结构，从而使得 PLA 泡沫产品可以呈现出韧性和刚性行为，在温度高于 T_g 时也不易产生变形。

在本书中，我们首先介绍一般泡沫塑料和发泡的概念，接着是 PLA 的基本原理及性能。我们讨论了 PLA/气体混合物的基本特性，即在以溶解的气体作为发泡剂的情况下，各种不同类型的 PLA 及其混合物的压力-温度-体积（PVT）、溶解度、界面张力行为以及结晶动力学。通过三种主要的发泡技术，即挤出发泡法、注射发泡法和珠粒发泡法，对各种类型的聚乳酸及其化合物的发泡行为和机理进行了广泛的分析和讨论。随后的章节讨论了通过不同机理得到的聚乳酸泡沫的研究进展，并考察了低密度优质泡孔、微孔和纳米孔聚乳酸泡沫的成果。

目　录

第 1 章

泡沫塑料及发泡概述

● 章节概览

摘 要

工程材料最重要的尝试之一是在保持或提高产品特性的同时实现轻质和低成本，从发泡的角度来看，这些尝试在聚合物工程领域已经取得了成功。通过控制泡沫塑料产品（主要由挤出、注射和珠粒发泡技术生产而得）的密度和泡孔尺寸，可以开发出广泛用于工程和高性能应用领域的各种工程材料。这些尝试起源于生产传统和小泡孔泡沫结构产品，现已发展为用于高性能标准要求的新型微孔和纳米孔泡沫塑料，这些材料同时又具有节约用量、节能和环保等许多其他的优势。

关键词：发泡剂；多孔塑料；泡沫制造；泡沫材料；微孔泡沫；聚合物泡沫

1.1 背景

泡沫塑料是一类重要的轻质多孔工程材料。在制造工程塑料泡沫材料的时代之前，泡沫结构已在大自然里的不同材料中存在。图 1.1 显示了橡木软木中的多孔结构，这些多孔结构具有特定的性质和性能[1]。在这样的背景下，为了获得具有所需性能的结构，人们开发了合成工程泡沫材料，其中的第一个灵感很有可能来自大自然中的泡沫结构。

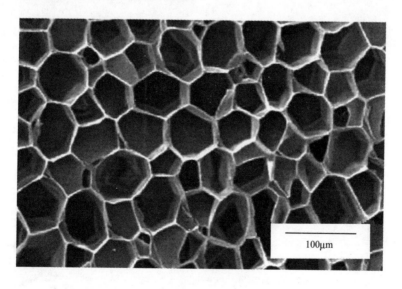

100μm

图 1.1 天然软木结构的多孔形态

合成工程塑料泡沫至少由两相组成：聚合物固体相和形成泡孔或气泡的气相[2]。一般来说，与固体聚合物产品相比，多孔聚合物产品具有各种独特的特性，如更高的拉伸强度、更高的韧性和优异的隔热和隔声性能[3~7]。然而更重要的是，聚合物泡沫比固体塑料轻得多，成本效益也更高。热塑性泡沫塑料的这些独有特性一直激励着用户和制造商通过研究泡孔结构来开拓泡沫塑料新的应用领域。据估计，2001年全球的热塑性泡沫的产量超过了500万吨[8]，市场规模逐年增长。热塑性泡沫塑料的主要加工方法有间歇发泡（主要用于科学研究）[9~11]、挤出发泡[4,5,12~16]、注射发泡[17~20]、珠粒发泡[21~23]、旋转模塑[24~26]和压缩泡沫成型，以及很多其他研究领域[27,28]。通常，挤出发泡、注射发泡和珠粒发泡是比较常见的，因为这些发泡方法的生产率较高。

1.2　发泡概念及分类

泡沫塑料是一种内部含有气泡或泡孔的聚合物。这种多孔结构是通过发泡剂（如物理或化学发泡剂）形成的，发泡剂可以是挥发性液体、化合物或惰性气体。溶解的发泡剂在发泡过程中先产生气体；接着，通过由发泡剂过饱和产生的热力学不稳定性（如压力降低或温度升高）进行发泡（即气泡成核和生长）；最后通过将溶解的发泡剂从聚合物/气体混合物中释放出来产生泡沫结构。当压力和温度达到大气环境条件时泡孔得到稳定，从而制得泡沫产品。

通常，热塑性泡沫可以根据泡孔尺寸、泡沫密度和泡孔结构进行分类。首先，根据泡孔大小和泡孔密度，热塑性泡沫可分为常规泡沫、小孔泡沫、微孔泡沫和新一代的纳米泡沫[29,30]。图1.2显示了泡沫塑料基于泡孔密度和泡孔大小随时间的发展是如何分类的。随着进一步的研究和开发，微孔泡沫已在各种工业中商业化。由于泡沫结构独特，微孔泡沫具有优异的力学性能，如更高的冲击强度和韧性。另外，微孔泡沫还呈现出良好的光反射能力[31]。图1.3是拉伸断裂应力随泡沫塑料中泡孔尺寸变化的规律图。可以看出，当泡孔大小低于微孔临界值时，断裂应力也在其变化趋势中呈现出一个明显的临界值[32]。微孔泡沫塑料是指泡孔尺寸小于 $30\mu m$、泡孔密度在 $10^9 \sim 10^{12}$ 个/cm^3 范围内的泡沫[33]。纳米孔聚合物泡沫也被认为是新一代的低密度泡沫，与微孔聚合物泡沫不同的是，其泡孔密度超过 10^{12} 个/cm^3，孔尺寸小于 $1\mu m$[30]。纳米泡沫塑料最重要的应用是超绝热[30]。

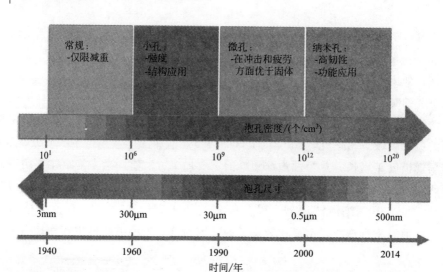

图 1.2 基于泡孔密度和泡孔直径的泡沫塑料分类

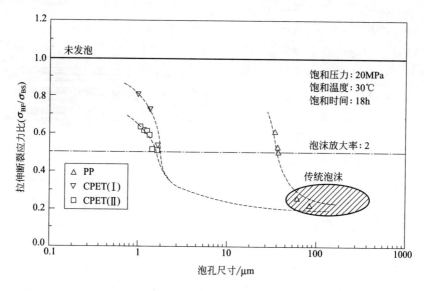

图 1.3 拉伸断裂应力与发泡结构孔径的关系

CPET—结晶型聚对苯二甲酸乙二酯；PP—聚丙烯

泡沫密度、孔隙率或体积膨胀倍率（ER）也可以是热塑性泡沫的分类标准：高密度泡沫（膨胀倍数小于4）、中等密度泡沫（膨胀倍数在 4～10 之间）、低密度泡沫（膨胀倍数在 10～40 之间）和超低密度泡沫（膨胀倍数大于40）。高密度泡沫通常用于建筑材料、家具、运输和汽车产品，而低密度泡沫主要用于冲击吸收、隔声和包装材料[34]。图 1.4 为孔隙率对泡孔结构冲击强度的影响[35]。图 1.5 还描述了孔径的减小和纳米孔泡沫的产生是如何提高冲击强度的[36]。

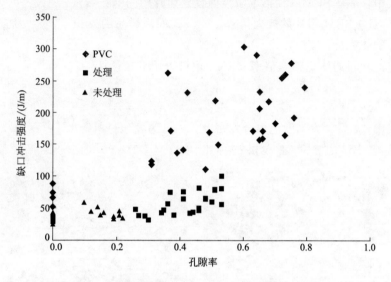

图 1.4　孔隙率对提高泡孔结构冲击强度的影响

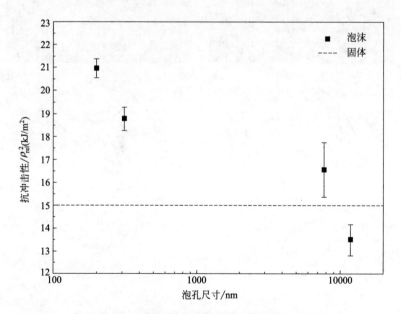

图 1.5　通过减小孔径成为纳米结构提高冲击强度

泡孔形态，特别是泡沫塑料的泡孔密度，可以通过以下方法计算：

$$泡孔密度 = \left(\frac{nM^2}{A}\right)^{\frac{3}{2}} \cdot \frac{V_{泡沫}}{V_{聚合物}} \tag{1.1}$$

式中，n 是 SEM（扫描电子显微镜）照片中的泡孔数量；A 是 SEM 照片面积；M 是 SEM 照片的放大倍数；$V_{泡沫}$ 是发泡样品的体积；$V_{聚合物}$ 是未发泡的聚合物体积。

泡沫塑料的体积膨胀倍率（ER）也可以用下式计算：

$$ER = \frac{V_{泡沫}}{V_{聚合物}} \sim \frac{\rho_{聚合物}}{\rho_{泡沫}} \tag{1.2}$$

式中，$\rho_{聚合物}$ 为未发泡聚合物密度；$\rho_{泡沫}$ 为发泡材料密度。

发泡材料的密度通常根据标准 ASTM-D972-00（注：目前已替换为

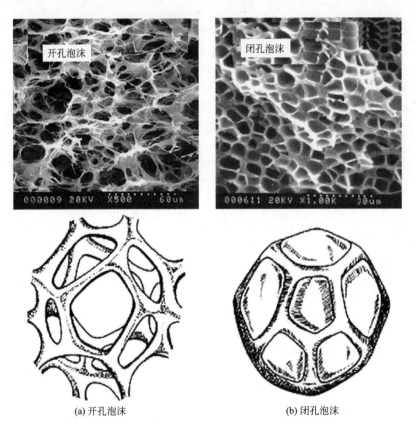

(a) 开孔泡沫　　　　　　　　　　　　(b) 闭孔泡沫

图 1.6　开孔泡沫和闭孔泡沫的典型扫描电镜图像和示意图

ASTM-D972-16）利用排水法测得[37]。

根据泡孔结构对热塑性泡沫进行分类，可分为开孔泡沫和闭孔泡沫。开孔泡沫的特征是泡孔相互连接，而闭孔泡沫的泡孔壁上没有开口（图 1.6[38]）。很多研究者对开孔泡沫材料比较关注，因为它们具有良好的隔声性能。然而，闭孔泡沫很适合珠粒发泡工艺，可实现发泡珠粒中每个泡孔的进一步膨胀。

1.3 发泡剂

大多数热塑性泡沫可以用化学发泡剂（CBA）或物理发泡剂（PBA）进行发泡。化学发泡剂是一种可以在一定的加工温度下分解的物质，从而产生二氧化碳和/或氮气等气体。一般来说，固体有机物和无机物，如偶氮二甲酰胺和碳酸氢钠，可以用作化学发泡剂。具体来讲，化学发泡剂按其反应焓分为两组，放热型发泡剂和吸热型发泡剂，产生气体的反应可以吸收能量（吸热）或释放能量（放热）。

物理发泡剂是以液相、气相或超临界相注入聚合物系统的材料。一些物理发泡剂如戊烷或异丙醇这类碳氢化合物，沸点较低，在一定压力下可在聚合物熔体中保持为液态[39]。当压力降低后，发泡剂立即发生从液体到气体的相变，气体从聚合物溶液中排出，从而使熔体膨胀。随着气体沸点降低，气体的挥发性增加。较高的挥发性或蒸气压要求较高的压力以维持气体在聚合物熔体为液相。另一些物理发泡剂是惰性气体，如氮气或二氧化碳。惰性指的是气体对聚合物、所有添加剂、机器或周围环境的反应性和腐蚀性。当发泡剂的惰性越强时，它对周围环境的反应性（或腐蚀性）就越低。这些惰性气体以气体或超临界相的形式溶解在聚合物熔体中（取决于浸润压力），并在大气常压下以气体的形式从溶液中扩散出来，使得聚合物熔体膨胀。

气体的溶解度影响泡沫的最终密度。与碳氢化合物相比，二氧化碳和氮气在聚烯烃基体中的溶解度都很低。气体的扩散率对于维持泡孔结构和产生较低的密度都很重要。当对比二氧化碳和氮气时发现，二氧化碳比氮气具有更高的溶解度，但氮气比二氧化碳具有更高的扩散速率。因此，在泡沫技术中，如期望得到较小膨胀倍数（高密度泡沫）的注射发泡成型，相对于 CO_2，N_2 是最佳选择。此外，由于氮气具有较高的扩散速率，因此它比二氧化碳具有更高的成核能力。这是因为，在发泡过程中（通过热力学不稳定性），氮气倾向于更快地从聚合物/气体溶液中逸出，因此，气泡会通过大量气泡成核点成核。另一方面，在期望得到较大膨胀倍数（低密度泡沫）的挤出发泡技术中，CO_2 是优选的物理发泡剂，因为 CO_2 在聚合物中的溶解度较高[40,41]。

在传统发泡工艺中，最常用的发泡剂是 FCS、CFCS（氟利昂）、正戊烷和正丁烷[42]。这些发泡剂具有很高的溶解性，因此可以大量溶解在聚合物基体中。例如，在 6.9MPa 压力和 200℃温度下，FC-114 在聚苯乙烯（PS）中的溶解度大于 20%[43]。并且由于气体损失少，这些发泡剂能够在较低的加工压力下产生具有较高孔隙率和较高体积膨胀倍数的泡沫结构。由于这些发泡剂的分子较大，具有较低的扩散速率，泡沫结构中的气体损失大大减少[42]。因此，最终泡沫产品可以具有较低的泡沫密度。尽管传统发泡剂具有诸多优点，但仍存在一些严重的环境和安全问题。根据 1987 年由 24 个国家签署的《蒙特利尔议定书》[44]，氟利昂已经被禁止使用。其他发泡剂如正戊烷等，因易燃而具有危险性。因此，人们正在研究和开发用于聚合物发泡加工的替代发泡剂。

1.4 塑料发泡机理

通过在聚合物/气体溶液中引发突然的热力学不稳定性，可以使聚合物泡沫产生高密度的泡孔结构。聚合物/气体溶液形成后，应通过控制其生长来保存泡孔，直到气泡稳定[45]。发泡系统应具有以下成功实现这些条件的基本加工机制：在高加工压力下完全溶解大量可溶解的气体到聚合物中的机制；在先前形成的均相聚合物/气体溶液中引发热力学不稳定性的机制；以及控制气泡生长的机制，同时防止它们合并和破裂。一般而言，泡沫加工主要包括三个步骤：①形成聚合物/气体溶液，②泡孔成核，③泡孔生长。图 1.7 为泡沫塑料发泡过程中的示意图[2]。这些步骤出现在各种发泡过程中，如挤出发泡、注射发泡和珠粒发泡。

1.4.1 聚合物/气体溶液的形成

扩散系数主要取决于温度变化。在连续发泡过程中，注入过量的气体可能导致聚合物基体中存在未溶解的气体。因此，知道注入的气体量低于在发泡过程中的溶解极限是非常有意义的。另外发现，通过在发泡过程的剪切场中拉伸气泡，可以改善扩散过程[46]。

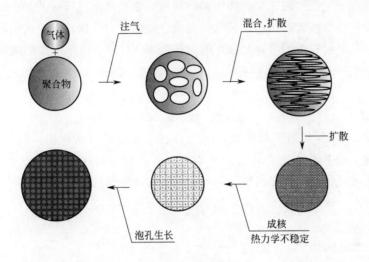

图 1.7　塑料发泡过程中聚合物/气体溶液形成、泡孔成核和泡孔生长的示意图

　　泡沫发泡的第一步是获得均匀的聚合物/发泡剂溶液。聚合物/气体溶液的均匀性对最终泡孔形态和力学性能有显著影响。尤其是发泡剂的注入量应低于加工压力和温度的溶解极限，以保证气体完全混合和溶解到聚合物中。这些都必须小心控制，因为如果存在过量的、不能溶解到聚合物中的发泡剂，就会形成大的气穴。因此，确定发泡剂在不同加工温度和压力下的溶解度（或用量）至关重要。为了避免出现大的气穴，这些信息对于泡孔结构的产生是非常必要的。溶解在聚合物中的气体的溶解极限随系统压力和温度的变化而变化，并可用亨利定律[46]　估算：

$$C_S = k_D P_S = \frac{1}{H} P_S \qquad (1.3)$$

　　式中，C_S 是气体在聚合物中的溶解度，cm^3/g 或 $g_{气体}/g_{聚合物}$；k_D（$k_D = 1/H$）是亨利定律溶解常数，$cm^3[STP]/(g \cdot Pa)$；P_S 是饱和压力，Pa；常数 k_D 是温度的函数，其描述如下：

$$k_D = k_{D_0} \exp\left(-\frac{\Delta H_S}{RT}\right) \qquad (1.4)$$

　　式中，R 为气体常数，J/K；T 为温度，K；k_{D_0} 为溶解系数常数，$cm^3[STP]/g \cdot Pa$；ΔH_S 为摩尔吸附热，J。根据聚合体系不同，摩尔吸附热 ΔH_S，可以是负值也可以是正值。式(1.3) 和式(1.4) 可用于估算一定加工压力和温度下，发泡剂在聚合物中的溶解度。根据挤出过程中的聚合物流动速率，可以控制气体流动速率，使气体与聚合物的质量比保持在溶解极限以下。

当涉及聚合物中的气体扩散率时，扩散率（D）主要是温度的函数，可用下式表示[46]：

$$D = D_0 \exp\left(-\frac{E_d}{RT}\right) \tag{1.5}$$

式中，D_0 是扩散系数常数，cm^2/s；E_d 是在扩散活化能，J。因此，在较高温度下加工塑料/气体混合物可以提高扩散速率。在连续发泡过程中，当注入过量的气体时，聚合物基体中可能保留有未溶解的气穴。因此，在一定的工艺条件下，确保注入的气体量低于溶解极限至关重要。

1.4.2 气泡成核

要想在聚合物熔体中产生气泡，溶解的气体必须产生过饱和。这种能量可以来自加热或降压。因此，通过快速降低气体溶解度引起的热力学不稳定性可导致微孔成核过程。成核机制有两种类型：均相成核和异相成核。在均相成核过程中，气泡在聚合物中随机成核，需要较高的成核能量。然而，异相成核[37]在一定的位置发生，如相界面或由成核剂提供的位置，成核剂可以是添加的颗粒或晶体的核。

根据经典成核理论（classic nucleation theory，CNT）[47,48]，大于临界半径（R_{cr}）的气泡可自发性生长，而小于临界半径的气泡则会塌陷。临界半径的表达推导如下：

$$R_{cr} = \frac{2\gamma_{lg}}{P_{bub,cr} - P_{sys}} \tag{1.6}$$

式中，γ_{lg} 代表气液界面的界面张力；$P_{bub,cr}$ 和 P_{sys} 分别代表临界尺寸气泡内的压力和系统压力。$P_{bub,cr} - P_{sys}$ 表示过饱和水平。此外，假设聚合物溶液是弱溶液，用亨利定律可以估计出 $P_{bub,cr}$。

因此，式（1.6）可改写为式（1.7）：

$$R_{cr} = \frac{2\gamma_{lg}}{HC - P_{sys}} \tag{1.7}$$

式中，H 是式（1.3）中的亨利常数；C 是溶解在聚合物中的气体浓度。图 1.8 显示了根据 CNT 的气泡形成演化示意图[48]。

与泡孔在聚合物/气体混合物（均相成核）的单一相中成核的情况相比，

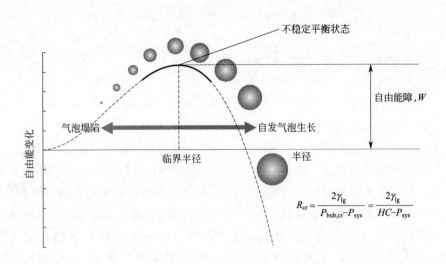

图 1.8 临界气泡半径及其对临界尺寸气泡内压力和系统压力的依赖关系

如果泡孔在第二相（异相成核）的表面（如固体添加剂、晶体和设备壁面）成核，自由能屏障通常更低[37]。因此，诸如滑石粉之类的添加剂经常被用作气泡成核剂添加到聚合物/气体混合物中。最近，已经证明，在聚合物/气体混合物中成核的晶体也起到气泡成核剂的作用[22,23,49,50]。成核剂的有效性取决于其表面几何形状和表面性质。如果有任何流动，则在任何异相（如泡孔成核剂、晶体等）周围将产生压力偏差[49,51]。例如，在泡孔生长过程中，由于聚合物/气体溶液在气泡表面附近双轴拉伸，在异相周围产生了压力偏差[52]。一些局部区域（如沿双轴拉伸方向的固体区域侧面）的压力将低于系统压力。因此，过饱和度增加，最终提高了气泡成核率。为了解释这种压力偏差，将式(1.6) 和式(1.7) 修改为式(1.8)[53]：

$$R_{cr} = \frac{2\gamma_{lg}}{P_{bub,cr} - (P_{sys} + \Delta P_{local})} = \frac{2\gamma_{lg}}{HC - (P_{sys} + \Delta P_{local})} \tag{1.8}$$

式中，ΔP_{local} 是整体系统压力和局部系统压力之间的差值。如果局部区域受到压缩应力，则 ΔP_{local} 为正；如果局部区域受到拉伸应力，则 ΔP_{local} 为负。在拉伸应力区域，由于过饱和程度的增加和现有微孔的生长，气泡成核率会增加。如前所述，半结晶聚合物中的晶体可能具有与固体添加物相似的作用，即诱导气泡成核的局部压差。Nofar 等[22,23] 观察到晶体具有与固体添加物相似的引起气泡生长的作用——在静态条件下诱导气泡成核。

1.4.3 气泡生长

气泡成核后，由于气体在聚合物基体中进一步扩散，气泡将继续生长。由于泡孔内的压力大于周围的环境压力，泡孔倾向于长大以减小内外压差[2]。泡孔生长机制受黏度、扩散系数、气体浓度和气泡核数量的影响[54,55]。温度可以控制气泡的生长量，进而影响两个重要参数：扩散率和熔体黏度。例如，如果温度降低，气体的扩散率就会降低，熔体黏度增加，从而降低了气泡的生长速度。在发泡过程中，通过严格的温度控制将气体保持在聚合物基体中至关重要，这样才能实现较好的气泡生长和较高的体积膨胀。在微孔泡沫材料中，由于泡孔尺寸小，泡孔密度高，所以间隔两个气泡的泡孔壁非常薄，气泡的生长速度快于传统泡沫材料。然而，这也可能导致不期待出现的泡孔合并现象[56]。如果气泡在生长过程中合并，初始的泡孔密度将会变小。随着成核的气泡长大，相邻的气泡开始相互接触。这些相邻的气泡趋向于合并，因为通过合并可以减少泡孔的表面积，从而降低总自由能[2]。可以注意到，成型过程中产生的剪切场倾向于拉伸成核的气泡，这将进一步加速气泡的合并[57]。如果泡孔密度降低，力学性能和热性能也会下降。Naguib 等人[58] 提出了一种抑制气泡合并的方法，即通过在微孔挤出发泡过程中控制温度从而提高聚合物的熔体强度（图 1.9）。熔体强度可定义为：当熔体体积发生膨胀时，泡孔壁

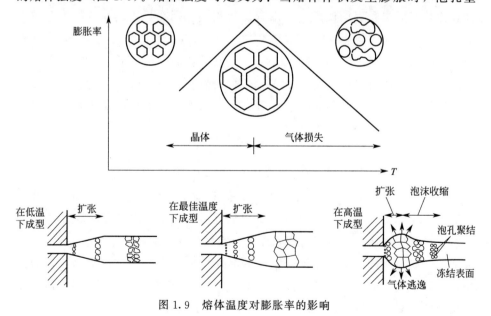

图 1.9　熔体温度对膨胀率的影响

中的聚合物被挤出时对泡孔壁的拉伸流动产生的一定程度的抵抗力。因此，随着熔体强度的增加，泡孔壁的稳定性将得到提升。

1.5　热塑性泡沫的生产

人们经过大量努力、通过各种方法制造了很多热塑性泡沫，特别是微孔泡沫。一些研究仅仅关注实验室规模的间歇发泡系统。间歇发泡主要用于表征材料成分和发泡剂对热塑性塑料发泡行为的影响。在间歇发泡过程中，首先将聚合物样品放置在高压容器中，然后在室温下被惰性气体（如二氧化碳或氮气）在高压下饱和。接着，通过快速降低气体在聚合物中的溶解度（通过释放压力和加热样品来完成）引发热力学不稳定性。这种膨胀驱动大量微泡成核，成核的气泡继续生长导致泡沫膨胀。由于室温下气体扩散到聚合物中的速率较低，气体在聚合物中达到饱和需要非常长的时间，因此这是间歇工艺的主要缺点。

目前，热塑性泡沫工业化生产主要有三种泡沫加工技术。下面对这些制造方法逐一介绍。

1.5.1　挤出发泡

挤出发泡的主要优点之一是它能够制造具有简单二维几何形状的低密度泡沫。在挤出发泡过程中，首先将聚合物加入挤出机中，然后将发泡剂注入挤出机料筒中，使得气体在高压下溶解在聚合物熔体中（图 1.10[8]）。溶解的气体将使聚合物熔体塑化，均匀的聚合物/气体混合物沿着挤出机流动。随后，聚合物/气体混合物从机头中被挤出来，并且由于挤出诱导的压降速率而发泡。压降速率产生热力学不稳定性，并导致相分离、气泡成核和气泡生长[59,60]。泡沫稳定是下一个重要参数，它依赖于聚合物的黏弹性和应变硬化行为[61]。挤出的泡沫将通过不同形状的模具被定型为具有简单几何造型的产品。

与间歇发泡不同，挤出发泡最重要的特点之一是聚合物泡沫可以连续的工艺制造。根据目标泡沫的性质和材料特性，可以选择使用化学发泡剂还是物理发泡剂。与化学发泡剂相比，使用物理发泡剂（如环境友好的二氧化碳和氮气）的工艺没有分解温度的限制，因此可以在临界温度以下进行加工。此外，尽管它需要一些技能和特殊设备，但它的成本较低，而且通常可以产生更好的泡孔形态[2,39]。

如上文图 1.9 所示，Naguib 等[58] 得出如下结论：挤出泡沫的最终体积

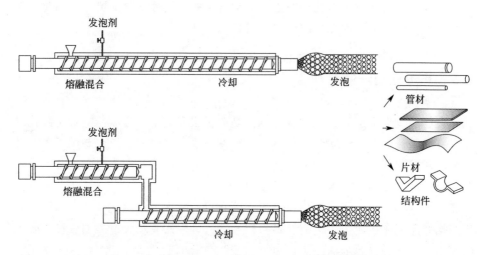

图 1.10 两条挤出发泡生产线示意图。顶部图片是单螺杆挤出发泡，底部图片是配置了
第二台挤出机（称为串联生产线）的单台挤出机。串联生产线的目的是沿着挤出机产生
逐渐冷却梯度和提高最终泡沫的质量

ER 取决于通过泡沫表皮损失的发泡剂或聚合物固化（结晶或玻璃化）过程中损失的发泡剂。发泡剂在高温下的扩散速率非常高。因此，气体很容易从挤出的泡沫中逃逸出去，因为它在高温下具有较高的扩散速率。另外，随着泡孔膨胀增加，泡孔壁的厚度减小并且泡孔之间的气体扩散速率增加。因此，气体从泡沫逸出到环境的速率增加。气体通过泡孔壁的逸出使得用于泡孔生长的气体量减少，导致膨胀降低。此外，如果泡孔不能尽快固化，由于气体通过泡沫表层损失，泡沫会趋于收缩，从而导致泡沫整体收缩。这说明当熔体温度较高时，气体损失现象是限制体积膨胀的主要因素。在泡沫塑料加工中，影响最大ER 的另一个关键因素是通过结晶或玻璃化导致的聚合物基体的硬化。如果半结晶聚合物发生结晶，在发泡的初始阶段，即在溶解的发泡剂完全扩散出塑料基体形成气泡核之前，泡沫不能完全膨胀。因此，为了获得最大 ER，在所有溶解的气体扩散到气泡核中之前不应发生结晶（或固化）。如果加工温度太接近结晶温度，聚合物熔体会在泡沫完全膨胀之前凝固过快，如图 1.9 的起始部分所示。这表明为达到最大膨胀需要设定一个最佳加工温度。如果熔体温度太高，最大 ER 由气体损失和泡孔合并控制，并且随着加工温度的降低而增加。如果熔体温度太低，则 ER 由固化（即半结晶聚合物如聚乳酸的结晶）行为控制，并且随着温度的升高而增加。

1.5.2　注射发泡

与挤出发泡不同，注射发泡的特点是可以制造具有复杂三维几何形状的高密度泡沫结构。该工艺具有材料成本低、尺寸稳定性高、能耗低、循环时间短等优点。一些力学性能（如疲劳寿命、韧性和冲击强度）均可以得到提高[56]。图 1.11 是注射发泡成型工艺的示意图，也示意了通过注射发泡制造应用于汽车上的泡沫缓冲结构。在注射发泡中，由于要得到具有较高气泡密度的高密度泡沫，通常使用超临界氮气作发泡剂。由于聚合物/氮气混合物的形成和氮气的塑化效应，超临界氮气的使用降低了聚合物熔体的黏度[62]。因此，可以降低加工温度，所需的能量和加工成本均得到降低[63]。

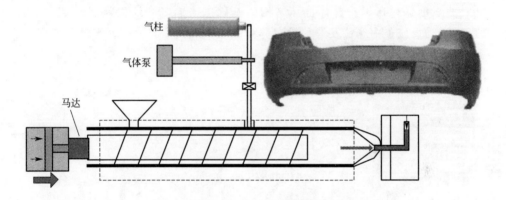

图 1.11　注射发泡成型工艺示意图及通过注射发泡制造的泡沫保险杠结构

1.5.3　珠粒发泡

如前面章节中所述，挤出发泡已被用于获得具有简单几何形状的高密度或低密度泡沫产品。另一方面，注射发泡被用来制造具有三维几何形状的高密度泡沫产品。珠粒发泡是另一种制造具有复杂三维几何形状的低密度泡沫产品的大规模泡沫制造方法[2,22]。在该方法中，低密度的珠粒泡沫被模塑加工成所需形状的最终泡沫产品。

利用发泡珠粒的烧结工艺可以制备各种三维形状的聚合物珠粒泡沫。最常用的泡沫珠粒之一是 PS 泡沫珠粒。它们被广泛用于一次性咖啡杯、保温箱或包装缓冲材料中。聚苯乙烯珠粒（EPS）被聚合成含有 4%～7%正戊烷的 PS

珠粒，这意味着 EPS 珠粒在销售和在各成型制造商之间运输的环节中还处于未发泡状态[64]。因此，EPS 珠粒的体积密度约为 0.64g/cm³，运输成本合理。成型制造商可以使用预发泡系统对 EPS 珠粒进行预发泡。预发泡的珠粒必须在料仓中熟化。这个阶段是用来平衡泡孔内部和大气之间的压差的。熟化期之后，珠粒可以随时进入蒸汽成型机。这就是工业上用来制造 EPS 发泡珠粒的通用工艺。

　　第二大最常见的发泡珠粒是发泡聚丙烯（EPP）珠粒，它们通常用作需要较高尺寸稳定性和良好弹性的汽车零件和高端包装材料。除了 EPS 和 EPP，近年来，发泡聚乙烯和发泡聚乳酸珠粒泡沫由于其独特的性能和巨大的潜力也引起了人们的广泛关注。具有双结晶熔融峰结构的发泡珠粒技术在聚烯烃材料中已经得到了很好的应用。在发泡珠粒模塑阶段中所需的双结晶熔融峰结构，可使得发泡珠粒在保持整体泡沫结构的基础上表面之间产生强烈黏结[2,22]。图 1.12 为反应釜中珠粒发泡和发泡珠粒成型的后续步骤——蒸汽模塑成型的示意图[65]。

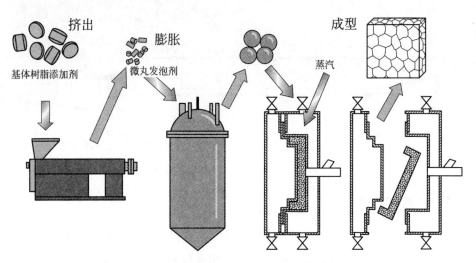

图 1.12　生产具有复杂三维几何结构的轻质珠粒泡沫
产品的珠粒发泡和蒸汽模塑成型示意图

第 2 章

聚乳酸和聚乳酸发泡概述

● 章节概览 ●

摘 要

聚乳酸（PLA）是一种热塑性脂肪族聚酯，来源于玉米淀粉、甘蔗等可再生资源及其他每年可再生的生物质产品和废弃物。PLA 是商业化最发达的生物基聚合物，1992 年被 Cargill 公司首次通过开环聚合商业化。作为一种生物基聚合物，PLA 还具有生物可降解性和生物相容性，为其在从日常生活到生物医学领域的各种广泛应用开辟了广阔的前景。除了这些特点，PLA 也有一些限制其应用的缺点。这些缺点主要有：熔体强度低、结晶速度慢、加工性能差、成型性差和发泡性差，最终使得材料具有低脆性、低韧性，不耐低温等缺点。因此，现在大量的研究都致力于突破这些不足，在这一背景下，开发 PLA 泡沫是这条研究道路上的巨大尝试之一。

关键词：结晶；发泡；PLA；聚乳酸；聚丙交酯；加工；性能

2.1 背景

大多数聚合物和塑料来源于石油。聚合物产品使用后成为环境中不可降解的废弃物。所以，由于石油资源有限、汽油价格不稳定，以及自然界中大量废弃物对全球环境影响等问题，全球正在努力创造绿色（通过可再生资源）和可生物降解聚合物。因此，具有合理特性并具有与石油基聚合物相似性能的新的生物基和可生物降解的聚合物正日益受到研究人员和工业界的关注[66~70]。聚乳酸（PLA）是一种商业化聚合物，受到越来越多的研究者和工业界的关注。这是因为它具有与聚苯乙烯（PS）和聚对苯二甲酸乙二醇酯（PET）相当的优异的物理机械性能（例如高模量、高强度、高透性和阻隔性能）。另一方面，PLA 比高密度聚乙烯和聚丙烯具有更高的拉伸模量和弯曲模量，但其冲击强度和塑性低于已知聚合物[71,72]。因此，PLA 有希望在广泛的日常用品中得到应用，如薄膜、包装、纺织和纤维[72]中，替代石油基聚合物。此外，由于它的生物相容性，PLA 也可以应用于生物医学中，如作为药物输送、血管、组织工程和支架中的替代品[73~77]。表 2.1 比较了 PLA、PS 和 PET 的一些性能[74,78]。

这种环境友好型生物基聚合物的发泡结构也被认为是 PS 泡沫产品在包装、减震、建筑、隔热和隔声等商品应用中很有希望的替代品[76]。因为大量

PS 泡沫废弃物的填埋已成为全球重点关注的问题，所以用 PLA 泡沫代替 PS 泡沫产品在环保方面是非常有吸引力的。

表 2.1　聚乳酸（PLA）、聚苯乙烯（PS）和聚对苯二甲酸乙二醇酯（PET）的性能比较

项　　目	PLA	PS	PET
密度/(kg/m³)	1.26	1.05	1.40
拉伸强度/MPa	59	45	57
刚度/GPa	3.8	3.2	2.8~4.1
断裂伸长率/%	4.7	3	300
冲击强度/(J/m)	26	21	59
热变形温度/℃	55	75	67

PLA 发泡主要是通过在 PLA 基体中溶解物理发泡剂进行发泡。气泡成核和生长是通过发泡剂过饱和（即压力降低或温度升高）产生的热力学不稳定性而引发，然后，溶解的气体从 PLA/气体混合物中排出从而产生泡沫结构。泡孔在温度低于 PLA 的 T_g（约为 60℃）时得到稳定，从而制成发泡产品[77]。

目前，以超临界二氧化碳和氮气为物理发泡剂，大规模生产具有均匀泡孔形态的低密度 PLA 泡沫塑料仍具有很大的挑战性。这主要是因为 PLA 熔体强度较低[71,76]。引入扩链剂生成支化结构[79,80]，改变 PLA 分子的 L/D 比配置（L-乳酸/D-乳酸）[81,82]，改变 PLA 的分子量[71,81,82]，并与不同类型的添加剂共混[83~88] 被认为是改善 PLA 熔体强度从而提高 PLA 发泡性能的有效方法。提高 PLA 的结晶动力也已被证明显著改善了其固有的低熔体强度并扩大了它的应用[89,90]。提高结晶度弥补了 PLA 在加工过程中熔体强度低的缺点，从而提高了 PLA 的发泡性[76]。提高结晶度可以进一步改善最终产物的力学性能，并能补偿 PLA 的低热翘曲温度（即使用温度）[91]。

2.2　聚乳酸结构

PLA 是一种热塑性脂肪族聚酯，来源于玉米淀粉、甘蔗和其他每年可再生的生物质产品和废弃物等可再生资源。可以采用两种聚合技术合成 PLA：①由乳酸单体直接缩合；②由环丙交酯二聚体开环聚合。如图 2.1 所示，在这

两种技术中，乳酸单体都是生产 PLA 的原料[74]。尽管缩聚是一种成本较低的技术，但由于水是副产物，在聚合过程中难以得到无溶剂的高分子量 PLA。在此背景下，Cargill 公司于 1992 年申请了开环聚合的专利[92]，成为目前工业化生产高分子量 PLA 的最常用的方法。

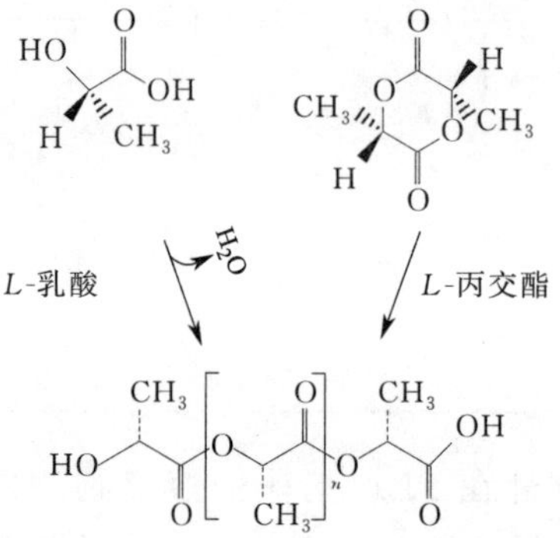

图 2.1　以乳酸为原料，经直接缩合和开环聚合合成聚乳酸

　　另一方面，乳酸和丙交酯分子具有不同的化学立构形式。如图 2.2 所示，乳酸单体可以以 L-乳酸或 D-乳酸两种形式存在。环丙交酯二聚体可分为 DD-丙交酯、LL-丙交酯或 LD-丙交酯（亦称中丙交酯)[74,89]。当所产生的 PLA 分子的主链仅由 L-或 D-乳酸组成时，PLA 的均聚物分别称为聚 L-乳酸（PLLA）和聚 D-乳酸（PDLA）。PLLA 可以通过 L-乳酸单体缩聚而成或通过 LL-丙交酯二聚体开环聚合得到。然而如前所述，相对于直接缩聚，用 LL-丙交酯二聚体进行开环聚合才是工业生产中最常用的方法。同样地，PDLA 可以分别由 D-乳酸单体或 DD-丙交酯和二聚体生产。需要强调的是DD-丙交酯是开环聚合的主要原料，然而，由于很难获得纯的 PLLA 和 PD-LA 均聚物，所以目前这类聚合物的生产成本仍高于工业化生产的 PLA（并非完全由 L-或 D-乳酸单体组成）。当 LD-丙交酯环二聚体构成聚乳酸主链分子时也可以得到 PLA 的另一种产品：聚（L,D-乳酸），即 PDLLA。最终，低成本的工业 PLA 是最常见的聚乳酸产品，它们分别是基于 L-乳酸和 LD-丙交酯二聚体的 PLLA 和 PDLLA 的共聚物，这些分子具有丰富的 L-单体，而 D-单体则作为共聚单体[74]。由于尽可能地减少 D-单体需要提纯，所以具有成本效益的工业级 PLA 至少都含有摩尔含量为 1.2% 的 D-单体[89]；然而，最近 NatureWorks 公司已获得 D-单体摩尔含量为 0.5 % 的聚乳酸共聚物[93]。

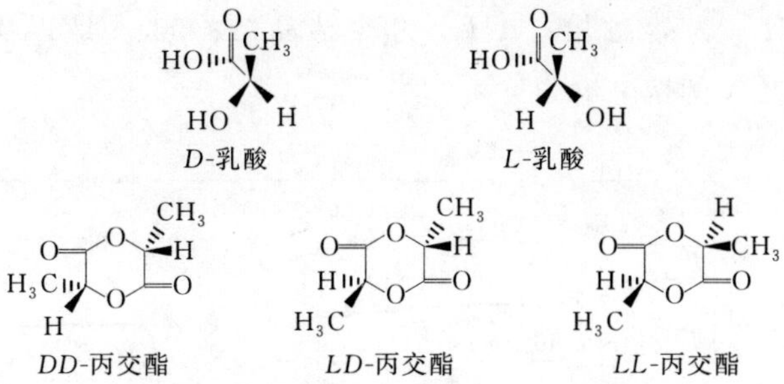

图 2.2　乳酸和丙交酯分子的化学立构形式

2.3　聚乳酸的结晶行为

与其他半结晶热塑性塑料相似，PLA 也表现出一些转变温度，即玻璃化转变温度（T_g）和熔融温度（T_m）。据报道，PLA 的 T_g 大多在 $50 \sim 60℃$ 之间，这样在某些应用中就受到了限制，因为它的弹性行为区温度高于它的 T_g[89]。然而，随着结晶度的提高，甚至这个使用温度也会提高。另一方面，无论 PLA 是何种结构和如何改性，PLA 都是一种结晶速度非常慢的半晶聚合物。PLLA 和 PDLA 纯均聚物的晶体熔化温度（T_m）最高可达 $180℃$。由于结晶速度缓慢，在不同生产工艺的冷却过程中都不可能形成所有潜在的晶粒。在 PLA 和 PET 等少数聚合物中，由于结晶速度十分缓慢，当它们受热时会出现另一种结晶现象。一般来说，在半结晶聚合物中，熔体冷却过程中形成的晶体称为熔体结晶（结晶温度为 T_c）。然而，对于结晶速度较慢的聚合物，由于在熔融结晶过程中无法形成所有的潜在晶体，当加热时，温度高于 PLA 的玻璃化转变温度（T_g）后还会出现一种被称为冷结晶（结晶温度为 T_{cc}）的现象。这是因为，在高于 T_g 的加热过程中，分子活性会增加并提供结晶活化能，于是发生放热冷结晶，当温度进一步升高到 T_m 时，在差示扫描量热仪（DSC）测试中可以看到因熔化原先已经存在的晶体和冷晶体而形成吸热峰。图 2.3 显示的是两种不同的 PLA 在冷却过程中完全结晶和部分结晶的 DSC 热图，因此，可以在部分结晶 PLA 的加热过程中观察到熔化温度前有冷结晶现象[95]。在这种情况下，PLA 材料的结晶度可以通过 DSC 分析的热谱图来计算，但同时也要考虑冷结晶产生的热焓。因此，初始结晶度 χ 可以用下列公式计算：

$$\chi = \frac{\Delta H_m - \Delta H_{cc}}{93.6} \times 100\% \tag{2.1}$$

式中，ΔH_m 为熔融焓；ΔH_{cc} 为冷结晶焓；93.6 是以 J/g 为单位的 100%结晶的 PLA 的熔融焓[94]。

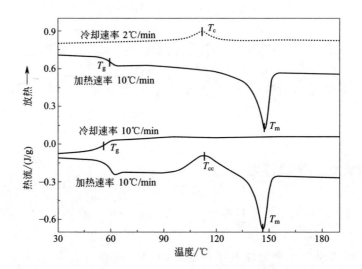

图 2.3　在冷却过程中两种结晶速率的典型冷却和加热差示扫描量热曲线图以及由于不完全熔融结晶而在加热过程中存在的冷结晶现象

为了更具体地描述均质结晶 PLA，还应该注意到在不同的条件下可以生成不同的晶型，如 α、α′、β 和 γ。α 型是最常见的晶体结构，通常在溶液结晶和 120℃以上的熔融结晶过程中形成。当在 100℃以下结晶时，由于分子活性降低，α 型晶体将以不太完善的结构形成，因此将形成与 α 型晶体具有相似分子构象和晶体系统的 α′型晶体。有人认为，当结晶发生在 100～120℃之间时，α 和 α′型晶体将会共存。不太致密的 α′型晶体的存在会导致模量和阻隔性能的降低，并导致断裂伸长率增加。β 型晶体也是由 α 型晶体在高温下以高拉伸比拉伸而来的（如熔融纤维或溶液纺丝纤维的热拉伸）。因为 β 型晶体不稳定，它们的熔融温度比 α 型晶体低 10℃左右。γ 型晶体也指通过外延结晶形成的晶体，并且拥有更有序的结构[89]。立体配合物晶体也是一种独特的结晶类型，当 PLLA 与 PDLA 共混时可在 PLA 中形成，它的熔融温度比普通 α 型晶体高约 50℃。更详细的讨论包含在下一节中。

2.3.1　D-丙交酯含量对聚乳酸结晶的影响

控制工业 PLA 中 D-丙交酯的含量可以决定 PLA 产品的最终性能。与其他共聚物相似，共聚单体含量的增加（这里指 D-单体含量）会降低聚合物的结晶能力从而降低 PLA 的结晶速度，并且结晶度可通过控制 D-丙交酯的含量来控制。在此背景下，D-丙交酯含量越低，结晶能力就越强。有人声称，当 D-丙交酯的摩尔含量在 10% 以上时，PLA 将成为完全无定形聚合物。因此，聚乳酸所有的最终特性，如物理特性（如光学透明度）和力学性能（如刚度）都可能受到不同的影响。如前所述，本质上，即使是 D-丙交酯含量为 0 的 PLLA，其结晶速度也很低。在这种情况下，随着 D-丙交酯含量的降低，由于晶粒完整程度的提高，不仅结晶度会增加，同时晶体的熔融温度也随之升高。这是因为分子对称性增加，从而使得结构更加致密的晶体更容易形成[89]。因此，PLA 的熔融温度随 D-丙交酯含量的变化而变化。据报道，PLLA 的熔融温度最高为 175～180℃，随着 D-丙交酯含量的增加，每增加 1% 的 D-单体含量，熔融温度将会下降 5℃ 左右。例如，当 D-丙交酯含量在 5% 左右时，熔融温度可能在 150～155℃ 左右，当它进一步增加到 10% 左右时，PLA 变成无定形态，假如这种 PLA 有机会结晶的话，那么 T_m 预计将在 125～130℃ 左右。Ding 等人的结果表明，D-丙交酯含量为 12% 的 PLA 在溶解有 CO_2 的情况下（由于 CO_2 的塑化作用）以及发泡后（由于应变诱导结晶）甚至也可以结晶，据报道 T_m 在 115～120℃ 之间[96]。

除了 PLA 在熔融或冷结晶过程中的同质结晶，当 PLLA 与 PDLA 共混后，PLA 会呈现出另一种有趣的结晶形式。PLLA 和 PDLA 分子可以共结晶，

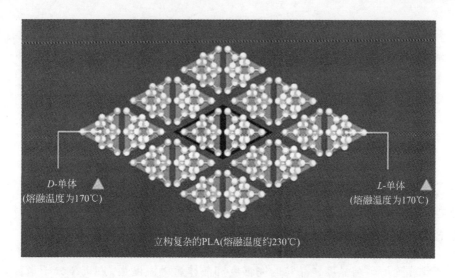

图 2.4 聚 L-乳酸与聚 D-乳酸分子共混物的立体结构原理图

形成立构复杂的微晶。这些立构复杂的微晶首次由 Ikada 等人报道[97]，包含一个 PLLA 和一个 PDLA 分子，形成的晶体具有极高的熔融温度，比 PLA 均质晶体的熔融温度（170℃）高约 50℃。这些晶体的存在为 PLA 产品的最终性能做出了巨大的贡献。图 2.4 显示了由 PLLA 和 PDLA 分子之间的特殊构型形成的复杂立构微晶示意图[98]。图 2.5 还显示了纯 PLLA 和 PDLA 以及产生了立构微晶的 PLLA/PDLA 共混物的 DSC 热流图，共混物在 230℃ 左右形成了一个额外的熔融峰，比 PLA 的原熔点高约 50℃。

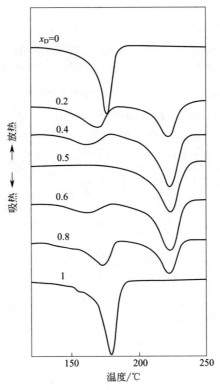

图 2.5　纯聚 L-乳酸（PLLA）和聚 D-乳酸（PDLA），以及
不同比例的 PLLA/PDLA 共混物的差示扫描量热流图

2.3.2　分子量对聚乳酸结晶的影响

结晶速度、结晶度、晶粒的完善度和晶体熔融温度也与 PLA 分子量变化密切相关[89,99,100]。随着分子量的增加，由于 PLA 分子活性增加，熔融结晶

和冷结晶都在较低的温度下发生，从而在较低的温度下可以形成晶体。因此，由于是低温结晶，结晶动力将更多地由晶体成核所支配，而晶体生长受到了阻碍。最终，由于晶体生长的限制，结晶度也会降低。在这种情况下，形成的晶体的完善程度会降低，因此，晶体的熔融温度会比较低。如本节开头部分所述，这也可能是由于形成了 T_m 较低的 α′ 晶型，而不是 T_m 较高的 α 晶型。据报道，T_m 随分子量的增加而增加，当分子量无穷大时 T_m 最终将达到一个平台值。在此背景下，提出了如下方程计算以分子量为函数的 T_m，其中 T_m^∞ = 181.3℃，$A = 1.02 \times 105$℃[89,100]：

$$T_m = T_m^\infty - \frac{A}{M_n} \tag{2.2}$$

图 2.6 显示了由 Saeidlou 等人报道的出自不同文献的 PLA 的熔融温度[89]。在平均分子量较低的情况下，它随分子量的增加而显著增加，但当分子量超过 1×10^5 时，则达到一个平台值。对于 PLA 低聚物和分子量在 1×10^5 范围内的 PLA，T_m 值可降至 90℃，也可增加至 185℃。值得注意的是，现有的工业级 PLA 分子量在 $(50 \sim 200) \times 10^3$ 的范围内，其 T_m 处于高分子

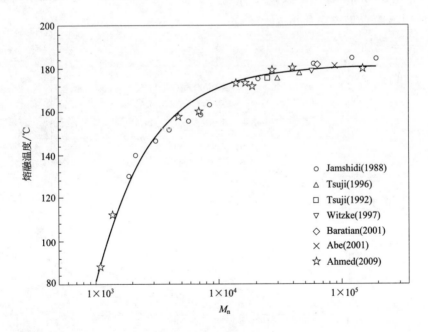

图 2.6 以分子量为函数的熔融温度

量的平台区。因此可以认为，对于大多数工业级 PLA，T_m 对于分子量的变化并不十分敏感。

2.3.3　分子链支化对聚乳酸结晶的影响

最近，Nofar 等人研究了线型 PLA 和长链支化 PLA 的冷结晶和熔融结晶[101]。尽管理论上链支化降低了结晶速度、结晶度、晶体的完善度，从而降低了熔融温度[102]，但结果也表明，对于结晶速度较慢的 PLA，支化可以通过提供分子链伸展点作为晶体成核点来诱导结晶。然而，值得注意的是，支化程度的增加会降低分子的活性，因此支化对结晶增强将会起到反作用。Nofar等人的研究表明，含有支化度为 0.7% 的环氧基多功能低聚物扩链剂（Joncryl ADR-4368 C，BASF 公司）的聚乳酸样品比线型 PLA 样品具有更高的结晶能力。添加滑石粉使 PLA 的冷结晶能力增强，但线型的 PLA 比支化结构的（图 2.7 中 B1-PLA、B2-PLA）更为明显。在支化结构更多的 PLA 样品中，滑石粉对结晶度的影响甚小，这表明无论滑石粉存在与否，支化结构已经对结晶占主导作用。图 2.7 显示了从 DSC 热图分析得到的不同升温速率下的不同支化度的 PLA 样品的冷结晶和熔融焓[101]。

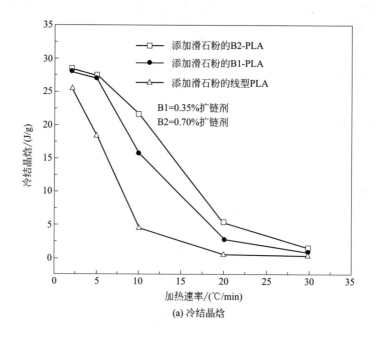

(a) 冷结晶焓

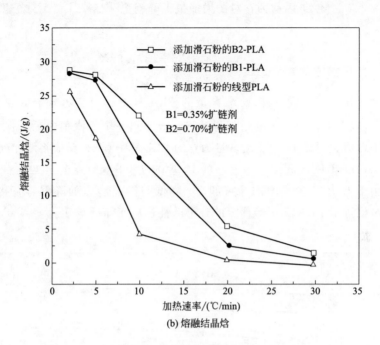

(b) 熔融结晶焓

图 2.7　从 DSC 热图分析得到的不同升温速率下的不同
支化度的 PLA 样品的冷结晶和熔融焓

2.4　聚乳酸的玻璃化转变温度

PLA 的 T_g 可能取决于 PLA 分子的结构，包括 D-丙交酯的含量和 PLA 的分子量。如果 D-丙交酯含量从 0％增加到 20％，则 T_g 和 T_m 分别从 56℃ 增加到 63℃ 和从 125℃ 增加到 178℃[89,100]。然而，T_g 随 D-含量的增加而增加主要是因为结晶度的增加，从而进一步阻碍了无定形部分的分子活性，所以 T_g 表达的是无定形部分的分子活性。另一方面，也有研究表明 T_g 随分子量的增加而增加，最终在分子量无穷大时达到一个平台值。在此背景下，可以提出下面的方程用于 T_g 的计算：

$$T_g = T_g^\infty - \frac{K}{M_n} \qquad (2.3)$$

式中，T_g^∞ 为分子量无穷大时的玻璃化转变温度；K 为常数；M_n 为数均分子量。另一方面，通过下面的关系可以发现：K 随 D-丙交酯含量的增加而线性增加，T_g^{∞} 随 D-丙交酯含量的增加呈下降趋势[89]。

$$K = 52.23 + 791X_D \tag{2.4}$$

$$T_g^{\infty} = \frac{13.36 + 1371.68X_D}{0.22 + 24.3X_D + 0.42X_D^2} \tag{2.5}$$

图 2.8 显示了不同 D-丙交酯含量的 PLA 样品的 T_g 随分子量变化的趋势[89]。可以看出，分子量的增加导致 T_g 增加到一个极限值之后，保持不变并达到平台值。对于 D-丙交酯含量为 0 的 PLLA，这个平台值将增加到 60℃。如图所示，D-单体含量在 50% 左右的 PLA 的 T_g 平台值降至 50℃ 左右。如前所述，由于 D-单体含量增加导致的 T_g 降低与结晶能力的降低有直接关系，这进一步促进了 PLA 无定形部分的分子活性，从而降低了 T_g。

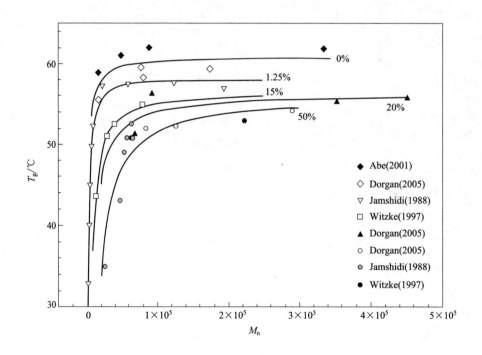

图 2.8 玻璃化转变温度随分子量和 D-丙交酯含量的变化

2.5 聚乳酸的流变行为

PLA 熔体的流变特性对其在不同加工工艺过程中的流动有显著影响。

PLA 的流变性能高度依赖于温度、分子量和剪切速率。此外，通过将 PLA 的分子链进行支化，不仅分子量会增加，而且由支链产生的分子缠结也会对 PLA 的熔体流变性能产生深远的影响。高分子量 PLA 的熔体表现为假塑性、非牛顿流体。相反，低分子量 PLA 在剪切速率下表现出类牛顿行为。而且，随着剪切速率的增加，熔体黏度明显降低，因此聚合物熔体呈现出剪切稀化行为。此外，半结晶 PLA 样品倾向于具有比无定形样品更高的黏度，因此，当 D-丙交酯含量降低时，随着结晶能力的提高，熔体黏度有望得到提高[100]。

Nofar[103] 研究了不同类型 PLA 材料的流变行为。分别测试了三种 NatureWorks 公司的商业级 PLA，Ingeo 3001D、8051D 和 4060D，D-单体含量分别为 1.5%、4.6% 和 12.0%。这些树脂等级分别被称为低 D（LD）、中 D（MD）和高 D（HD）线型 PLAs。图 2.7 中解释过的两个支链 PLA 也与线型 PLA 部分进行了比较。这些支化 PLA 是在 8051D（MD-PLA）的基础上添加质量分数 0.35% 和 0.7% 的扩链剂（Joncryl）而得。这些样品分别被称作 B1-PLA 和 B2-PLA。这些 PLA 的分子特征列于表 2.2[103]。将三种不同的添加剂与 MD-PLA 混合，研究了质量分数 1% 的添加剂对 PLA 流变性能的影响。这些添加剂分别是：平均粒径为 $2.2\mu m$ 的微米级滑石粉（Mistron Vipor R 级）、纳米黏土 30B（CN）和纳米二氧化硅 A200（SiN）。

表 2.2　不同等级的 PLA 配方和分子特征

样品名称	D-丙交酯/%	扩链剂/%	M_n	M_w/M_n
LD 线型 PLA	1.5	0	77×10^3	1.8
HD 线型 PLA	12.0	0	100×10^3	1.9
MD 线型 PLA	4.6	0	90×10^3	1.8
B1. PLA	4.6	0.35	98×10^3	2.2
B2. PLA	4.6	0.70	113×10^3	2.5

不同支化度、D-丙交酯含量和含有 1% 纳米/微米添加剂的 PLA 样品的流变行为（即复合黏度和拉伸黏度）如图 2.9 所示。

在 180℃下 PLA 的复合黏度随着支化度的增加和 1% 添加剂的加入而显著增加，这一增幅几乎有 1~2 个数量级。MD-线型 PLA 及其复合材料在很大的低频范围内表现出牛顿行为，在高频下观察到剪切稀化行为。在支化样品中，剪切稀化行为更明显，在低频时，由于支链分子结构的形状松弛与网络形成，复合黏度进一步增加。对于不同 D-单体含量的 PLA，HD-PLA 具有较高的黏度，这很可能是因为它的分子量较高，如表 2.2 所示。另一方面，分子量较低的 LD-PLA 比 MD-PLA 的黏度更高，这可能是由于具有较高结晶能力的 PLA

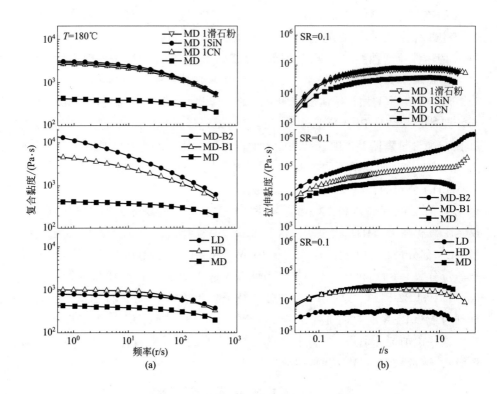

图 2.9 PLA 样品在 180℃的复合黏度（a）和在 140℃及
应变速率（SR）为 0.1 时的拉伸黏度（b）

黏度更高，特别是加工温度在 T_m 以上时。另一方面，在 PLA 试样中，只有支化 PLA 的拉伸黏度表现出应变硬化行为。表 2.3 还显示了不同 PLA 材料的流变特性，如松弛时间和零剪切黏度[103]。

表 2.3 材料在 180℃和 5%应变下的流变特性

样品名称	$W_c/(1/s)$	松弛时间$(1/W_c)/s$	零剪切 $\eta°/Pa \cdot s$
HD 线型 PLA	—	—	1,191.28
LD 线型 PLA	—	—	1,021.78
MD 线型 PLA	—	—	608.10
MD-1 滑石粉	5.70	0.175	3,549.64
MD-1CN	5.73	0.174	3,221.81
MD-1SiN	5.71	0.174	3,849.18
B1-PLA	5.25	0.190	5,445.34
B2-PLA	4.45	0.224	18,141.68

2.6　聚乳酸/气体混合物性能

物理发泡剂在聚合物中的溶解度非常重要。因为当气体在高压条件下遇到聚合物时会渗透到聚合物中，从而使得聚合物开始溶胀。溶胀的大小取决于溶解在聚合物中的气体量以及聚合物的分子构型和结构。聚合物的溶胀行为可以通过用来评估聚合物/气体混合物压力-体积-温度（PVT）行为的 *PVT* 装置来分析[104]。聚合物的发泡行为（如气泡成核和生长）一般由溶解度[105]、扩散系数[106] 和表面张力[107] 等热力学性质所决定。通过使用磁悬浮天平分析 PLA/气体混合物的溶解度，从而测定气体在 PLA 熔体中的溶解度[106]。图 2.10 比较了 PLA 在不同温度和不同压力的 CO_2 和 N_2 下的溶解度。如图所示，在 PLA/CO_2 混合物中，气体溶解度随压力的增加和温度的降低而增加。随着 CO_2 压力的增大，更多的 CO_2 分子溶解到 PLA 基体中。而且，CO_2 在 PLA 熔体中的溶解度与在 N_2 中的溶解度有显著差异。在 27.8MPa 的超临界 CO_2 和 N_2 压力下，二者在 PLA 熔体中的最大溶解度分别为 20％和 2％。

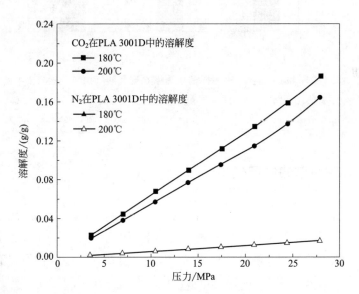

图 2.10　PLA 在 180℃和 200℃时于 CO_2 和 N_2 中的溶解度［数据来源于 G. Li, H. Li, L. S. Turng, S. Gong, C. Zhang, Measurement of gas solubility and diffusivity in polylactide, Fluid Phase Equilib. 246(1)(2006) 158-166.］

　　另外也对 180℃三种不同压力下 CO_2 和 N_2 在 PLA 熔体中的扩散行为进行了研究[106]。图 2.11 显示 N_2 的扩散率高于 CO_2。然而，随着压力的增加，由于气体液压增大，减小了 PLA/气体混合物的自由体积，因此扩散系数减小。

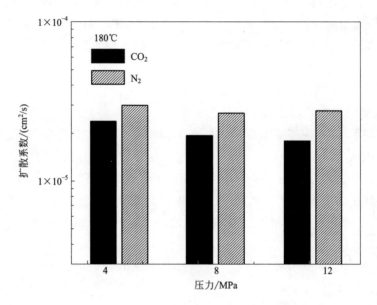

图 2.11　180℃ N_2 和 CO_2 在三种不同的压力下在聚乳酸（PLA）3001D 中的扩散率

［数据来源于 G. Li，H. Li，L. S. Turng，S. Gong，C. Zhang，Measurement of gas solubility and diffusivity in polylactide，Fluid Phase Equilib. 246 (1) (2006) 158-166.］

2.7　聚乳酸泡沫的生产技术

　　人们做出大量努力通过不同的制造方法生产 PLA 泡沫，特别是微孔泡沫，但其中的一些研究仅集中在实验室规模的间歇发泡系统上。间歇发泡主要用于研究材料组成、发泡剂和溶剂的使用对 PLA 发泡行为的影响，但也有几个报道指出基于间歇发泡成型的泡沫可以用于生物医学支架和组织工程应用[76]。自 20 世纪 90 年代初以来，人们开始尝试用有机溶剂制备 PLA 多孔泡沫结构。然而，多孔 PLA 泡沫中的有机残留物在生物医学应用中是有害的。Mooney 等人[108] 首次利用高压 CO_2 作为物理发泡剂，通过静态间歇发泡工艺制备出多孔 PLA 泡沫。气体在 PLA 中溶解后，通过快速减压生产泡沫。随后，由于产生的热力学不稳定性，导致了气泡的成核和生长，产生的多孔 PLA 泡沫的孔隙率接近 93%。后来，其他研究人员[109~111] 尝试使用间歇法以超临界 CO_2 来制备 PLA 支架材料。然而，应该指出的是，间歇发泡由于其生产规模小且不连续，不具有成本效益。因此，期望开发连续加工技术生产用于生物医学和日常应用的 PLA 泡沫。目前用于 PLA 泡沫生产的主要泡沫加工技术有三种：PLA 挤出发泡，PLA 注射发泡和 PLA 珠粒发泡。

2.7.1 聚乳酸挤出发泡

在挤出发泡过程中，先将聚合物注入挤出机，然后将发泡剂注入挤出机料筒内，使得气体在高压下溶解于聚合物熔体中。溶解的气体随后会塑化聚合物熔体，并形成均匀的聚合物/气体混合物，沿着挤出机流动。然后聚合物/气体混合物会从口模中出来，由于产生的压降速率而进行发泡。压降速率造成热力学不稳定，导致相分离、气泡成核和生长。泡沫稳定性是另一个重要参数，它依赖于聚合物的黏弹性和应变硬化行为。采用不同几何形状的口模，挤出的泡沫可以定型成简单的几何形状。近年来，人们致力于利用 CO_2 作为物理发泡剂，通过挤出工艺制备低密度微孔 PLA 泡沫塑料。这些泡沫可以适当地用于各种场合，如包装、食品托盘、建筑和绝缘。使用气态和超临界 CO_2 的意义在于其环保特性、经济实惠、不易燃。当 CO_2 处于超临界状态时，其在聚合物中的溶解度和扩散率将显著增加。因此，溶解的 CO_2 的塑化作用将降低聚合物的 T_c 和 T_g，从而降低泡沫加工温度[76,112]。

2.7.2 聚乳酸注射发泡

注射发泡工艺具有材料成本低、尺寸稳定性好、能耗低、循环周期短等优点。某些力学性能如疲劳寿命、韧性、冲击强度等也可以得到提高。通常，在注射发泡过程中采用超临界氮气作为发泡剂，因为在这一过程中需要生产高泡孔密度的高密度泡沫材料。由于聚合物/氮气混合物的形成和氮气的塑化作用，超临界氮气的引入降低了聚合物熔体的黏度。因此，可以降低加工温度和能耗以及加工成本。降低加工温度将进一步有利于 PLA 等温度敏感性生物基聚合物的加工[76]。

人们已经对各种热塑性塑料的注射发泡进行了广泛的研究和表征，对 PLA 注射发泡也进行了一些研究。这些研究的重点是 PLA 高压注射发泡（即微孔注射发泡），该技术由于易于控制气泡成核和合并而被广泛用于结构发泡。在该技术中，型腔被完全填充，空隙率仅限于 5.15%。相反，低压注射发泡的型腔被部分填充，可获得高达 30% 的空隙率，然而，这对于气泡成核、生长和合并的控制就会减少。因此，得到具有高泡孔密度和孔隙率达 20% 的形态均匀的泡沫仍然是一个严峻的挑战。

2.7.3 聚乳酸珠粒发泡

如前几节所述，挤出发泡已被用于获得简单几何形状的低密度 PLA 泡沫产品。另一方面，注射发泡已用于制造具有三维几何形状的高密度泡沫产品。珠粒发泡是另一种制造具有复杂三维几何造型的低密度泡沫产品的方法。在这种方法中，低密度珠粒泡沫被模塑成理想的最终泡沫产品形状。

尽管生产发泡 PLA（EPLA）珠粒泡沫的技术还不完善，但是已经有一些类似于利用制造 EPS 的方法来制造 PLA 珠粒泡沫的尝试。这种方法包括在 PLA 的 T_g 温度以下用发泡剂（特别是 CO_2）饱和 PLA 颗粒，然后在预发泡机中进一步膨胀，最后发泡珠粒（即颗粒）在高温下被模塑成所需的形状[64,76]。

虽然目前已有少数公司采用这种方法生产 EPLA 珠粒，但对珠粒进行良好的烧结从而制造出机械强度较高的三维的最终泡沫产品仍然是一个严峻的挑战。然而，应用在 EPP 珠粒发泡中的烧结技术有望解决 EPLA 珠粒发泡工艺中的烧结问题。在该技术中，珠粒在间歇发泡过程中的等温饱和阶段形成的高温熔融峰晶体被用来维持珠粒在高温下的形状，这个较高的温度是为保证烧结良好所需的。形成了这个比原始晶体温度更高的晶体熔融峰是由于在气体饱和阶段，在原始晶体熔化温度附近诱导发生了晶体完善。气体饱和后，在发泡时的冷却过程中形成了低温熔融峰。在蒸汽模塑成型过程中（即烧结珠粒从而制备三维泡沫产品的最后一个加工步骤），EPP 珠粒被注入模具的型腔中，然后，将介于低温熔融峰和新产生的高温熔融峰温度之间的蒸汽注入模腔中以加热珠粒。当珠粒暴露在高温蒸汽中时，低温熔融峰晶体会熔化从而导致珠粒之间烧结，而珠粒中未熔化的高温熔融峰晶体将维持珠粒的整体几何形状[22,23,64,76]。

第 3 章

聚乳酸在溶解的二氧化碳中的 PVT、溶解度和界面张力行为

摘 要

溶胀或溶胀量可以用聚合物-气体混合物的压力-体积-温度（PVT）特性来表示。在聚合物泡沫加工中，气泡的成核和生长受物理热力学性质如溶解度、扩散率和表面张力影响。然而，样品性质的测定通常依赖于 PVT 数据。所得 PVT 数据有助于分析溶胀量和发泡剂在聚合物熔体中的溶解度和扩散率。另一方面，界面张力和发泡之间的关系特别有趣，因为发泡受到聚合物表面张力的强烈影响。由于聚乳酸（PLA）的熔融强度低和结晶慢两大主要因素，PLA 的发泡性较差，因此研究和了解 PLA/气体混合物的物理热力学性质，如 PVT 行为、溶解性和界面张力具有非常重要的意义。

关键词：扩散率；界面张力；聚乳酸；压力-体积-温度；溶解性；溶胀

如前一章所述，当气体在压力下与聚合物接触时，气体渗透到聚合物中导致其溶胀。溶胀或溶胀量可以用聚合物/气体混合物的压力-体积-温度（PVT）特性来表示。在聚合物泡沫加工中，气泡成核和生长受物理热力学性质的控制，如溶解度[105,113]、扩散率[106] 和表面张力[107,114,115]。但样品性质的测定通常依赖于 PVT 数据。测定发泡剂在聚合物中气体溶解度最常用的装置是磁悬液天平（MSB）[116~118]。在这种方法中，气体溶解度的精确测量依赖于聚合物/气体混合物平衡状态时以 PVT 性质为函数的浮力校正。因此，获得 PVT 性质对于了解和控制发泡过程至关重要。

近半个世纪以来，Flory-Huggins 理论在理解基于聚合物系统的热力学方面发挥了关键作用[119]。然而，由于不考虑成分的局部紊乱和体积的变化，Florye-Huggins 理论不能反映液体结构的变化。为了充分理解溶液性质[120,121]，必须考虑这些变化。因此，研究人员采用了许多其他热力学模型来解释和关联聚合物-液体和聚合物-溶剂的性质。所有使用状态方程（EOS）的理论工作，如 Sanchez-Lacombe（SL）EOS、Simha-Somcynsky（SS）EOS 和统计关联流体理论（SAFT）[122~126] 都是建立在统计热力学理论基础之上的。这些理论已被发展并广泛用于预测由于气体溶解引起的聚合物溶胀。研究人员采取了一些实验步骤以确定聚合物因高压气体而引起的溶胀[127,128]，并记录了聚合物样品尺寸的变化。Li 等人提出了一个完整的实验方法[129]。在该方法中，将悬垂-

无柄液滴技术与高压观察池结合使用，通过高分辨率摄像机监测高压下由气体溶解引起的聚合物溶胀。

此外，聚合物熔体的界面张力非常重要，因为所涉及的动力学和热力学参数在许多过程中起着至关重要的作用，如发泡、混合、涂层和润湿。然而，由于聚合物熔体的热稳定性有限，而且通常无法获得精确的实验数据，因此表面张力的实验测定仍具有挑战性[130]。

界面张力和发泡之间的关系特别有趣，因为发泡受聚合物表面张力的强烈影响。这个张力可以降低气泡成核的能量壁垒。与纯聚合物相比，由于聚合物/气体混合物的表面张力较低，形成气核的 Gibbs 自由能将被张力降低三次方幂。反过来，这将使成核速率呈指数级增加。因此，测量和监测气体在聚合物中的界面张力对优化发泡过程至关重要。然而，这方面的研究数据非常有限，因为在高压和高温下对高黏度的聚合物液体进行实验测量是比较困难的。

Jaeger 等人[131]研究了高黏度聚苯乙烯（PS）在压力高达 25MPa 的超临界 CO_2 中的界面特性。Enders 等人[132]将 Cahn-Hilliard 理论与不同的 EOS 理论结合起来，其中包括原始 SAFT，扰动链统计相关流体理论（PC-SAFT），以及 SL 和 SS 晶格理论，用以描述界面性质与 PS/气体混合物和纯气相之间的压力和温度的关系。Dimitrov 等人[133]测量了聚（乙二醇）壬基苯基醚（PEG-NPE）-CO_2 的表面张力，该表面张力高达 $800kg/m^3$，与 CO_2 密度呈线性关系。

Li 等人[107]，Park 等人[114]和 Liao 等人[130]使用轴对称液滴形状分析（ADSA）来确定聚合物熔体在超临界发泡剂如 CO_2 和 N_2 中的界面张力。AD-SA 技术依赖于拉普拉斯毛细管方程的数值积分[134]。在该方法中，聚合物/超临界流体混合物与超临界流体之间的密度差是输入参数。为了计算二元系统的面间张力，必须正确确定气体和聚合物共存相的密度数据。SL 状态方程、SL-EOS 和 SS-EOS，被用于估算聚合物/超临界流体混合物的 PVT 数据并提供密度数据。然而，关于聚合物/超临界流体系统密度的实验数据很少，并且难以获得。

据报道，ADSA 被用来在环境压力下使用液滴质量作为输入参数测量高温下聚合物熔体的密度[135,136]。后一参数还用于将高压气体中聚合物液滴的表面张力与质量和体积区分开。该测定是基于假设当气体压力改变时聚合物液滴的质量保持不变的基础之上的[115]。Funami 等人[137]开发了一种直接测量两种

聚合物熔体 CO_2 单相溶液密度的新方法：聚（乙二醇）（PEG）-CO_2 和聚乙烯（PE）-CO_2。这些测试是使用 MSB 在高压和高温下进行的。Funami 等人声称高黏度聚合物熔体的读数无法保证。为了确定聚合物/气体混合物的表面张力，必须知道气体在聚合物中的溶解度和聚合物/气体混合物的体积。

3.1 聚乳酸的溶解度和压力-体积-温度行为

本节重点介绍二氧化碳在聚乳酸（PLA）中的溶解度，该溶解度基于使用高压观察池以实验方法测量的 PVT 数据。将实验结果与从 SS-EOS 和 SL-EOS 得到的理论溶胀体积进行了比较。还研究了温度、压力和 D-丙交酯含量的变化对 CO_2 在 PLA 中的溶解度以及对 PLA / CO_2 混合物的体积溶胀的影响。PLA 来自 NatureWorks：PLA 3001D（1.4% D-丙交酯含量），PLA 8051D（4.6% D-丙交酯含量）和 PLA 4060D（12% D-丙交酯含量）。使用 Rubotherm GmbH 的 MSB（磁悬浮天平）测量表观溶解度，如图 3.1[41,135] 所示。

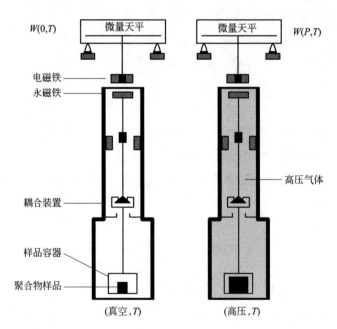

图 3.1　磁悬浮天平原理图[41]

使用 Rubotherm GmbH 的 MSB 测量 CO_2 在 PLA 熔体中的溶解度，如图 3.1 所示。本节简要介绍了实验过程。发泡剂在高压下注入气室之前，PLA 颗粒在真空 ($P=0$) 和温度 T 下称重，天平读数为 $W(0,T)$。根据需要保持发泡剂的压力。当气体在聚合物中的吸收完成时达到饱和阶段（即饱和的聚合物熔体重量不再增加），在压力 (P) 和温度 (T) 下的饱和聚合物熔体的重量 $W(P,T)$ 可以从 MSB 上读出。因此，溶解在聚合物熔融样品中的气体量 W_g 计算如下[41]：

$$W_g = W(P,T) - W(0,T) + \rho_{CO_2}(V_B + V_P + V_S) \tag{3.1}$$

式中，ρ_{CO_2} 是使用 MSB[41] 原位获得的气体密度；V_B 是样品容器的体积；V_P 是在压力 P 和温度 T 下的纯聚合物（无气体溶解和体积溶胀）的体积，是基于 Tait 的 PLA 方程从质量和比容（V_{SP}）中获得的；V_S 是由于气体溶解导致的聚合物熔体溶胀的体积。

3.1.1　压力-体积-温度测量

通过忽略聚合物的膨胀体积（V_S），可将测得的增重视为表观溶解度 $X_{表观}$，它小于实际溶解度，如下所示：

$$X_{表观} = \frac{W(P,T) - W(0,T) + \rho_{CO_2}(V_B + V_P)}{样品质量} \tag{3.2}$$

但是，可使用下式获得具有浮力效应补偿的校正溶解度 $X_{校正}$：

$$X_{校正} = X_{表观} + \frac{\rho_{气体} V_S}{样品质量} \tag{3.3}$$

溶胀体积理论上可通过下式进行估算：

$$V_S = [(1+X) + v_{p,混合物} - v_{p,纯聚合物}] \times m \tag{3.4}$$

式中，X 是根据 EOS 计算的气体在聚合物熔体中的溶解度；m 是聚合物样品的初始重量，g；$v_{p,纯聚合物}$ 是纯聚合物的比容；$v_{p,混合物}$ 是平衡时聚合物/气体混合物的比容。$v_{p,纯聚合物}$ 可以从 Tait 的方程得到，而 $v_{p,混合物}$ 可以用前面提到的 SL-EOS 或 SS-EOS 计算。

聚合物/气体混合物的 PVT 行为也可以通过实验方法得到。图 3.2 显示了实验装置的示意图[129]。在每个实验开始时，对样品进行校准，以确定 X

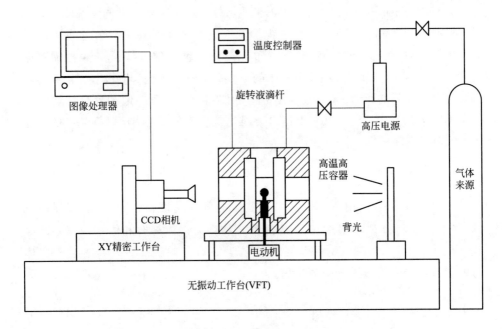

图 3.2 压力-体积-温度测量系统示意图

和 Y 方向上相对于 XY 阶段移动的像素大小。在恒温条件下，CCD 摄像机以一定的增量捕捉覆盖整个固定液滴的图像。通过比较一定压力水平下的体积膨胀与温度，推导出该压力水平下的持续时间。一旦聚合物/气体混合物的体积停止增大，实验就进入下一个压力水平[135]。本研究中的溶胀体积是通过比较最终平衡体积和聚合物样品的用 Tait 方程得到的初始体积来确定的。溶胀率测定如下：

$$S_w = \frac{V(T,P,t_{eq})}{V(T,P,t_{in})} = \frac{V(T,P,t_{eq})}{m_{样品}\, v(T,P)} \tag{3.5}$$

式中，$V(T,P,t_{eq})$ 是在温度 T、压力 P 和平衡时间 t_{eq} 下测得的平衡聚合物/气体溶液体积；$V(T,P,t_{in})$ 是在温度 T 和压力 P 下使用 Tait 方程计算的纯 PLA 样品的体积。图 3.3 显示了测量的 PLA 材料的 PVT 性能[135]。

图 3.4 和表 3.1～表 3.3 显示，PLA/CO_2 混合物的体积随着压力的增加而增加[135]。由于容器内压力增加，二氧化碳气体的密度增加。这将导致更多的二氧化碳分子渗透到 PLA 聚合物基体中，引发膨胀增大，直到达到饱和点[139]。这使得溶胀体积比随着压力的增加而增加。在等压条件下，PLA/CO_2

混合物的体积溶胀随温度的升高而减小。随着温度的升高，聚合物分子链变软，自由体积增大，比容也增大。已知 CO_2 在聚合物中的溶解度随着温度的

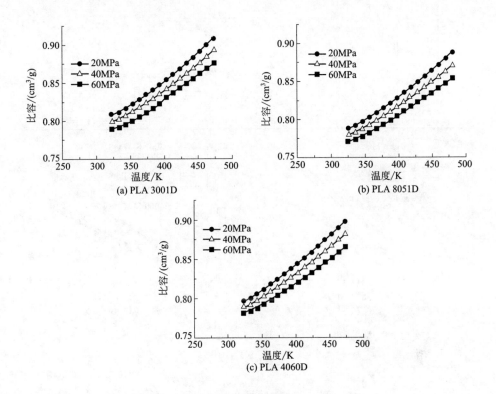

图 3.3　PLA 的压力-体积-温度（PVT）行为

升高而降低[135]。例如，如表 3.1 所示，在 10.34MPa 的压力水平和 453K 的温度下，PLA 3001D/CO_2 混合物的体积溶胀为 6.08%，而在 463K 和 473K 的温度下，体积溶胀分别为 5.53% 和 5.05%。

表 3.1　在 453K、463K 和 473K 下溶解有 CO_2 的 PLA 3001D
的体积膨胀（V_S）测量和预测数据

温度/K	P/MPa	实验体积溶胀/$\times 10^{-2}$	基于 SL 的体积溶胀/$\times 10^{-2}$	基于 SS 的体积溶胀/$\times 10^{-2}$
	6.89	3.58	6.37	4.46
	10.34	6.08	9.67	6.73
453	13.79	8.58	13.11	8.98
	17.24	11.08	16.73	11.18
	20.68	13.58	20.56	13.31

续表

温度/K	P/MPa	实验体积溶胀/$\times 10^{-2}$	基于 SL 的体积溶胀/$\times 10^{-2}$	基于 SS 的体积溶胀/$\times 10^{-2}$
	6.89	3.19	6.09	3.29
	10.34	5.53	9.2	5.68
463	13.79	8.02	12.45	8.06
	17.24	10.44	15.84	10.37
	20.68	13.07	19.62	12.71
	6.89	3.03	5.52	3.77
	10.34	5.05	8.25	5.89
473	13.79	7.81	11.08	8.07
	17.24	9.71	14.01	10.07
	20.68	12.67	17.06	11.91

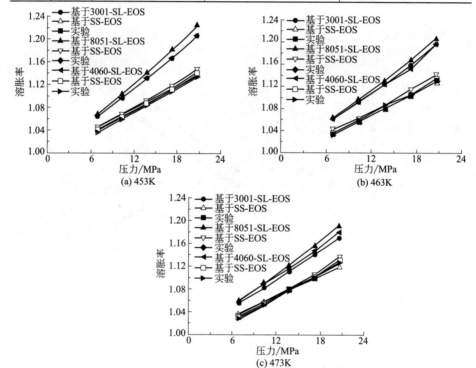

图 3.4 PLA-CO$_2$ 混合物在 453K（a），463K（b）和 473K（c）下的体积膨胀

表 3.2 在 453K、463K 和 473K 条件下，溶解有 CO$_2$ 的
PLA 8051D 的体积溶胀（V_S）的测量和预测数据

温度/K	P/MPa	实验体积溶胀/$\times 10^{-2}$	基于 SL 的体积溶胀/$\times 10^{-2}$	基于 SS 的体积溶胀/$\times 10^{-2}$
	6.89	3.61	6.74	4.56
	10.34	6.16	10.32	6.91
453	13.79	8.71	14.1	9.33
	17.24	11.26	18.12	11.9
	20.68	13.36	22.45	14.84

续表

温度/K	P/MPa	实验体积溶胀/$\times 10^{-2}$	基于 SL 的体积溶胀/$\times 10^{-2}$	基于 SS 的体积溶胀/$\times 10^{-2}$
	6.89	3.15	6.34	4.25
	10.34	5.65	9.64	6.25
463	13.79	8.58	13.1	8.52
	17.24	10.65	16.78	11.48
	20.68	13.15	20.72	14.24
	6.89	2.84	5.96	3.58
	10.34	5.46	9.02	5.79
473	13.79	8.21	12.23	8.14
	17.24	10.27	15.65	10.72
	20.68	12.77	19.33	13.74

表 3.3 在 453K、463K 和 473K 条件下，溶解有 CO_2 的 PLA 4060D 的体积膨胀 （V_S） 测量和预测数据

温度/K	P/MPa	实验体积溶胀/$\times 10^{-2}$	基于 SL 的体积溶胀/$\times 10^{-2}$	基于 SS 的体积溶胀/$\times 10^{-2}$
	6.89	3.51	6.45	4.02
	10.34	5.95	9.78	6.32
453	13.79	8.32	13.23	8.69
	17.24	10.76	16.85	11.21
	20.68	13.29	20.69	14.08
	6.89	3.17	6.15	3.59
	10.34	5.89	9.31	6.01
463	13.79	8.19	12.52	8.22
	17.24	10.56	16.04	10.54
	20.68	13.11	19.54	13.59
	6.89	2.60	5.98	3.23
	10.34	5.12	8.81	5.40
473	13.79	7.72	11.75	7.70
	17.24	9.890	14.82	10.23
	20.68	12.65	18.07	13.18

3.1.2 气体溶解度的测量

通过将 SS-EOS 和 SL-EOS 预测的溶胀体积以及实验数据合并到从 MSB 获得的表观溶解度中，得到了 453K、463K 和 473K 下 CO_2 在 PLA 中的校正溶解度。如图 3.5～图 3.7 和表 3.4～表 3.6 所示，CO_2 在 PLA 中的溶解度随压力的增加而增加，但随温度的升高而降低[135]。

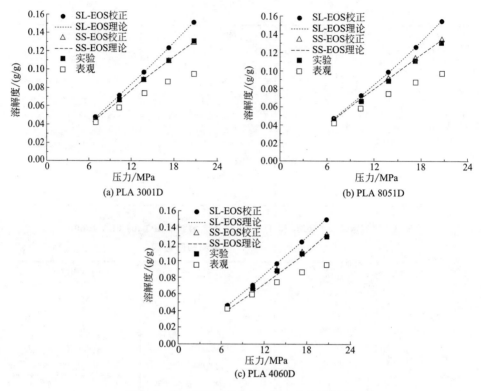

图 3.5 在 453K 下 CO_2 在 PLA 中的溶解度

表 3.4 在 453K、463K 和 473K 下，CO_2 在 PLA 3001D 中的溶解度 单位：g/g

温度/K	P/MPa	$X_{表观}$	实验测得 $X_{修正}$	SL $X_{修正}$	SL $X_{理论}$	SS $X_{修正}$	SS $X_{理论}$
	6.89	0.0411	0.0444	0.0474	0.0474	0.0448	0.0451
	10.34	0.0590	0.0667	0.0717	0.0717	0.0667	0.0669
453	13.79	0.0741	0.0883	0.0970	0.0970	0.0886	0.0884
	17.24	0.0865	0.1098	0.1234	0.1234	0.1093	0.1094
	20.68	0.0960	0.1314	0.1513	0.1513	0.1294	0.1296
	6.89	0.0401	0.0426	0.0449	0.0444	0.0425	0.0419
	10.34	0.0572	0.0635	0.0681	0.0674	0.0635	0.0627
463	13.79	0.0713	0.0842	0.0918	0.0914	0.0838	0.0834
	17.24	0.0827	0.1041	0.1165	0.1166	0.1036	0.1038
	20.68	0.0917	0.1248	0.1437	0.1445	0.1239	0.1247
	6.89	0.0358	0.0387	0.0410	0.0404	0.0387	0.0376
	10.34	0.0517	0.0587	0.0621	0.0609	0.0575	0.0559
473	13.79	0.0639	0.0767	0.0836	0.0821	0.0758	0.0741
	17.24	0.0730	0.0936	0.1035	0.1041	0.0911	0.0918
	20.68	0.0800	0.1103	0.1256	0.1271	0.1071	0.1092

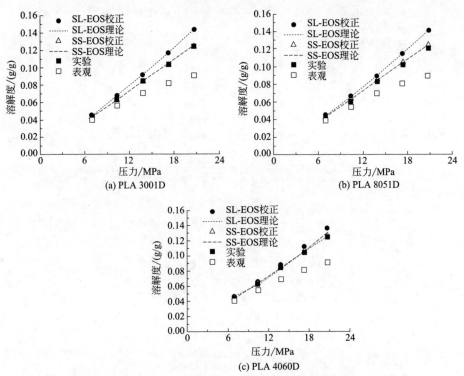

图 3.6　在 463K 下 CO_2 在 PLA 中的溶解度

表 3.5　在 453K、463K 和 473K 下，CO_2 在 PLA 8051D 中的溶解度　单位：g/g

温度/K	P/MPa	$X_{表观}$	实验测得 $X_{修正}$	SL $X_{修正}$	SL $X_{理论}$	SS $X_{修正}$	SS $X_{理论}$
453	6.89	0.0412	0.0442	0.0472	0.0472	0.0458	0.0461
	10.34	0.0590	0.0666	0.0719	0.0721	0.0684	0.0688
	13.79	0.0748	0.0890	0.0990	0.0981	0.0919	0.0912
	17.24	0.0876	0.1107	0.1261	0.1258	0.1134	0.1131
	20.68	0.0965	0.1306	0.1548	0.1555	0.1341	0.1344
463	6.89	0.0383	0.0407	0.0432	0.0429	0.0421	0.0425
	10.34	0.0557	0.0623	0.0669	0.0656	0.0643	0.0637
	13.79	0.0695	0.0824	0.0906	0.0896	0.0854	0.0848
	17.24	0.0804	0.1019	0.1146	0.1150	0.1052	0.1055
	20.68	0.0892	0.1215	0.1408	0.1421	0.1253	0.1257
473	6.89	0.0357	0.0384	0.0402	0.0392	0.0385	0.0383
	10.34	0.0511	0.0579	0.0615	0.0602	0.0581	0.0574
	13.79	0.0640	0.0769	0.0833	0.0823	0.0772	0.0766
	17.24	0.0742	0.0953	0.1058	0.1057	0.0958	0.0956
	20.68	0.0816	0.1123	0.1290	0.1309	0.1131	0.1141

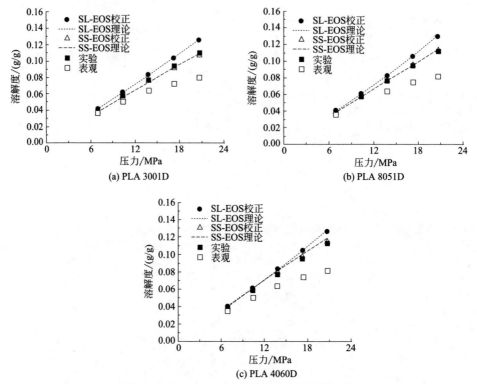

图 3.7　在 473K 下 CO_2 在 PLA 中的溶解度

表 3.6　在 453K、463K 和 473K 下，CO_2 在 PLA 4060D 中的溶解度　单位：g/g

温度/K	P/MPa	$X_{表观}$	实验测得 $X_{修正}$	SL $X_{修正}$	SL $X_{理论}$	SS $X_{修正}$	SS $X_{理论}$
	6.89	0.0418	0.0449	0.0469	0.0464	0.0450	0.0407
	10.34	0.0597	0.0670	0.0716	0.0708	0.0674	0.0615
453	13.79	0.0746	0.0885	0.0968	0.0961	0.0892	0.0828
	17.24	0.0866	0.1094	0.1228	0.1227	0.1106	0.1055
	20.68	0.0953	0.1292	0.1495	0.1507	0.1322	0.1312
	6.89	0.0395	0.0419	0.0464	0.0459	0.0429	0.0426
	10.34	0.0558	0.0626	0.0658	0.0613	0.0638	0.0638
463	13.79	0.0700	0.08310	0.0886	0.0830	0.0850	0.0849
	17.24	0.0819	0.1033	0.1121	0.1058	0.1059	0.1057
	20.68	0.0908	0.1232	0.1367	0.1305	0.1261	0.1265
	6.89	0.0346	0.0375	0.0403	0.0402	0.0392	0.0409
	10.34	0.0504	0.0574	0.0617	0.0607	0.0593	0.0610
473	13.79	0.0636	0.0768	0.0832	0.0820	0.0790	0.0808
	17.24	0.0739	0.0953	0.1045	0.1042	0.0975	0.1004
	20.68	0.0811	0.1124	0.1259	0.1277	0.1148	0.1196

当聚合物处于高压气体下时，会产生以下两种现象：第一，由于气体的液压使得自由体积减小，导致聚合物/气体混合物体积减小；第二，由于气体在聚合物中溶解而发生溶胀[139]。通常，当高压气体与聚合物接触时，溶胀是最主要的因素。溶解的二氧化碳产生塑化效应，降低聚合物/气体混合物的黏度[140]。由于自由体积的增加，导致聚合物/气体混合物溶胀，分子链的活性增加，表面张力降低[136]。

3.1.3　*D*-丙交酯含量对溶解度的影响

我们观察到在 453K 和 17.24MPa 下，PLA 3001D 的溶解度为 10.98％，而 PLA 8051D 和 PLA 4060D 的溶解度分别为 11.07％和 10.94％，如图 3.8

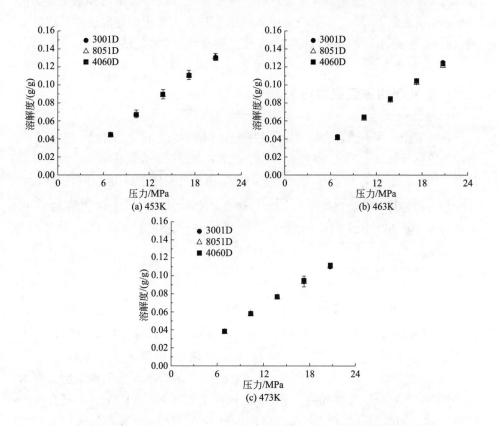

图 3.8　在 453K（a），463K（b）和 473K（c）下，*D*-丙交酯含量
对 CO_2 在 PLA 中溶解度的影响

所示。同样，在相同的条件下，不同牌号 PLA 的体积溶胀率也非常接近。在 473K 和 10.34MPa 下，PLA 3001D、PLA 8051D 和 PLA 4060D 的体积溶胀分别为 5.05%、5.46% 和 5.12%。因此，根据所用的 PLA 牌号，可以得出如下结论：分子链的取向不会影响所考察温度下二氧化碳的溶解度。

3.1.4 小结

在 20.68MPa 的高压下，使用内置的高压观察池和 MSB 测量了 PLA/CO_2 混合物的体积溶胀数据以及在 $T=453K$、463K 和 473K 下二氧化碳在 PLA 3001D、PLA 8051D 和 PLA 4060D 中的溶解度。体积溶胀一般随压力的升高而增大，随温度的升高而减小。对于溶解度也观察到相似的趋势。改变 D-丙交酯含量对溶解和体积膨胀均无明显影响。应用 SS-EOS 和 SL-EOS 预测了由于气体溶解而引起的 PLA/气体混合物的体积溶胀量和二氧化碳的溶解度。结果表明，与 SL-EOS 不同，SS-EOS 与 PLA-CO_2 混合物的实验结果相似。

3.2 聚乳酸的界面张力行为

在本节中，我们通过实验测定了各种 PLA 结构的原位表面张力。根据聚合物的初始质量确定了 PLA/CO_2 混合物的密度，并根据聚合物液滴的浮力效应和最终体积校正了 CO_2 的溶解。利用液滴图像和密度信息获得了 PLA/超临界 CO_2 混合物的界面实验数据[114,115,141,142]。研究了 CO_2 压力、温度和 PLA 的 D-丙交酯含量对张力的影响。PLA 的牌号与前一节使用的相同[136]。

3.2.1 密度定义

前一节讨论了基于 Tait 方程的聚合物熔体比容、压力和温度以及 CO_2 在 PLA 中溶解度的计算。图 3.9 和表 3.7[136] 说明了 PLA/CO_2 混合物和 CO_2 气体之间的密度差[136]。图 3.9 中标准不确定度 μ 如下：$\mu(T)<0.1K$，$\mu(P)<0.2MPa$，$\mu(密度差)<0.003,285g/cm^3$ 是标准误差不确定度。在所有牌号的 PLA 中，观察到随着温度和/或压力的增加，PLA/CO_2 混合物和 CO_2 气体之间的密度差趋于减小。气体饱和 2h 后发现密度差。发现 CO_2 的密度比 PLA/CO_2 混合物的密度增加得更快，导致随着压力的增大密度差增大。二氧化碳的密度增加得更快，可能因为气体的可压缩性比聚合气体混合物更高。将

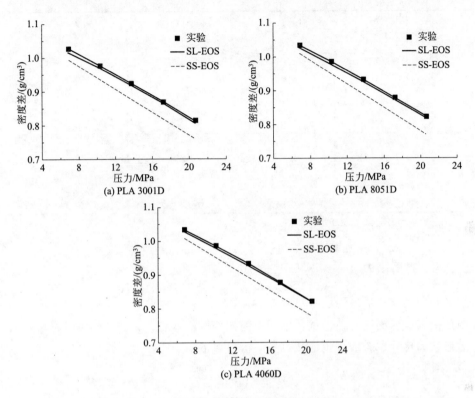

图 3.9　在 453K 下 2h 后的 PLA-CO$_2$ 混合物 PLA 3001D、PLA 8051D、
PLA 4060D 与 CO$_2$ 的实验测量和通过 EOS 预测的密度差

实验测量值与通过 SS-EOS 和 SL-EOS 得到的值进行了对比。SS-EOS 与实验
数据相似。但 SL-EOS 预测的密度差比实验值更大。文献中已经报道了关于
PP 和 CO$_2$ 混合物[104] 的 SS-EOS 和 SL-EOS 预测值之间的差异。随着所有牌
号 PLA 压力的增加，SL-EOS 预测值与实验结果的偏差也略有增加。

表 3.7　PLA-CO$_2$ 混合物在 453K、463K 和 473K 下的实验密度差

温度 /K	P/MPa	PLA 3001D /(g/cm^3)	PLA 8051D /(g/cm^3)	PLA 4060D /(g/cm^3)
	6.89	1.014	1.036	1.032
	10.34	0.968	0.988	0.985
453	13.79	0.918	0.937	0.934
	17.24	0.864	0.884	0.880
	20.68	0.806	0.829	0.825

续表

温度 /K	P/MPa	PLA 3001D /(g/cm³)	PLA 8051D /(g/cm³)	PLA 4060D /(g/cm³)
	6.89	1.017	1.033	1.030
	10.34	0.971	0.984	0.978
463	13.79	0.919	0.932	0.928
	17.24	0.869	0.878	0.876
	20.68	0.815	0.824	0.832
	6.89	0.996	1.014	1.008
	10.34	0.951	0.966	0.963
473	13.79	0.903	0.916	0.913
	17.24	0.852	0.865	0.862
	20.68	0.801	0.814	0.810

注：一些数据是由图 3.2 重新得到的。

3.2.2 界面张力

利用轴对称液滴形状分析（ADSA-P）技术从溶胀体积测量过程中获取的图像中确定界面张力。根据毛细现象的拉普拉斯方程，将获得的轴对称弯月面的形状和尺寸拟合成理论液滴分布，得出如下结论[114,115,130,136,141,142]：

$$\Delta P = \gamma \left(\frac{1}{R_1} + \frac{1}{R_2} \right) \tag{3.6}$$

式中，ΔP 是弯曲界面的压差；γ 是界面张力；R_1 和 R_2 是液滴曲面的主要半径。采用最小二乘法将实验和理论液滴分布的差异最小化，并将界面张力作为拟合参数生成[143]。

在 ADSA 形式中，密度最初是通过应用毛细管常数引入的，如下所示：

$$C = \frac{\Delta \rho g}{\gamma} \tag{3.7}$$

式中，C 是毛细管常数；$\Delta \rho$ 是液体-流体界面之间的密度差；g 是重力加速度。通过 ADSA 测定 C 提供了界面张力，而 $\Delta \rho$ 是一个容易获得的输入参数。

与初始聚合物质量相比，假设在气相中聚合物质量可以忽略不计。这是因为非极性碳氢聚合物在超临界 CO_2 中的溶解度相对较低[138]。因此，富含气相的密度被认为与相同压力和温度下的气体密度相同[144]。一旦知道了溶解的 CO_2 的质量并计算出聚合物/气体混合物的体积，就可以根据其总质量（也就是，根据初始聚合物质量和溶解的 CO_2 质量之和）和体积确定其密度。然后，使用式(3.8) 计算 $\Delta\rho$，如下所示：

$$\Delta\rho = \rho_{p,混合物} - \rho_{气体} \tag{3.8}$$

式中，$\Delta\rho_{混合物}$ 是聚合物/气体混合物的密度。

3.2.2.1　压力和温度对聚乳酸界面张力的影响

在 453～473K 的温度范围和 6.9～20.6MPa 的压力条件下测量了 PLA 3001D、PLA 8051D 和 PLA 4060D 在 CO_2 气体中的界面张力。图 3.10 显示了在等压条件下 PLA 界面张力相对于温度的变化[136]。图 3.10(a) 中标准不确定度 μ 如下：$\mu(T) < 0.1K$，$\mu(P) < 0.2MPa$，$\mu(界面张力) < 0.2847mJ/m^2$；图 3.10(b) 中标准不确定度 μ 如下：$\mu(T) < 0.1K$，$\mu(P) < 0.2MPa$，$\mu(界$

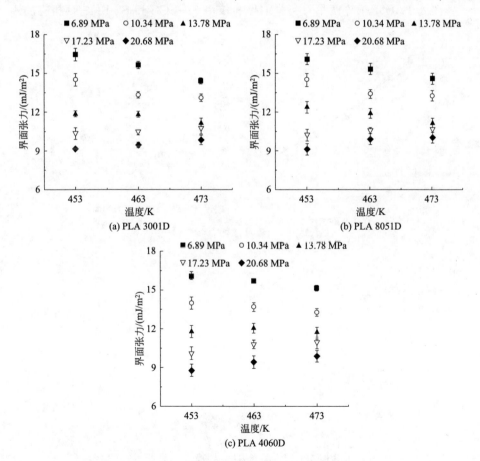

图 3.10　等压条件下 PLA 界面张力相对于温度的变化

面张力）$<0.2977 \mathrm{mJ/m^2}$；图 3.10(c) 中标准不确定度 μ 如下：$\mu(T)<0.1\mathrm{K}$，$\mu(P)<0.2\mathrm{MPa}$，μ（界面张力）$<0.2900 \mathrm{mJ/m^2}$。在恒定温度下，界面张力随压力降低而降低。CO_2 压力的升高导致 CO_2 溶解度增加，因此更多的聚合物溶胀。相反，当 CO_2 压力增加时，液压减小了聚合物的自由体积。在较低的 CO_2 压力下，液压是主要的，而在较高的压力范围，溶解度的影响成为主导因素。由于这两个竞争因素，界面张力随着压力的增加以不同的速率下降。如图 3.10 所示，温度对 PLA/CO_2 界面张力的影响取决于压力范围。在较低压力下，界面张力随温度升高而降低。然而，当压力高于 17.2MPa 时，它随着温度的升高而增加。在超临界 CO_2 中，聚丙烯熔体也有相似的趋势[130]。

图 3.11 显示了界面张力实验结果和使用 SL-EOS 和 SS-EOS 时相应的预

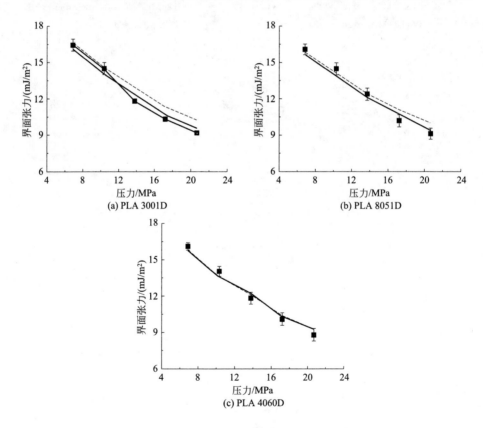

图 3.11　PLA 3001D、PLA 8051D 和
PLA 4060D 在 453K 下的界面张力随压力的变化

测值[136]。标准不确定度 μ 如下：$\mu(T)<0.1K$，$\mu(P)<0.2MPa$，μ（界面张力）$<0.2977mJ/m^2$。图 3.11 是由图 3.3 的数据重新绘制而成。与 SL-EOS 相比，SS-EOS 的预测结果更符合实验结果。界面张力取决于聚合物液滴内外的密度差。通过 SS-EOS 预测的聚合物/气体混合物与纯气体之间的密度差与实验所得的密度差相似，如图 3.10 所示。

图 3.12 显示了 CO_2 在 PLA[136] 中的溶解度与 PLA/CO_2 混合物在 453K 下的界面张力之间的关系[136]。标准不确定度 μ 如下：$\mu(T)<0.1K$，$\mu(P)<0.2MPa$，μ（界面张力）$<0.2977mJ/m^2$。其他温度范围也表现出类似的行为。溶解度随温度升高而降低，导致界面张力增加。在较低压力下，溶解度也很低，因此溶解的气体的影响最小。因此，界面张力随着温度的升高而降低。在溶解度也很高的高压范围内，溶解的气体对界面张力的影响更大，然后随着温度的升高而增加。

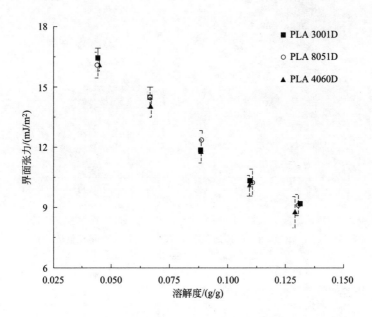

图 3.12　在 453K 条件下在 6.89～20.68MPa 超临界 CO_2 压力范围内
测量的 PLA 的界面张力和溶解度之间的关系

3.2.2.2　D-丙交酯含量对聚乳酸界面张力的影响

图 3.13 显示了三种牌号 PLA 的界面张力[136] 标准不确定度 μ：

$\mu(T)<0.1\mathrm{K}$，$\mu(P)<0.2\mathrm{MPa}$，μ（界面张力）$<0.2977\mathrm{mJ/m^2}$。研究发现，D-丙交酯含量不影响界面张力。在给定的 PLA 分子量下，高于 PLA 熔融温度以上时，分子链的结构似乎并不影响 PLA/CO_2 混合物的界面张力。这与 3.1 节所示的不同牌号 PLA 在 $180\sim200℃$ 下测得的 CO_2 溶解度相似的结果一致，说明在没有晶体的熔点以上的温度，PLA 的 D-丙交酯含量对 PLA 和 CO_2 的相互作用没有显著影响。因此，在泡沫加工或任何其他界面张力很重要的热塑性加工过程中，可以期待在分子量相似但 D-丙交酯含量不同的任何其他牌号的 PLA 中得到与这里发现的相似的规律。

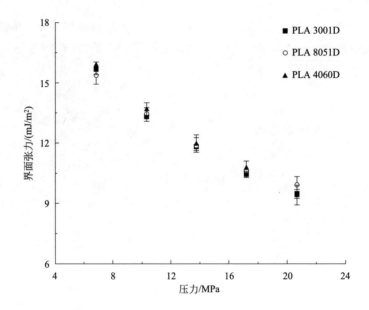

图 3.13　PLA 在 463K 时的界面张力和 D-丙交酯含量的比较

3.2.3　小结

本小节研究了 PLA 3001D、PLA 8051D 和 PLA 4060D 在超临界 CO_2 中的界面（表面）张力。通过体积溶胀和从 PLA-CO_2 混合物的 PVT 数据得到 PLA/CO_2 混合物的密度。用 MSB 获得 CO_2 的密度。用 SL-EOS 和 SS-EOS 获得 PLA/CO_2 混合物的理论密度。相对于 SL-EOS，用 SS-EOS 预测的 PLA/CO_2 混合物的密度与实验结果更接近。因此，使用 SS-EOS 密度差获得的界面张力更接近实验结果。PLA 的界面张力随着压力的增加而降低，并且在较低的压力范围内降低得更快。然而，温度对界面张力的影响取决于 CO_2 的压力水平；也就是说，在低压范围内，界面张力随温度升高而减小，但在高压范围内随温度升高而增加。这些相反的趋势归因于两种相互竞争的 CO_2 机制：液压和聚合物溶胀。此外，在对三种不同牌号的 PLA 进行试验后，可以得出结论，D-丙交酯含量不影响 PLA/CO_2 混合物的密度差和界面张力。

第 4 章

聚乳酸在溶解有气体时的结晶动力学

● 章节概览 ●

摘 要

本章详细讨论了溶解有 CO_2 的具有不同分子结构、构型和填料的各种类型的聚乳酸（PLA）的结晶行为。这些 PLA 可以被命名为具有不同线型和支化结构，不同 D-丙交酯含量，含有微米/纳米尺寸添加剂的 PLA。同时，将溶解有 N_2 和氦气与溶解有 CO_2 的影响进行了对比。PLA 结晶缓慢是其主要缺点之一，导致其发泡性能较差。因此，理解溶解有发泡剂的 PLA 的结晶机理和行为具有重要的意义。此外，还将揭示各种溶解的发泡剂如何影响 PLA 的结晶速率和动力学，从而影响 PLA 的发泡能力及泡沫性能。高压差示扫描量热法（HP-DSC）、X 射线衍射（XRD）、光学显微镜是用于分析聚乳酸/气体混合物结晶的几种技术。

关键词：Avrami；晶体熔融；结晶度；结晶动力学；HP-DSC；聚乳酸；XRD

在聚乳酸发泡过程中，PLA 固有的低熔体强度会导致泡孔在生长过程中发生泡孔合并与泡孔破裂[100]。而且，它的低熔体强度将导致泡沫膨胀过程中气体损失，引起严重的收缩[145]。提高 PLA 在发泡过程中的结晶动力被认为是克服 PLA 黏弹性较弱和改善其发泡行为（如气泡的成核和膨胀）的有效途径[76]。通过成核的晶体形成网络结构，发泡过程中的结晶可以提高 PLA 较低的熔体强度。因而，可以通过尽量减少气体损失和泡孔合并来提高 PLA 的膨胀能力。应该注意的是，过高的结晶度也会抑制泡沫膨胀，因为基体刚度过大和气体溶解减少[76,145]。另一方面，根据异相气泡成核理论[52,146]，通过局部压力的变化可以在已经成核的晶体周围促使气泡成核[49,76]，从而显著提高泡沫样品的最终泡孔密度。结晶度的提高不仅可以提高 PLA 的发泡性能，还可以改善最终泡沫产品的力学性能和使用温度（即热变形温度）。

很少有人研究泡沫挤出和注射成型过程中的结晶对 PLA 发泡行为的影响[76]。众所周知，等温熔融结晶发生在 PLA 的 T_m 和 T_g 之间的温度范围内[147]。在挤出发泡和注射发泡成型过程中，PLA/气体混合物会经历等温熔融结晶，一定数量的成核晶体会通过提高泡孔密度和膨胀率来影响 PLA 的发泡行为。等温诱导结晶改善了 PLA 的熔体强度，并在挤出发泡过程中提供了大量的气泡成核点。此外，在 PLA 珠粒发泡过程中，等温饱和过程中产生的晶体会显著影响发泡阶段珠粒的气泡成核和膨胀率[22,23]。正如前一章所指出的，PLA 的主要缺点是结晶缓慢[76,89]。溶解的物理发泡剂是影响聚合物的分子活性，进而影响其结晶动力学、熔融和冷结晶温度（T_c 和 T_{cc}）、晶体熔融温度（T_m）和玻璃化转变温度（T_g）的参数之一。因此，应正确认识 PLA 结晶强化对其分子结构和构型的依赖关系，以及在不同类型溶解气体存在下加入各种添加剂的依赖关系。所以，通过各种泡沫制造技术，可以清楚地解释结晶强化对聚乳酸发泡行为的影响。

4.1 分子链结构的影响

如第 2 章所述，支化会影响 PLA 的结晶行为。它通过阻碍链的活性和柔韧性来提高熔体强度。因此，由于链的活性非常低，PLA 的结晶行为可能会减弱；或者当链端基团起到晶体成核点的作用时，会对结晶行为产生积极的影响。在这种情况下，根据扩链剂（CE）的含量和功能基团的数量，这些影响可以相互制约，使得结晶度或减少或增加[101,148]。大多数研究人员对线型 PLA 的热行为和结晶动力学进行了研究，但很少有研究阐明链支化对 PLA 热行为和结晶动力学的影响。Dorgan 等人报道了支化 PLA 的结晶比线型的快[71]。然而，Ouchi 等人研究发现，支化 PLA 的最终结晶度低于线型 PLA，但是支化 PLA 的结晶度可以通过调整支化结构的链长来控制[149]。另一方面，Mihai 等人研究发现，添加 CE 改善了 PLA 样品的结晶和发泡行为[150]。在近期研究中，我们系统地探讨了链支化对 PLA 结晶动力学的影响，并表明对于给定的 CE，当质量分数最高为 0.7％时，PLA 的结晶度可以得到提高[101]。

由于支化对 PLA 结晶行为的影响，考虑支化结构和溶解的气体对 PLA 在发泡过程中结晶行为的综合影响具有一定的挑战性。首先，溶解的 CO_2 会引起聚合物溶胀[104,129] 从而影响其结晶动力学。此外，膨胀和气泡生长本身会提高最终结晶度；随着膨胀率的增加，双轴拉伸使得结晶化程度提高[151]。由于是气体和应变诱导结晶双重作用，溶解的气体产生的塑化效应与泡孔生长过程中的双轴拉伸可以在聚合物中引起较高的结晶度[151]。因此，发泡技术本身也是一个提高 PLA 结晶度的过程，尽管泡沫膨胀的影响很难从溶解的气体的影响中分离出来。在线型和支化 PLA 的发泡过程中，将泡沫膨胀对最终结晶度的影响与分子结构和溶解气体的影响分开将更加复杂。虽然测量发生在发泡最后阶段的双轴拉伸过程中的结晶动力学各参数并不容易，但至少可以准确地研究当溶解有气体但还未发泡时，线型 PLA 和支化 PLA 熔体的初始结晶过程。

本节研究了在不受发泡影响的情况下，溶解有 CO_2 的三种 PLA 的结晶行为。它们是一种线型和两种 CE 含量分别为 0.35％（B1-PLA）和 0.7％（B2-PLA）的支化 PLA。从 NatureWorks 公司得到的线型 PLA 为 8051D，D-乳酸摩尔含量为 4.5％～4.6％。以 8051 D 为基体材料，采用环氧基多功能低聚物 CE（Joncryl ADR-4368 C，BASF 公司），通过反应挤出法制备出支化 PLA，CE 含量分别为 0.35％和 0.7％。为了在所有三种 PLA 中达到较好的结晶成核效果，采用 0.5％的 Luzenac 公司的 Mistron Vapor-R 滑石粉进行熔融共混。采用了高压差示扫描量热仪（HP-DSC）。该 HP-DSC 的最大 CO_2 压力为 60bar（870Psi，1bar＝0.1MPa）。由于设备的局限性，未探讨压力超过 60bar 的情况。也采用了常规 DSC 来测定常压下 PLA 的结晶。用 DSC 研究了 PLA 在常压（1bar）下并用 HP-DSC 研究了 PLA 在 15bar 和 45bar CO_2 压力下的等温熔融结晶和结晶动力学[147]。在所有过程中，使用 Avrami 方程对 PLA 样品的结晶动力学进行了分析。Avrami 方程如下：

$$\ln\{-\ln[1-X(t)]\}=n\ln t+\ln k \tag{4.1}$$

式中，$X(t)$ 是结晶时间 t 的相对结晶度；k 是成核和生长速率的结晶动力学常数；n 是反映晶体成核和生长机制的 Avrami 指数。通过绘制 $\ln\{-\ln[1-X(t)]\}$ 相对于 $\ln(t)$ 的图形，可确定 Avrami 指数值 n 和动力学常数的对数 $\ln k$[152]。在结晶动力学分析中考虑了半结晶时间（$t_{1/2}$），即从结晶开始到结晶完成 50％的持续时间。结晶速率（G）表征为 $t_{1/2}$ 的倒数。半结晶时间和速率可以用以下两个公式计算[153]：

$$t_{1/2}=\left(\frac{\ln2}{k}\right)^{1/n} \tag{4.2}$$

$$G=\frac{1}{t_{1/2}} \tag{4.3}$$

也在 DSC 和 HP-DSC（在 15bar、30bar、45bar 和 60bar CO_2 压力下）中研究了非等温熔融结晶。通过考虑结晶过程中冷却速率的影响，使用基于 Avrami 方程的 Jeziorny 理论来考察非等温熔融结晶动力学[154]。描述非等温结晶的动力学参数为 $\ln K_c = \ln k / \delta$，其中 K_c 是考虑冷却速率 δ 的修正过的结晶速率常数。

4.1.1 等温差示扫描量热图谱及 Avrami 分析

图 4.1 显示了不同等温温度对具有不同支化程度的 PLA 样品在常压（1bar）和 15bar、45bar 压力 CO_2 下熔融结晶的影响[147]。从图中求出了相对结晶度 $[X(t)]$，并将其代入 Avrami 方程中进行结晶动力学研究。相应的 Avrami 双对数图如图 4.2 所示[147]。对于每一种情况，表 4.1 列出了从 Avrami 图导出的 n、$\ln k$ 和 k 值，以及半结晶时间（$t_{1/2}$）和结晶

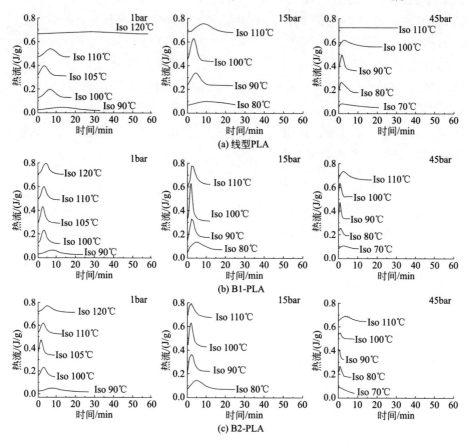

图 4.1 在 1bar 的常压、15bar CO_2 压力、45bar CO_2 压力下 PLA 样品在不同等温温度下的熔融结晶

速率（G）。

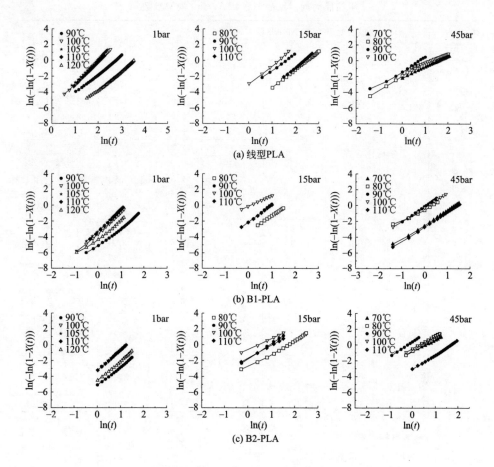

图 4.2 PLA 样品在常压、15bar CO_2 压力和 45bar CO_2 压力、
不同温度下的 Avrami 双对数图

Avrami 方程中 n 值的指数反映了晶体的成核和生长机制。如表 4.1 所示，在结晶速率最快的 $T_{临界值}$，Avrami n 值的指数增加。在常压下，n 值接近 3，这与三维的异相晶体成核和生长有关。随着 CO_2 压力提高，Avrami 指数 n 下降至接近 2 或 2 以下，表明二维的均相球晶生长主导了结晶动力学[153]。同时，线型结构较多的 PLA 的 n 值高于支化结构 PLA。这表明，线型 PLA 趋向于三维异相成核和生长，而支化 PLA 则更倾向于二维晶体生长，这很可能是由于链缠结和由此产生的链取向引起的。

表 4.1 聚乳酸（PLA）样品在不同等温温度和不同压力下的
半结晶时间、结晶速率和 Avrami 模型参数

压力 /bar	样品	等温温度 /℃	$t_{1/2}$ /min	G /min^{-1}	n	$\ln k$	k
1 (大气压)	线型 PLA	90	14.3	0.069	2.40	−6.62	1.33×10^{-3}
		100	5.9	0.169	2.94	−6.01	2.45×10^{-3}
		105	4.8	0.208	3.30	−5.55	3.86×10^{-3}
		110	6.5	0.153	2.88	−5.99	2.50×10^{-3}
		120	33	0.030	2.45	−8.7	1.67×10^{-4}
	B1-PLA	90	8.2	0.121	2.27	−5.18	5.63×10^{-3}
		100	3.2	0.312	2.63	−3.58	2.79×10^{-2}
		105	2.9	0.344	2.95	−3.52	2.95×10^{-2}
		110	3.1	0.322	2.90	−3.66	2.55×10^{-2}
		120	4.3	0.232	2.29	−4.26	1.41×10^{-2}
	B2-PLA	90	7.28	0.137	2.33	−5.20	5.52×10^{-3}
		100	3.16	0.316	2.52	−3.3	3.69×10^{-2}
		105	1.8	0.555	2.60	−1.85	1.57×10^{-1}
		110	3	0.333	2.65	−3.3	3.69×10^{-2}
		120	5	0.200	2.53	−4.64	9.66×10^{-3}
15 (CO_2)	线型 PLA	80	11.5	0.086	2.38	−5.94	2.63×10^{-3}
		90	4.5	0.222	2.15	−3.43	3.24×10^{-2}
		100	3.5	0.285	2.42	−3.05	4.74×10^{-2}
		110	10.5	0.095	2.49	−5.88	2.79×10^{-3}
	B1-PLA	80	3.7	0.270	1.97	−3.33	3.58×10^{-2}
		90	2.2	0.454	2.24	−2.16	1.15×10^{-1}
		100	1.6	0.625	1.33	−0.13	8.78×10^{-1}
		110	2.2	0.454	2.14	−2.17	1.14×10^{-1}
	B2-PLA	80	5.2	0.192	1.71	−2.92	5.39×10^{-2}
		90	2.5	0.400	1.99	−1.82	1.62×10^{-1}
		100	1.9	0.526	1.42	−0.616	5.40×10^{-1}
		110	2.8	0.357	1.67	−1.71	1.81×10^{-1}
45 (CO_2)	线型 PLA	70	2.6	0.384	1.36	−2.23	1.08×10^{-1}
		80	1.4	0.714	1.83	−1.96	1.41×10^{-1}
		90	1.7	0.588	1.73	−1.36	2.57×10^{-1}
		100	2.7	0.370	1.14	−1.42	2.42×10^{-1}
		110	—				
	B1-PLA	70	2.9	0.344	1.85	−2.49	8.29×10^{-2}
		80	1	1.000	1.43	−0.54	5.83×10^{-1}
		90	0.8	1.250	2.02	−0.14	8.69×10^{-1}
		100	1	1.000	1.82	−0.27	7.63×10^{-1}
		110	2.5	0.400	1.87	−2.75	6.39×10^{-2}
	B2-PLA	70	2.5	0.400	1.46	−0.85	4.27×10^{-1}
		80	1	1.000	1.89	−0.70	4.97×10^{-1}
		90	0.5	2.000	1.88	0.415	1.51
		100	0.8	1.250	1.62	−0.46	6.31×10^{-1}
		110	4.5	0.222	1.85	−3.11	4.46×10^{-2}

4.1.2　支化对等温处理的聚乳酸最终结晶度的影响

图 4.3 和图 4.4 分别显示了不同等温温度和不同压力下 PLA 样品的半结晶时间和最终结晶度。如图 4.3 所示，由于支化结构更多且提供了晶体成核点，因此半结晶时间明显缩短且结晶速率也提高[101]。尽管如此，线型结构较多的 PLA 的最终结晶度高于支化结构更多的 PLA。由于线型 PLA 的链规整度较高，在等温条件下，尽管耗时较长但最终会产生更高的结晶度。当具有支化结构时，由于分子运动阻力增加，晶体的生长必然受到阻碍。支化结构产生了大量的晶核，必然导致更多的链缠结，特别是在晶体生长的后期。这些晶体与晶体之间的相互作用阻碍了晶体生长过程中的分子运动且导致晶体堆叠致密

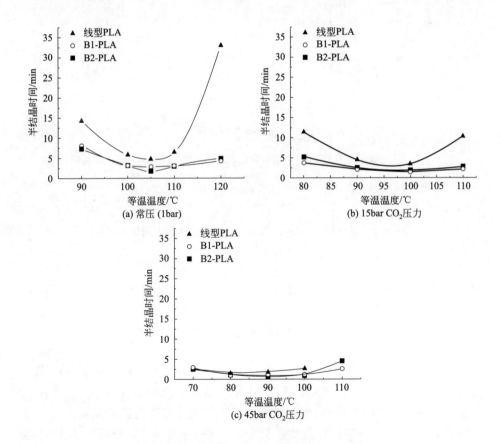

图 4.3　线型 PLA、B1-PLA 和 B2-PLA 样品
在不同压力、不同温度下的等温半结晶时间

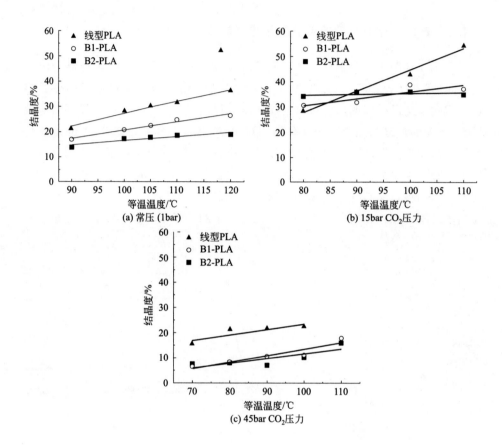

图 4.4 线型 PLA、B1-PLA 和 B2-PLA 样品在不同压力下、
不同温度时的结晶度

程度降低，而这将是支化 PLA 最终结晶度下降的主要原因。

4.1.3 CO₂ 压力对等温处理的聚乳酸最终结晶度的影响

图 4.3 显示在较高的压力下，随着 CO_2 在 PLA 中溶解量的增加，PLA 结晶速率增加。图 4.3 还描述了线型 PLA 结晶速率的增加（即半结晶时间的减少）更为明显。因为支化 PLA 即使在常压下也有着很高的结晶速率，所以溶解的 CO_2 对结晶速率的提高效果不明显。同时还发现，溶解的 CO_2 使半结晶时间对温度变得不敏感。换言之，随着 CO_2 压力的升高，结晶速率在较宽的温度范围内得到提高。这清楚地表明，溶解的 CO_2 分子通过其对分子活性

的增塑作用提高了结晶速率[155]，即降低了结晶所需的耗散能[156]。CO_2 的塑化作用还表现为，随着压力的增加，结晶速率最高的临界等温温度 $T_{临界值}$ 降低。图 4.3 表明，$T_{临界值}$ 从 1bar 的 105℃下降到 45bar 的 CO_2 压力下的 90℃。

尽管溶解的 CO_2 使半结晶时间缩短，但最终结晶度并没有随着 CO_2 压力增加而增加，也就是没有与溶解在 PLA 基体中的 CO_2 的量的增加成正比地增加。图 4.4 显示最终结晶度在 15bar 时显著增加，但在 45bar 时显著下降。这说明在这两种情况下，结晶度是由不同的机制决定的。由于最终结晶度是由晶体成核和生长动力学共同决定的，并可能会随着时间的推移发生变化且相互影响，因此我们需要推断溶解的气体是如何影响晶体成核和生长速率的。正如前一节所讨论的那样，大量的晶体可能在后期会阻碍晶体的生长，因为晶体可能会影响相邻晶体的分子链活性。因此，晶体可能变得不太完善（不紧密的堆叠），尽管在结晶的早期阶段成核率有所提高，但最终结晶度可能会降低。然而，如果晶体之间不相互影响（例如，在总结晶度很低的情况下），晶体成核率的增加将导致最终结晶度增加。另一方面，如果晶体生长被连续推进到更完善的排列（即更紧密的堆叠）且不引起太多的缠结，最终结晶度就会更高。例如，如果晶核的总数是相同的，并且如果分子的运动是为了与溶解在 PLA 基体中的起润滑作用的气体分子一起产生更完善的晶体，那么最终结晶度将增加。

Takada 等人[155] 还研究了 CO_2 压力对 PLA 等温熔融结晶的影响，但压力最高只达到 20bar。他们证实，随着压力增加至 20bar，总结晶度和结晶速率都会增加。我们在低 CO_2 压力（15bar）下的结果与他们所观察到的结果具有很好的一致性。然而，在他们所没有探索的更高的 CO_2 压力下，我们观察到了不同的结晶现象。

由于等温 DSC 热图（图 4.1）没有清楚地揭示关于晶体数量和晶体的完善程度的信息，所以采用广角 X 射线衍射（WAXD）的测量方法探索线型 PLA 在三种压力下在 $T_{临界值}$ 等温处理后的这些信息。图 4.5 显示，所有 PLA 样品在 $2\theta = 14.8°$、$16.7°$、$19.0°$ 和 $22.3°$ 处出现了对应为 PLAα 晶体的衍射峰[147,157]。如图所示，溶解气体 CO_2 的存在并没有在 PLA 样品中诱导出新的晶相。在 15bar CO_2 压力下进行等温处理时，$2\theta = 16.7°$ 处的特征结晶峰的相对强度增加。这反映了 PLA 的结晶度随着晶体更大和晶体片层堆叠更紧密而增加[158,159]。当 PLA 样品置于高压 CO_2 中时，由于溶解的 CO_2 对分子的运动有增塑作用，PLA 的自由体积一定会增加，而这必然会促进链的活性，从而促进结晶。根据图 4.5 所示，由于在 15bar CO_2 压力下形成了更多堆叠紧密的晶体，PLA 分子必定会花更多时间运动以形成更完善的晶体而又不引起太多缠结。

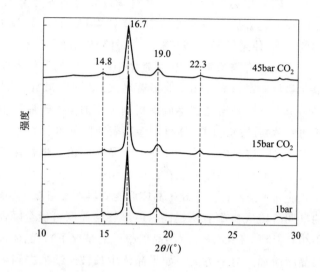

图 4.5 经等温熔融结晶的线型聚乳酸样品在常压下（100℃）、15bar CO_2 压力（100℃）和 45bar CO_2 压力（90℃）下的广角 X 射线衍射仪图谱

但当样品暴露在 45bar CO_2 压力下时，$2\theta = 16.7°$处的峰的相对强度降低且峰宽变大。这表明晶体尺寸减小（即晶体数量增加）且晶体堆叠不那么紧密[158,159]。当 CO_2 压力升高至 45bar 时，由于大量晶体缠绕在一起，分子活性不稳定。在较高的压力下，更多的 CO_2 分子溶解在聚合物中使得聚合物溶胀得更多。因此，至少在一开始时，使晶体生长的分子运动将得到进一步促进。但是，如前所述，晶体成核率也有所提高，而这肯定会影响晶体的生长速度。通过大量成核晶体连接在一起的分子增加了 PLA 的黏度，缠结在一起的分子增加了其运动阻力从而对晶体的生长产生负面影响。因此，尽管晶体的生长速率在早期得到了提高且聚合物发生了溶胀，但最终仍然形成了堆叠不太紧密的晶体，从而降低了最终结晶度。此外，过快的结晶，加上大量的起润滑作用的 CO_2，也会在早期阶段影响堆叠不太致密的晶体形成。

同样值得注意的是，根据图 4.4 可知，在 70~120℃ 的温度范围内 PLA 的最终结晶度随温度升高而增加。似乎温度的升高促进了链的活性，不会引起大量的分子缠结从而提高结晶度。温度和溶解气体都会增加聚合物的自由体积，从而影响链的活性和结晶度。但是由于气体分子的存在，即使增加的自由体积相同，温度和溶解气体对结晶的影响可能并不完全相同。

4.1.4　等温处理聚乳酸的偏光显微技术

图 4.6 显示了线型 PLA 样品在 1bar 大气压、15bar 和 45bar CO_2 压力下、在 $T_{临界值}$ 等温处理后的两种放大倍率的光学显微图片[147]。如图 4.6 所示，当 PLA 样品处于 15bar 压力下时，观测到较大晶粒并与常压下退火的样品进行了比较。另外，样品在 45bar CO_2 压力下有更多晶粒且晶粒尺寸更小。这些结果与我们先前的讨论一致。

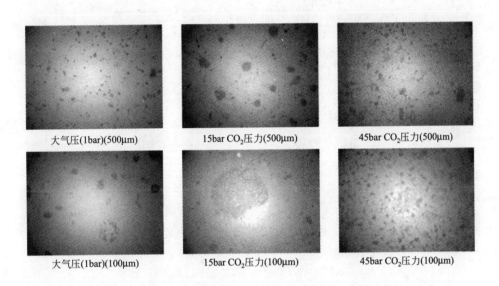

图 4.6　在常压（100℃）、15bar CO_2 压力（100℃）和 45bar CO_2 压力（90℃）下等温熔融结晶后的光学显微图像

4.1.5　非等温差示扫描量热图谱及 Avrami 分析

我们研究了在不同 CO_2 压力和常压（1bar）下 PLA 样品的非等温熔融结晶行为。图 4.7 显示了当冷却速率为 2℃/min 时，PLA 样品分别在常压下和在 15bar、30bar、45bar 和 60bar CO_2 压力下的冷却图形[147]。图 4.8 显示了不同压力下线型 PLA 的相对结晶度随时间的变化，以及相应的 Avrami 双对数曲线[147]。表 4.2 列出了从由 Jeziorny 方法修正的 Avrami 图中导出的相应的半结晶时间、结晶速率和结晶参数（n、$\ln k$ 和 k）[147]。

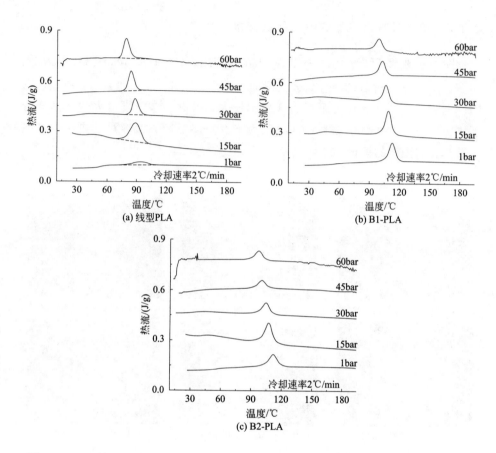

图 4.7 PLA 样品分别在 DSC 和 HP-DSC 中在常压和不同 CO_2 压力下测量的冷却图形

表 4.2 线型聚乳酸（PLA）在不同压力下非等温熔融结晶的半结晶时间、
晶体生长速率和 Avrami 分析参数

压力	$t_{1/2}/\min$	$G/\min^{-1}$	n	$\ln k$	k
1bar(大气压)	8.95	0.11	2.85	−6.61273	1.34×10^{-3}
15bar CO_2	8.41	0.12	3.89	−8.64996	1.75×10^{-4}
30bar CO_2	6.99	0.14	4.96	−10.0111	4.49×10^{-5}
45bar CO_2	6.33	0.16	4.06	−7.85843	3.86×10^{-4}
60bar CO_2	6.02	0.17	3.77	−7.13399	7.98×10^{-4}

如图 4.8 和表 4.2 所示，由于 CO_2 的塑化作用降低了分子收缩所需的耗散能，所以冷却速率为 2℃/min 时的结晶速率随着 CO_2 压力的增加而增加[156]。这些结果与我们的等温熔融结晶结果以及 Li 等人[156] 和 Yu 等人[160]

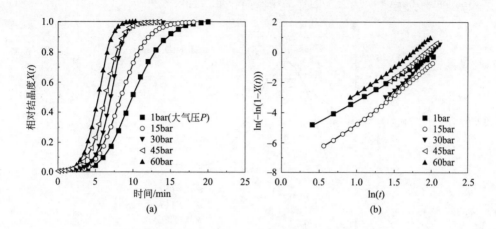

图 4.8 线型 PLA 在不同压力下相对结晶度随时间的
变化规律 （a） 和 Avrami 双对数图 （b）

在其他研究中所报道的非等温结果相一致。Avrami n 值指数表明，随着压力的增加，n 值增加，虽然与等温结果不同。

4.1.6 支化、CO_2 压力和冷却速率对最终结晶度的影响

图 4.9 显示了结晶度与 CO_2 压力的关系[147]。与等温熔融结晶过程相似，当冷却速率为 2℃/min 时，PLA 样品在 15bar 二氧化碳压力下的结晶度达到最大值。在该冷却速率下，线型 PLA 的结晶度从 1bar 的 10% 左右提高到 15bar CO_2 压力下的 45% 左右。B1-PLA 和 B2-PLA 的结晶度也都从 1bar 的 30% 左右提高到近 40%。可见，在 15bar CO_2 压力下，支化 PLA 的结晶度比线型 PLA 提高得少，这可能是由于在 15bar CO_2 压力下支链结构中的链规整度较低导致的。当压力从 15bar 升到 30bar、45bar 和 60bar 时，所有 PLA 样品的结晶度均下降，波动幅度为 15.25%。换句话说，由于上述同样的原因，当冷却速率为 2℃/min 时，在较高的 CO_2 压力下，PLA 的结晶度比 15bar CO_2 压力下的结晶度低。如图 4.9 所示，在不同的 CO_2 压力下，线型和支化的 PLA 样品具有相似的趋势。

图 4.10 和 4.11 显示了线型 PLA 样品在不同 CO_2 压力下、以 2℃/min 的速率冷却后的两种放大倍数的光学显微图片[147]。与等温结晶结果相似的是，PLA 样品在 15bar 下冷却形成的晶粒比在 1bar 下的更大。另外，在 30bar、

45bar 和 60bar CO_2 压力下的样品中的晶粒更多且尺寸更小。

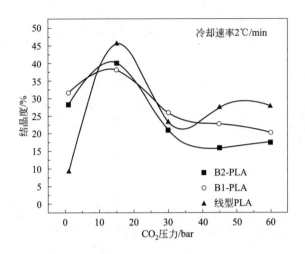

图 4.9　线型 PLA、B1-PLA 和 B2-PLA 样品在 DSC 和 HP-DSC 中、
2℃/min 的冷却速率下、在常压和不同 CO_2 压力下测量的结晶度

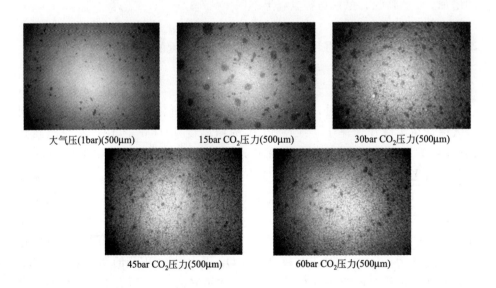

图 4.10　在常压和不同 CO_2 压力下、2℃/min 冷却速率的低放大倍数的光学显微图片

这些结果与等温熔融结晶的结果相似，因为在较慢的冷却速率下退火时间比较长。在 15bar 的 CO_2 压力下，随着半结晶时间的缩短，最终结晶度有所

15bar CO$_2$压力

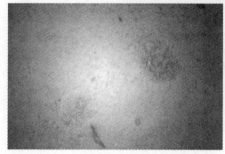

大气压(1bar)

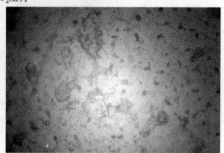

60bar CO$_2$压力

图 4.11　在常压和不同 CO$_2$ 压力下、2℃/min 冷却速率的高放大倍数的光学显微图片（100μm）

提高。正如已经讨论过的，这是由于 CO$_2$ 的增塑作用促进了 PLA 分子链的运动，且没有引起分子之间有过多缠结，从而形成了堆叠更加紧密的晶体。另一方面，当 CO$_2$ 压力升高至 15bar 以上时，尽管半结晶时间缩短，但由于晶体数量增加和结晶速度过快而形成了堆叠不紧密的晶体，使得最终结晶度降低。对不同 CO$_2$ 压力下的晶体形态进行对比的光学显微图片也与我们的讨论具有很好的一致性。

　　为了验证在不同压力下以 2℃/min 的速度冷却的线型 PLA 样品的结晶行为，还进行了 WAXD 测试（图 4.12[147]）。所得结果与等温结晶时的情况非常相似。如上文图 4.6 所示，只检测到 PLA 的 α 晶相，CO$_2$ 的存在并没有引起新的晶相[147]。对于 15bar CO$_2$ 的情况，$2\theta = 16.7°$ 处的特征结晶峰的相对强度比其他压力时的高，说明晶体尺寸更大、堆叠结构更加紧密，正如前面所讨论的那样[158,159]。当 CO$_2$ 压力逐步提高到 60bar 时，峰的相对强度逐渐减小、形状变宽，这与等温结晶过程中形成了尺寸更小、堆叠更不紧密的晶体的结果相一致。

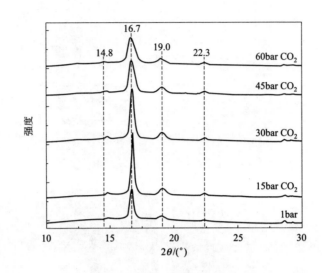

图 4.12　线型聚乳酸样品在常压和不同压力下以 2℃/min 的
速率冷却后的广角 X 射线衍射图形

　　为了研究较高冷却速率下的结果及其与溶解的 CO_2 气体对结晶度的影响，分别以 5℃/min、10℃/min、20℃/min 的冷却速率对 PLA 样品进行了冷却（图 4.13[147]）。当冷却速率为 5℃/min 时，随着 CO_2 压力增加到 60bar，线型 PLA 的结晶度稳步上升，在 60bar 时结晶度达到最高值 12%。因为设备限制，我们无法研究更高的压力，最大结晶度也可能发生在更高的 CO_2 压力下。对于 B1-PLA 和 B2-PLA 样品，结晶趋势仍是在 15bar 时保持最大结晶度，随后在 15.25% 的范围内下降。

　　对于线型 PLA，较高的冷却速率可能没有为分子充分结晶提供足够的时间。因此，结晶度较低且晶体堆叠不紧密。但随着 CO_2 分子的介入，分子链活性得到提高，从而使得 PLA 分子结晶速度加快。因此，在较高的压力下，结晶度有所提高。随着冷却速率的增加，由于可用于结晶的时间较短，在所有的 CO_2 压力范围内，结晶度都会下降。需要注意的是，当加热速率提高到 5℃/min 时，在 2℃/min 冷却速率、15bar 压力下观察到的那个非常高的峰消失了。

　　为了进一步研究临界冷却速率，在 1℃/min、2℃/min、3℃/min、4℃/min、5℃/min 的冷却速率下，考察了线型 PLA 在不同 CO_2 压力下的结晶行为（图 4.14[147]）。图 4.14 表明，当冷却速度从 1℃/min 提高到 5℃/min 时，

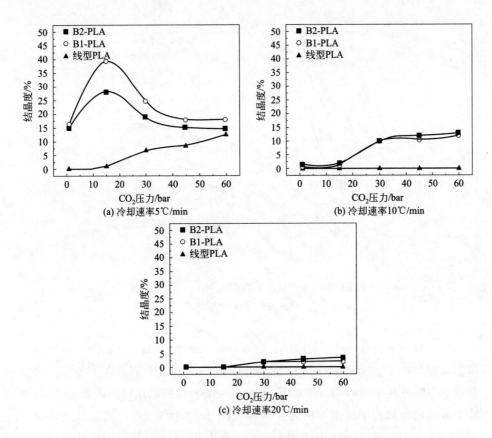

图 4.13　在常压和不同 CO_2 压力下不同速率冷却的线型-PLA、
B1-PLA 和 B2-PLA 样品的结晶度

在较高的 CO_2 压力下，结晶度在突然下降之后达到最大值。这意味着当 CO_2 压力保持在 15bar、冷却速率非常低，低于 2℃/min 时，PLA 可以得到高于 40％的结晶度且紧密堆叠的晶体。如果 CO_2 压力过高，由于结晶速度过快、气体的塑化作用较强、晶体数量较多，会形成堆叠不太紧密的晶体。如果冷却速率太快，则 PLA 分子没有足够的时间去堆叠紧密以提高结晶度。

　　PLA 树脂的最终结晶度在较高冷却速率下受到抑制，基本上反映了其结晶动力学较低。可以看到，即使在 60bar CO_2 压力下，当冷却速率大于 10℃/min 时，D-丙交酯含量为 4.6％的线型 PLA 中观察不到结晶行为。这说明如果冷却速率较高，必须通过材料改性如使用较低的 D-丙交酯含量和/或添加成核剂，或通过工艺控制如应变诱导结晶来提高 PLA 的结晶度。

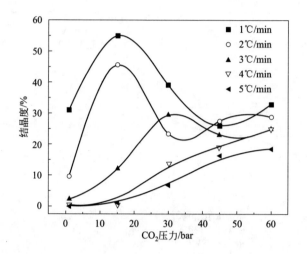

图 4.14　线型 PLA 在冷却速率为 1℃/min、2℃/min、3℃/min、
4℃/min、5℃/min 时的结晶度与 CO_2 压力的关系

另一方面，与线型 PLA 相比，支化 PLA 树脂在 5℃/min 以上的所有非等温处理条件下显示出相对较高的结晶度（图 4.13）。特别是在 5℃/min 的冷却速率下，支化 PLA 材料在 15bar 下出现一个较高的结晶峰，而线型 PLA 在这个较高的冷却速率下没有出现任何峰（图 4.13 和 4.14）。当冷却速率提高到 10℃/min 和 20℃/min 时，在 60bar 下支化 PLA 的最终结晶度分别提高到 15％和 5％左右，然而线型 PLA 结晶中未观察到结晶。在非等温冷却条件下，由支化引起的高结晶成核率和由溶解的 CO_2 引起的链活性增加是提高结晶度的主要原因。

值得注意的是，目前的结果有助于理解早期 Li 等人[156] 和 Yu 等人[160] 得到的与之相反的结果。在他们关于不同的 PLA 在冷却过程的研究中，Li 等人报道指出当 CO_2 的压力增加到 50bar 后总结晶度得到了提高[156]，而 Yu 等人的报道与之相反[160]。本节对线型和支化 PLA 采用不同的冷却速率，进一步阐明了溶解的 CO_2 对结晶动力学和最终结晶度的正面和负面影响。

4.1.7　支化、CO_2 压力和冷却速率对 T_c 和 T_g 的影响

本文还广泛研究了支化、CO_2 压力和冷却速率对本研究所用到的 PLA 材

料 T_c 和 T_g 的影响。图 4.15 显示，由于支化结构对晶体成核的显著作用，具有较多支链结构的 PLA 样品在较高温度下发生了结晶[101,147]。此外，由于 CO_2 增塑作用增强，T_c 随着 CO_2 压力的增大而降低。当冷却速率为 2℃/min 时，几乎所有 PLA 样品在常压（1bar）下和在最高 CO_2 压力（60bar）下的 T_c 的差值都接近 15℃。同样，当冷却速率增加到 5℃/min 时，CO_2 压力的升高降低了 T_c。而对于支链 PLA 样品，1～60bar 之间的 T_c 差值在 10℃ 左右，比 2℃/min 冷却时的 T_c 差值小 5℃。当冷却速率分别为 10℃/min 和 20℃/min 时，T_c 随 CO_2 含量的变化要低得多。这些结果与 Li 等人[156] 得到的不同，他们的结果是 T_c 随 CO_2 含量的变化相对于冷却速率是不变的。但是他们的实验是在低于 2℃/min 的非常低的冷却速率的情况下进行的。在冷却过程中，CO_2 在 PLA 中的溶解度随温度的降低而增加，所以在较低的冷却速率下，会有更

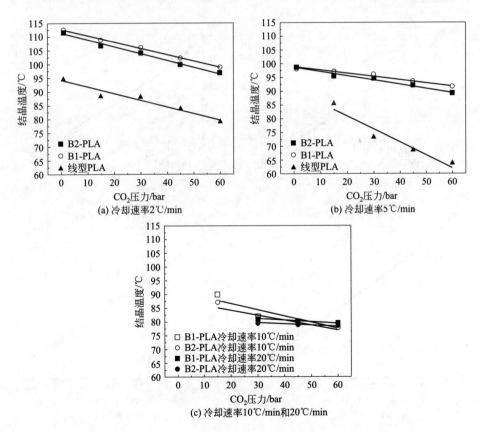

图 4.15　在冷却过程中，在常压和不同 CO_2 压力下测量的不同冷却速率下的 T_c 变化

多气体迅速地完全溶于聚合物中（增加溶解度）。但在较高的冷却速度下，随着温度的降低，气体不能迅速完全溶于聚合物中。因此，在较高冷却速率下，PLA 不可能有与较低冷却速率下同样数量的气体溶解在其中。在这种情况下，我们不能期待在不同的冷却速度下有同样数量的气体溶解在 PLA 中并对 T_c 产生影响。在 Li 等人的研究中，所有的冷却速度都非常低，因此，当冷却速率变化时，他们看不到 T_c 的任何变化。但该研究中，我们使用了更高的冷却速度，所以聚合物没有足够的气体快速达到溶解度水平，特别是在较高的冷却速率下，气体对 T_c 变化的影响不明显。

图 4.16 显示了所有 PLA 样品在不同冷却速率下 T_g 相对于 CO_2 压力的变化[147]。如图 4.16 所示，由于 CO_2 对 PLA 无定形结构的增塑作用，T_g 随 CO_2 气体压力的增加几乎呈线性下降。尽管 T_c 对溶解的 CO_2 含量，即 CO_2

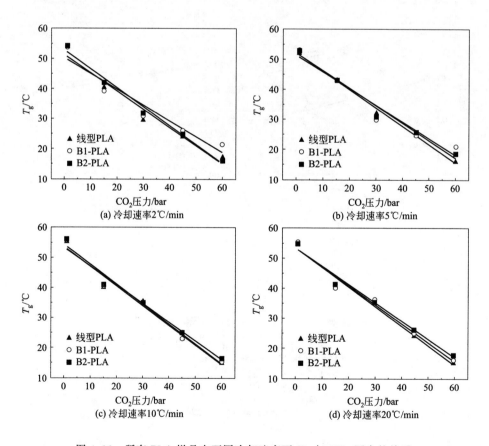

图 4.16 所有 PLA 样品在不同冷却速率下 T_g 与 CO_2 压力的关系

的压力，具有很高的敏感性，但是无论是否加入 CE 或改变冷却速率均对 T_g 的变化影响不大。T_g 与 CO_2 气体压力之间的线性关系在所有情况下都呈现出相似的趋势。反映所有样品 T_g 和 CO_2 压力之间关系的线性方程式为 $T_g=-0.58P+51.61$（℃），标准偏差分别为 0.03 和 0.86（℃）。这些结果与 Takada 等人[155] 和 Li 等人[156] 的研究是一致的，因为 T_g 和 CO_2 压力之间存在类似的线型关系。

4.1.8　小结

在本章中，研究了线型 PLA 和两种支化 PLA 在 DSC 中的常压下和在 HP-DSC 中的不同 CO_2 压力下的结晶行为。等温和非等温熔融结晶结果都表明，提高 CO_2 压力可缩短半结晶时间。等温熔融结晶与 WAXD 测试结果表明，在较低的 CO_2 压力（15bar）下，通过溶解在 PLA 基体中的起润滑作用的气体分子来促进链的运动从而形成堆叠更紧密的晶体，同时维持少量的晶体（与更高压力的情况相比），可以得到最大的结晶度。在较高的 CO_2 压力（45bar）下，由于形成了大量堆叠不太紧密的晶体，所以最终结晶度有所下降。虽然在较高 CO_2 压力下，CO_2 较高的塑化作用在初始阶段促进了分子的运动，但在后期，链活性受到了大量成核的晶体以及成核晶体之间的网络形成的分子缠结的阻碍。

在较慢冷却速率下的非等温熔融结晶（线型 PLA 为 2℃/min，支化 PLA 为 5℃/min）与等温结晶行为非常相似。在 15bar CO_2 压力下得到结晶度很高，压力升高则结晶度降低。

但在较高冷却速率下（线型 PLA 大于 5℃/min，支化 PLA 大于 10℃/min），非等温熔融结晶行为有很大差异。随着冷却速率的提高，由于固有的结晶动力低，PLA 分子无法迅速地充分运动以形成较高的结晶度。在 15bar CO_2 压力下观察到的较高的结晶峰消失。随着 CO_2 压力进一步提高，支化 PLA 的结晶度略有增加，而线型 PLA 在 60bar 以上显示不结晶。

随着 CO_2 压力的增大，由于溶解的 CO_2 气体具有塑化作用，T_c 和 T_g 均持续下降。然而，随着冷却速率的增加，T_c 的下降率随 CO_2 压力的变化受到显著影响，而 T_g 却不受冷却速率的影响。

4.2　溶解气体类型的影响

不同的溶解气体不仅会影响 PLA 的结晶行为，还会影响晶体的熔融行为。

因为具有润滑作用的气体分子可以影响结晶动力学[76,147]，所以聚合物的晶体熔化温度（T_m）也应受到所接触的高压气体的影响[76]。Takeda 等人[155] 报道，在 20bar CO_2 压力下，聚 L-丙交酯（PLLA）的 T_m 值下降了约 5℃。然而，在此条件下，聚丙烯（PP）[161,162] 和聚对苯二甲酸乙二醇酯[163] 的 T_m 分别下降 2℃ 和小于 1℃。Naguib 等人[164] 研究了不同气体压力对 PP 的 T_c 变化的影响。研究发现，CO_2 和 N_2 降低 PP 的 T_c 是由于它们的增塑作用，而氦气则由于液压效应使得 T_c 增加。

在本节中，采用 HP-DSC 研究了不同物理发泡剂（如 CO_2、N_2 和氦气）对 PLA 熔融行为和结晶行为的影响。由于这些气体的溶解度不同[106,135,165]，PLA 的熔融和结晶行为也会有所不同。根据第 2 章讨论的文献，CO_2 在 PLA 中的溶解度比 N_2 要高得多[106,135]。另一方面，氦气在高分子材料中的溶解度几乎为零[165]，因此，在使用氦气的实验中[164]，只有液压主导 PLA 的熔融和结晶行为。在不同的条件下，对 PLA 样品 T_m 的降低进行了广泛的研究。用 WAXD 分析了 PLA 的晶体结构，并对不同气体压力对 PLA 非等温熔融结晶和等温熔融结晶的影响进行了比较[95]。

本节还使用了商业化的 D-丙交酯含量为 4.5% 的线型和支化 PLA。它们是来自 NatureWorks 公司的线型 Ingeo 8051D，及在相同的线型 PLA 基础上添加了含量为 0.7% 的 CE（与上节相似）的支化 PLA，分别被称为 LPLA 和 BPLA。如前一节所讨论的那样，LPLA 和 BPLA 分别具有低和高的结晶动力。使用 CO_2、N_2 和氦气作为饱和气体。

为了利用 HP-DSC 研究 PLA 在高压气体下的 T_m，首先将 PLA 样品加热到 200℃ 并保温 10 min 以消除热历史和应力历史，从而提供具有相同历史的基础材料。然后以不同的冷却速率将样品冷却到室温，再以 10℃/min 的速率进行第二次加热。整个过程都施加了气体压力，并在冷却（即熔体结晶）和第二次加热（即冷结晶）过程中考察了气体压力对结晶的影响。在第二次加热过程中，分析了气体压力对 PLA 的 T_m 的影响。图 4.17 显示了该过程示意图[95]。

利用 HP-DSC，在 1bar（即常压）及 15bar、30bar、45bar 和 60bar 的 N_2 和氦气压力下进行了非等温熔融结晶实验。在非等温熔融结晶过程后也进行了 WAXD 分析，探讨了不同气体压力对 PLA 最终晶体结构的影响。由于气体对 LPLA 和 BPLA 的影响趋势与上一节所讨论的相似，因此只对 LPLA 的等温熔融结晶行为进行了研究。在常压和 45bar 的 N_2 和氦压力下，在不同的等温

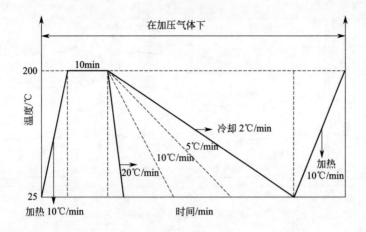

图 4.17　在加压气体下聚乳酸 T_m 的分析过程示意图

温度下对 LPLA 样品进行了处理[95]。

4.2.1　聚乳酸在高压气体下的晶体熔融行为

聚合物的熔融温度可能受到各种参数的影响，如不同类型的晶体、晶粒尺寸的分布和晶体的完善程度[166~168]。图 4.18(a) 显示了在常压和 60bar CO_2、N_2 和氩气压力下，以 2℃/min 速率冷却的 LPLA 样品的 WAXD 分析。图 4.18(b) 还比较了在常压和 60bar CO_2 下，以 2℃/min 速率冷却的 LPLA 和 BPLA 样品的 WAXD 结果。如图 4.18 所示，当 PLA 样品处于不同气体中时，只产生 α 晶相（$2\theta=14.8°$、$16.7°$、$19.0°$ 和 $22.3°$）。然而，在不同的气体中，晶粒尺寸和完善程度受到不同的影响。因此，在不同气体下诱导的 α 晶相可能具有不同的结构和形态。那么，PLA 的熔融温度应该也会受不同晶粒结构的影响。

首先在常压下进行实验以研究冷却速率是否会影响 PLA 的 T_m。如图 4.19 所示，在不同的冷却速率下，LPLA 和 BPLA 样品的 T_m 均略有变化（约 1℃）[95]。这是因为，冷却速率不同时，晶体结构（即片层厚度和完善程度）一定会受到影响。关于 PLA 的 T_m 随不同冷却速率变化的详细信息在其他地方有报道[101]。此外，BPLA 的 T_m 低于 LPLA，很可能是因为 BPLA 中存在着大量不太完善的小尺寸晶体。换句话说，由于 BPLA 的分子缠结较多，晶体成核主要受晶体动力学影响[147]。随后，大量的晶核会进一步增加分子运

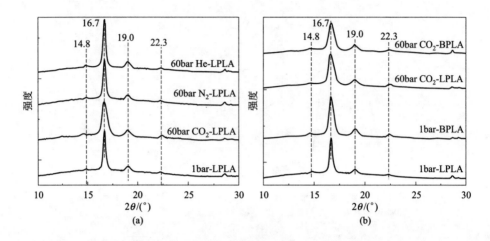

图 4.18 在 1bar 和 60bar CO_2、N_2 和氦气下冷却的 LPLA 样品 （a） 和
在 1bar 和 60bar CO_2 下冷却的 LPLA 和 BPLA 样品 （b） 的广角 X 射线衍射图

动的阻力，从而进一步降低晶体的完善程度。如图 4.18（b） 所示，BPLA 在
$2\theta = 16.7°$处的峰宽也增加了，表明 BPLA 中形成的晶体比在 LPLA 中形成的
更小，更不完整。

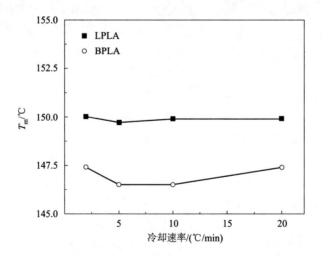

图 4.19 在常压下、不同冷却速率下 LPLA 和 BPLA 样品的 T_m 变化

图 4.20 显示了 BPLA 样品的 T_m 随 CO_2 压力的变化[95]。如图 4.20 所

示，在 15bar 压力以上，BPLA 的 T_m 值随着 CO_2 压力的增加而下降。在 4.1 节中，我们证明了在较低的 CO_2 压力（15bar）下，由于 CO_2 分子对 PLA 分子活性的塑化作用占主导作用，促使晶体在长大过程中形成了更完善的结构，从而形成了更大和更完善的晶体。如图 4.20 所示，在 15bar CO_2 压力下，BPLA 的 T_m 没有降低反而略微升高，这证实了结晶过程中形成了更大的完善晶体。我们还在前面提到的章节中指出，当 CO_2 压力超过 15bar 时，大量成核晶体支配着晶体的运动。换句话说，尽管 CO_2 的塑化作用在较高压力下有所提高，但晶体间的网状结构增加了 PLA 分子的缠结，从而阻碍晶体生长、形成不太完善的晶体。如上所述，BPLA 样品的 T_m 在 CO_2 压力超过 15bar 时会降低，表明在较高的 CO_2 压力下形成了更小、更不完善的晶体。当熔融和冷结晶发生在 60bar CO_2 压力下时，T_m 降低的最大值为 13℃左右。由于溶解气体引起的 T_m 下降也可能说明在 PLA/气体混合物的泡沫加工（即挤出发泡和泡沫注射成型）过程中，因为形成了不太完善的晶体，所以最终产品的熔融温度会受到抑制。

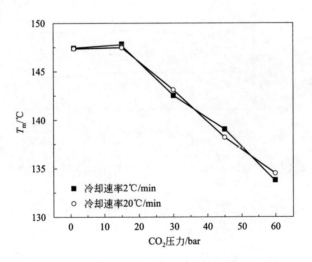

图 4.20　BPLA 样品在不同 CO_2 压力下的 T_m 变化

此外，当冷却速率为 2℃/min 和 20℃/min 时，CO_2 对 T_m 下降的影响相似。这可归因于在冷却和加热过程中溶解的 CO_2 对熔融和冷结晶的影响相似。因为，在冷却速率为 2℃/min 和 20℃/min 时，大部分晶体分别是在冷却（熔融结晶）和第二次加热过程（冷结晶）过程中形成的。

图 4.21 还显示了在常压和 45bar CO_2 压力下，不同冷却速率下 LPLA 和 BPLA 样品的 T_m 变化[95]。可以看出，当熔融结晶和冷结晶在 CO_2 压力作用下发生时，改变冷却速率对 PLA 的 T_m 降低并无显著影响。然而，在 45bar CO_2 压力下，LPLA 和 BPLA 的 T_m 分别下降了 7℃ 和 8.5℃，这表明 BPLA 的 T_m 遇到了比 LPLA 更强的抑制。正如 4.18 所证实的，BPLA 很有可能拥有更多不太完善的小尺寸晶体，溶解 CO_2 的存在进一步提高了晶体的成核率。更多的晶核肯定增加了晶体与晶体之间的相互作用，最终使 PLA 分子通过这些相互作用结合起来。因此，尽管溶解了 CO_2，PLA 分子的活性在最后阶段还是下降了，从而使得 PLA 的 T_m 通过降低晶体的完善程度而降低了。

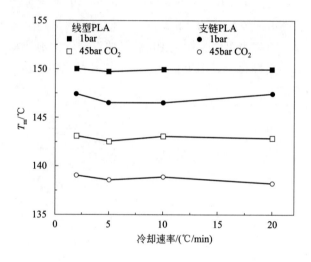

图 4.21 在常压和 45bar CO_2 压力下的 LPLA 和 BPLA 样品的 T_m

图 4.22 显示了不同氦气和 N_2 压力下 PLA 样品 T_m 的变化[95]。与 CO_2 不同，N_2 没有显著改变 LPLA 和 BPLA 的熔融温度，因为它的塑化作用很低[106]。此外，尽管氦气的液压可能会影响结晶结构，但是氦气并没有影响 PLA 的熔融温度。液压是气体压力对聚合物施加的另一种重要影响，它通过降低聚合物的分子活性而影响其结晶[164]。当气体的溶解度几乎可以忽略不计时（例如氦气[165]），只有液压才是压力气体通过指导聚合物分子的运动而影响聚合物结晶行为的因素。如图 4.22 所示，虽然氦气的液压可以降低聚合物的分子活性[164]，但在高压氦气的作用下 PLA 的熔融温度却没有变化，说明氦气的液压对晶层的完善程度没有明显的影响。此外，如果气体在聚合物中的

溶解度不是太高，但仍然不可忽略时（如 N_2），溶解度和液压都会对结晶产生影响。在本研究中，溶解在 PLA 中的 N_2 含量显然较少故塑化作用较小[106]，因此只能用于抵消液压的负面效应。另一方面，如图 4.20 所示，如果气体在聚合物中的溶解度相对较高（例如 CO_2），则气体的塑化作用将主导液压对结晶的影响。

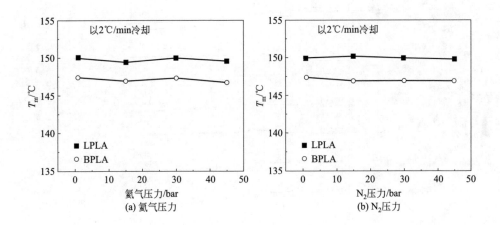

图 4.22　在不同压力下 LPLA 和 BPLA 样品的 T_m 变化

4.2.2　非等温熔融结晶

图 4.23 比较了不同 CO_2、N_2 和氦气压力下 PLA 冷却样品的 DSC 图谱[95]。图 4.24 中也显示了这些 PLA 样品在冷却过程中的最终结晶度[95]。如图 4.24 所示，尽管显示 BPLA 的结晶速率比 LPLA 快，但气体压力对这两种 PLA 的影响相似。

当 PLA 样品在各种气体下冷却时，由于它们在 PLA 中的溶解度不同[106,135,165] 以及液压的影响[164]，结晶表现也不同。如第 2 章所证实的，CO_2 在 PLA 中的溶解度比 N_2 高得多。Li 等人[106] 结果表明，在压力为 60bar、温度为 180℃ 的条件下，Simha-Somnicsky（SS）校正的 CO_2 和 N_2 溶解度分别为 4.0% 和 0.38%。当温度降低[41,126] 和发生结晶[169] 时，这些气体在聚合物中的溶解度会变得更加复杂。随着温度的降低，CO_2 在聚合物中的溶解度一般会增加，而 N_2 的溶解度却相反[41,126]。另一方面，随着结晶的发生，由于结晶会排出溶解的气体，气体在聚合物中的溶解度会降低，因此气

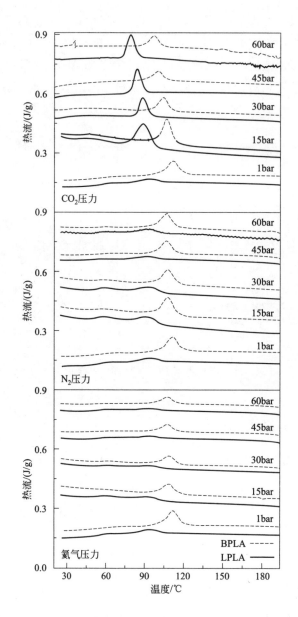

图 4.23　在 CO_2、N_2 和氦气压力下以 2℃/min 冷却的 LPLA 和
BPLA 样品的差示扫描量热图谱

体几乎不能溶解在晶体结构中[169]。所以，应根据不同的参数来确定聚合物中
溶解的气体量。

　　此外，氦气在高分子材料中的溶解度几乎为零[165]，因此结晶应该主要是受氦气液压的影响[164]。

　　图 4.24 显示了在不同的 CO_2、N_2 和氦气压力下 PLA 最终结晶度的变化。正如我们在 4.1 节中所解释的那样，溶解的 CO_2 持续增加提高了 PLA 的结晶速率，但并没有提高 PLA 的最终结晶度。换句话说，在不同的 CO_2 压力下，PLA 样品的最终结晶度不同，这是由于 CO_2 的塑化和晶核数量对 PLA 的黏度进而对晶体生长速率和最终结晶度的协同影响。另一方面，N_2 压力对两种 PLA 最终结晶度的影响几乎是中性的，因为 N_2 气体在 PLA 中溶解的量较少[106]，只能抵消其液压的负面效应。相反，氦气压力的升高抑制了 PLA 样品特别是 BPLA 的最终结晶度。在冷却过程中，只有氦气的液压影响了 PLA 的结晶动力学。因此，氦气压力的增加很可能阻碍了 PLA 分子的运动，并始终抑制 PLA 的最终结晶度。

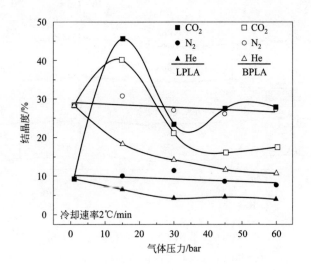

图 4.24　在不同 CO_2、N_2 和氦气压力下冷却的聚乳酸样品的最终结晶度

　　如图 4.18 中的 WAXD 分析所示，在所有处于不同气压下的 PLA 样品中，只产生了 α 晶相。并且，在 60bar 的 CO_2 压力下，由于存在大量小且不完善的晶体，在 $2\theta = 16.7°$ 处出现的衍射峰更宽。然而，如图 4.25(a) 所示[95]，当 LPLA 样品在 60bar N_2 压力下冷却时，代表 PLA 晶体结构的衍射峰并没有受到显著影响。如前所述，这很可能是因为 N_2 在 PLA 中的溶解度很低[106]。对于在 60bar 氦气压力下冷却的 LPLA 样品 [图 4.25(b)]，在 $2\theta = 16.7°$ 处的

峰的强度要比在常压下冷却的样品要高。尽管氦气的液压降低了 PLA 的最终结晶度（图 4.24），但在冷却过程中形成了少量较大和/或更完整的晶体[166~168]。图 4.25 还显示了不同压力的 N_2 和氦气的对 LPLA 结晶度的影响。研究发现，在压力高达 100bar 的不同 N_2 压力下，LPLA 的结晶结构没有明显变化。然而，氦气压力的持续增加提高了 $2\theta=16.7°$ 处的峰的强度。如前所述，虽然 PLA 的最终结晶度在高压氦气中下降，但是由于出现了较大的晶粒从而可能导致强度增加[166~168]。这表明液压减少了晶粒的数量。利用 Scherrer 方程[170] 可以估算不同氦气压力下 PLA 的晶粒尺寸。在我们的计算中使用的 Scherrier 常数 K 为 0.94。在常压下，PLA 的晶粒尺寸约为 75nm。然而，当氦气压力分别为 30bar、60bar 和 100bar 时，PLA 的晶粒尺寸分别增大到 82nm、91nm 和 102nm 左右。

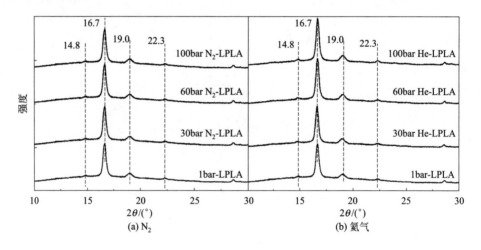

图 4.25　在 1bar 和不同 N_2（a）和氦气（b）压力下
冷却的 LPLA 样品的广角 X 射线衍射图

T_c 和 T_g 随气体压力的变化如图 4.26 所示[95]。可见，只有当 PLA 样品处于不同的 CO_2 压力下时，这两个转变温度才会降低。N_2 和氦气压力对这些温度影响不大。然而，Naguib 等人[164] 的报道指出加压的 N_2 降低了 PP 的 T_c。PLA 和 PP 之间的差异可能是由于 N_2 溶解度的差异所致。据报道，在压力为 60bar，温度为 180℃时，经 SS 校正的 N_2 在 PLA 中[106] 和在 PP 中[41,126] 的溶解度分别为 38% 和 1%。因此，与 PP 不同，PLA 中溶解的 N_2 量较低，导致塑化作用较小，只能平衡其液压。

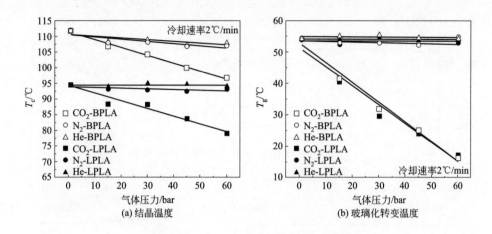

图 4.26　在不同气体压力下冷却的样品的结晶温度（a）和
玻璃化转变温度（b）的变化

4.2.3　聚乳酸在 1bar 和 45bar 压力的 CO_2、N_2 和氦气作用下的等温熔融结晶

图 4.27 显示了在常压（即 1bar）和 45bar 的 CO_2、N_2 和氦气压力下，LPLA 样品在不同温度下的等温熔融结晶行为[95]。图 4.28 为半结晶时间（$t_{1/2}$）[101] 和完全结晶后的最终结晶度[95]。

如图 4.28(a) 所示[95]，只有在加压 CO_2 作用下由于 CO_2 的高塑化作用，半结晶时间才会减少（即结晶速率增加）。等温结晶速率最快的温度也仅在 CO_2 情况下才受影响，从常压下（1bar）的 105℃ 降至 45bar CO_2 压力下的 90℃ 左右。在 45bar N_2 下时，$t_{1/2}$ 略有下降，而 $t_{1/2}$ 与 1bar 压力下时相比未受影响。另一方面，PLA 的最终结晶度变化在不同类型的气体下呈现出不同的趋势。图 4.28(b) 描述了在 45bar 的 CO_2 压力下，PLA 的最终结晶度降低。事实上，在 CO_2 压力升高的情况下，大量小尺寸、不完善的晶体阻碍了晶体的生长，从而降低了 PLA 的最终结晶度。研究发现，45bar N_2 压力对 PLA 的最终结晶度没有明显影响，这是因为 N_2 在 PLA 中的溶解度较低，抵消了其液压的负面效应。在 45bar 的氦气压力下，PLA 的最终结晶度很可能是通过氦气液压的主导作用而被抑制。

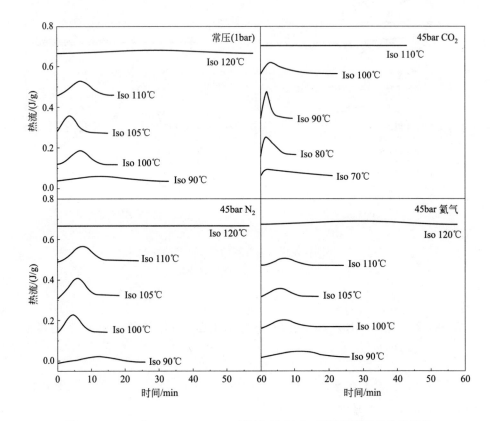

图 4.27 1bar 和 45bar CO_2、N_2 和氦气压力下、不同温度下的熔融结晶

4.2.4 小结

采用 HP-DSC 和 WAXD 研究了不同气体（CO_2、N_2 和氦气）压力下 PLA 的熔融和结晶行为。PLA 的熔融温度仅受加压的 CO_2 的影响。研究发现，当 CO_2 压力大于 15bar 时升高压力会降低 BPLA 的 T_m，说明在较高的 CO_2 压力下形成了更小、更不完善的晶体。当熔融和冷结晶发生在 60bar CO_2 压力下时，T_m 下降的最大值为 13℃左右。在 15bar CO_2 压力下，BPLA 的 T_m 没有降低反而略有升高，证明在冷却和加热过程中形成了较大的完善的晶体。

此外，BPLA 的 T_m 下降比 LPLA 的更高，这很可能是由于 BPLA 中的分子缠结更严重，从而导致形成了比 LPLA 更多的不完善的晶体。另一方面，与 CO_2 不同，N_2 和氦气对 PLA 的熔融温度没有明显改变。

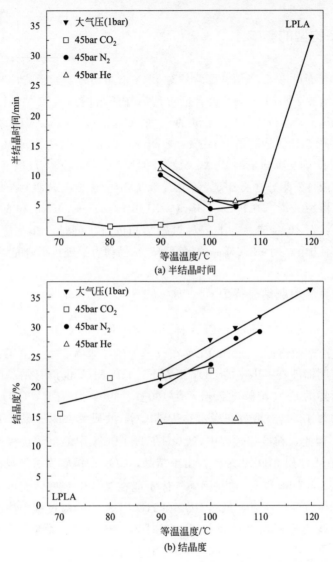

图 4.28 等温处理的 LPLA 样品的 (a) 半结晶时间和 (b) 最终结晶度

不同气体对 PLA 结晶的影响不同。在不同的 CO_2 压力下，由于 CO_2 溶解度对结晶的主导作用，PLA 的最终结晶度受到了不同程度的影响。另一方面，N_2 对 PLA 结晶的影响几乎是中性的。因为溶解在 PLA 中的 N_2 含量很低，塑化程度也不高，所以，它只能抵消其液压的负面效应。相反，氦气压力的升高抑制了 PLA 样品的最终结晶度。虽然氦气的液压降低了 PLA 的最终结晶度，但形成了少量较大的晶体。

4.3 分子构型的影响

第 2 章全面讨论了 D-丙交酯含量对 PLA 结晶动力学的影响，但在本节中，我们进一步比较了不同 D-丙交酯含量的 PLA 中溶解的 CO_2 对结晶行为的影响。本研究采用了 NatureWorks 公司的三种线型 PLA（Ingeo 8302D、8051D、3001D），D-丙交酯含量分别为 1.5%、4.6% 和 10.1%。这些 PLA 样品被认为是低、中、高 D-丙交酯含量的 PLA，分别被称为 LD、MD 和 HD PLA。为了获得更好的结晶成核效果，还将 0.5% 的滑石粉（Mistron 蒸汽 R 级）与所有的 PLA 样品进行了熔融共混。在常压（1bar）和 15bar、30bar、45bar 和 60bar 的 CO_2 压力条件下，对 PLA 样品的非等温熔融结晶进行了表征。在常压（1bar）和 45bar CO_2 压力下，对 PLA 样品的等温熔融结晶动力学进行了研究[171]。

4.3.1 非等温熔融结晶行为

图 4.29 和图 4.30 显示了 PLA 样品在常压和不同 CO_2 压力下冷却速率为 2℃/min 的冷却图谱[171]。HD PLA 在较慢的冷却速率 2℃/min 下没有出现结晶现象，表明即使在 60bar 的 CO_2 压力下，HD PLA 也没有结晶的趋势。根据第 2 章所述的 CO_2 溶解度数据，在 180℃、60bar 压力下，CO_2 在 PLA 中的溶解度约为 4.5%，溶解在聚合物中的 CO_2 量甚至会随着温度的降低而增加[106,147]。因此，在冷却过程中，CO_2 在 HD PLA 中的溶解度极有可能超过 4.5%。但在 LD 和 MD PLA 中，由于结晶，CO_2 的溶解度可能没有增加，甚至可能从 4.5% 下降[169]。这是因为气体不能在晶区中溶解，而可用于溶解气体的非晶基体减少。所以，虽然 CO_2 在 HD PLA 的冷却过程中溶解肯定更有效，但它不能诱导任何结晶。图 4.29 和图 4.30 表明，无论气体含量如何，LD PLA 在所有压力下的结晶都比 MD PLA 快得多。

图 4.30 显示，在常压下，LD PLA 和 MD PLA 的最大结晶度分别为 45% 和 10%。而且，溶解 CO_2 对这些 PLA 最终结晶度的影响与 4.1 节讨论的趋势非常相似。在较低的 CO_2 压力下，由于以晶体生长为主，PLA 样品的最终结晶度突然增加。在 LD 和 MD PLA 中，得到的最大结晶度分别为 70% 和 45%。随着 CO_2 压力的提高，晶核数量增加，引起 PLA 分子的缠结度增加，阻碍了晶体的生长导致晶体结构更加不完善[95,147]。因此，当 CO_2 压力超过 30bar 时，LD PLA 和 MD PLA 的最终结晶度分别降低到 35% 和 25% 左右。

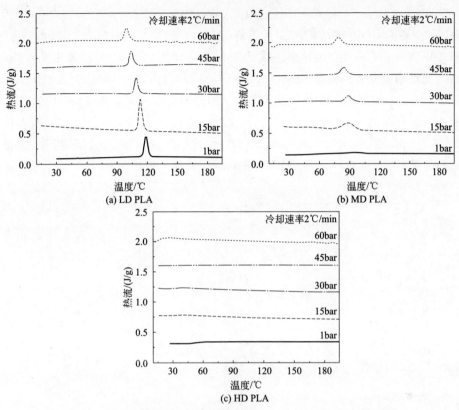

图 4.29　PLA 样品在不同压力和 2℃/min 冷却速率下的冷却过程

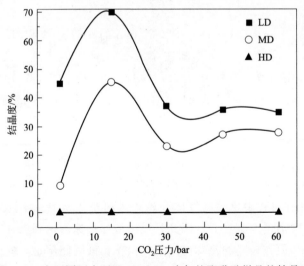

图 4.30　在不同压力下以 2℃/min 冷却的聚乳酸样品的结晶度

图 4.31 显示了不同 CO_2 压力下 PLA 样品的 T_c 和 T_g 的变化及其相应的拟合模型。随着 CO_2 压力的增加，由溶解的 CO_2 的塑化作用引起的 T_c 降低在 LD 和 MD PLA 中有着相似的速率。尽管如此，LD PLA 中的 T_c 依然发生在比 MD PLA 更高的温度下。当在 60bar CO_2 压力下冷却时，T_c 下降 17℃ 左右。三种 PLA 样品 T_g 的变化也随压力的增加而以相同的速率降低。在 60bar CO_2 压力下，PLA 样品的 T_g 下降为 38～40℃。然而，不同 D-丙交酯含量的 PLA 样品的 T_g 值大小依次为 LD＞MD＞HD。这很可能是因为低 D-丙交酯含量的 PLA 样品结晶度较高，从而提高了 T_g 因而提高了 PLA 产品的使用温度。

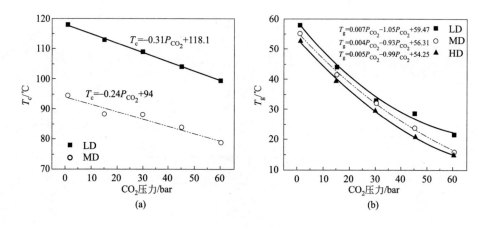

图 4.31　在 2℃/min 的冷却速率下 T_c（a）和 T_g（b）随 CO_2 压力的变化

考察在 5℃/min、10℃/min 和 20℃/min 的冷却速率下 PLA 样品的最终结晶度。图 4.32 显示了不同冷却速率、不同压力下 PLA 样品结晶度的变化[171]。当冷却速率为 5℃/min 时，在 60bar CO_2 压力下，LD PLA 的最大结晶度为 62％，而在 15bar 较低的 CO_2 压力下，MD PLA 的最大结晶度为 12％。在 10℃/min 和 20℃/min 的更高冷却速率下，MD PLA 不能结晶。然而，随着冷却速率从 5℃/min 增加至 10℃/min 和 20℃/min 时，在较高的 CO_2 压力下，LD PLA 的结晶度可达到最大值。在 CO_2 压力约为 20bar 和 30bar 时，LD PLA 的最大结晶度分别为 50％ 和 30％。由于溶解度在低温下较高[41]，所以冷却过程中更多的气体开始渗透到聚合物中。在较低的冷却速率下，溶解度的增加速率会更低，因此，气体能够快速渗透到聚合物中，几乎达到溶解度水平。但在较高的冷却速率下，由于扩散时间不足，气体可能无法迅速渗透到聚合物基体中。换句话说，在一定压力下，在较低的冷却速率下的

PLA 基体中的气体含量将高于冷却速率较高时的气体含量。因此，在较低的冷却速率下，溶解的 CO_2 对 PLA 样品分子活性的影响一定更高。另一方面，在较快的冷却速度下，需要较高的 CO_2 压力才能在 PLA 中获得相似的溶解气体量，以达到与低冷却速率时可比的最大结晶度。因此，随着冷却速率的增加，LD PLA 的最大结晶度发生在较高的 CO_2 压力下。同时还观察到，随着冷却速率的增加，由于结晶时间不足，最大结晶度降低，这在我们先前的研究观察到过[147]。图 4.33 显示了最大结晶度随冷却速率的变化。图 4.33 也显示了在每一冷却速率下获得最大结晶度所对应的 CO_2 压力。

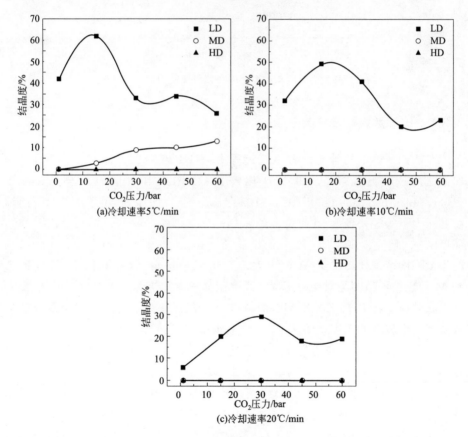

图 4.32 在不同 CO_2 压力和冷却速率下得到的 PLA 样品的最终结晶度

我们还应该指出，由于缺乏气体在聚合物中溶解量的信息，我们很难对结晶的确切机理作出具体的结论，如存在不同的结晶机制（Ⅰ、Ⅱ或Ⅲ）。这些信息是无法测量的，因为每个时刻的结晶度和聚合物中渗透的气体量都是未知的。

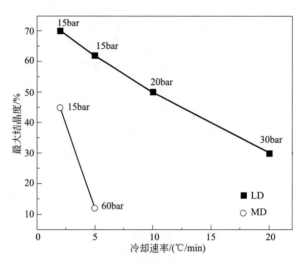

图 4.33　不同冷却速率下的聚乳酸样品的最大结晶度

4.3.2　等温熔融结晶行为

在不同压力下的等温熔融结晶过程中，HD PLA 的样品即使经历了 24h 保温之后依然没有结晶。图 4.34 比较了 LD PLA 和 MD PLA 样品在常压（1bar）和 45bar CO_2 压力下的等温熔融结晶[171]。图 4.35 还显示了在不同温度和压力下等温处理的 PLA 样品的结晶速率（即每分钟形成的结晶度）和结晶度[171]。研究发现，LD PLA 的结晶速度比 MD PLA 快得多，且 LD PLA 的等温温度范围比 MD PLA 的更大。此外，在 45bar CO_2 作用下，LD PLA 和 MD PLA 样品的绝对结晶速率提高、结晶速率加快。由于溶解的 CO_2 带来的塑化效应，在 LD PLA 和 MD PLA 中，结晶速率最快时的等温结晶温度也被降到一个较低的温度，即从 105℃左右下降 90℃左右。

如图 4.35 所示，随着等温结晶温度的升高，PLA 样品的最终结晶度有所提高。这是因为 PLA 分子在结晶过程中以生长为主的较高温度下的活性增加所致。虽然结晶时间较长，但最终结晶度增加并产生了尺寸更大的完善的晶体。另外，45bar 的 CO_2 压力抑制了 LD 和 MD PLA 样品的最终结晶度。正如在 4.1 和 4.2 节中所讨论的，在较高的 CO_2 压力下，结晶速率得到提高，但由于在结晶动力学中以晶体成核为主且晶体生长受到抑制，所以最终结晶度降低。换句话说，尽管 CO_2 的塑化作用提高了 PLA 分子的活性，但提高的结晶成核率最终又会通过晶体之间的网状结构阻碍 PLA 分子的活性。因此，晶体的生长将被延迟，并形成尺寸小的、更不完善的晶体。

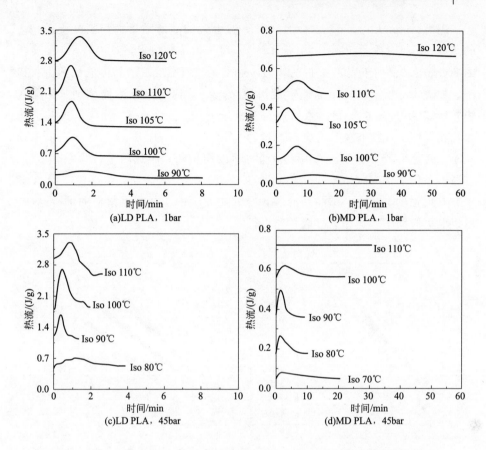

图 4.34 LD PLA、MD PLA 在 1bar 和 45bar CO$_2$ 压力下的等温熔融结晶

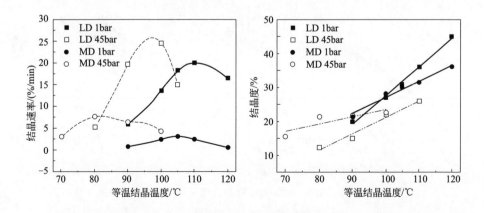

图 4.35 等温处理的 LD PLA 和 MD PLA 样品的结晶速率和最终结晶度

用 Avrami 方程，即式（4.1）对等温熔融结晶的结果进行了分析。相应的 Avrami 双对数图如图 4.36 所示[171]。对于每一种情况，从 Avrami 图导出的 Avrami n 值列于表 4.3 中[171]。Avrami n 值指数反映了晶体成核和生长机制。如表 4.3 所示，在结晶速率最快的 $T_{临界值}$，因为分子活性增加、结晶较快，所以 Avrami 的 n 值指数增加。在常压下，n 值接近或大于 3，这与三维非均相晶体的成核和生长有关。通过施加 45bar 的 CO_2 压力，Avrami 指数 n 减小，接近 2 或 2 以下，说明结晶动力学以均相的二维球晶生长为主。另外，在所有条件下，LD PLA 的 n 值均高于 MD PLA。这表明，由于 LD PLA 分子具有更强的亲和力，结晶是沿着各个方向发生的，具有更紧密的堆叠结构，所以会更倾向于非均相三维成核和生长。

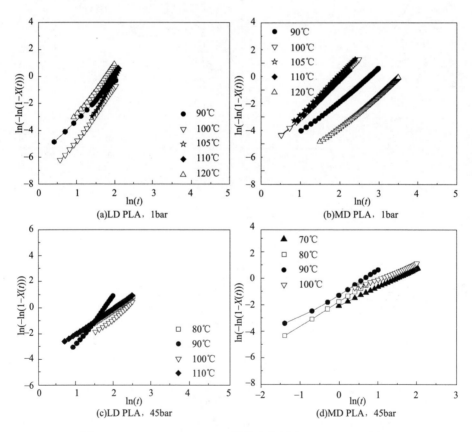

图 4.36　LD PLA、MD PLA 样品在常压和 45bar CO_2 压力、
不同温度下的 Avrami 双对数图

表 4.3　PLA 样品在不同等温温度下的 Avrami n 值指数

样品	压力	等温温度/℃	n
LD	1bar(大气压)	90	2.85
		100	3.90
		105	4.88
		110	4.10
		120	3.66
MD	1bar(大气压)	90	2.40
		100	2.94
		105	3.30
		110	2.88
		120	2.45
LD	45bar CO_2	80	2.05
		90	3.68
		100	2.24
		110	1.95
MD	45bar CO_2	70	1.36
		80	1.83
		90	1.73
		100	1.14
		110	—

4.3.3　小结

利用 HP-DSC 研究了三种不同 D-丙交酯含量（1.5％、4.6％和 10.1％）的 PLA 样品在溶解有 CO_2 时的结晶行为。研究发现，在高 D-丙交酯含量的 PLA 中，即使在 60bar CO_2 压力下，在非等温和等温熔融结晶过程中都没有结晶现象。另一方面，通过溶解 CO_2 和降低 D-丙交酯含量，另外两种 PLA 的结晶速率得到了显著提高。但另外两种 PLA 样品的最终结晶度在不同的 CO_2 压力下不尽相同。这是因为 CO_2 的塑化和晶核密度对 PLA 分子活性的综合影响效应。在较低的冷却速率和较低的 CO_2 压力下，由于以晶体生长为主，PLA 样品的最终结晶度会有所提高。在较高的 CO_2 压力下，增长的晶核数量增加了 PLA 分子的缠结，阻碍了晶体的生长并且使得晶体结构更加不完善。

因此，LD PLA 和 MD PLA 的最终结晶度均降低。

此外，随着冷却速率的增加，LD PLA 在较高的 CO_2 压力下达到了最大结晶度。在较慢的冷却速度下，因为气体分子扩散的有效时间较长，所以溶解的 CO_2 对 PLA 样品分子活性的影响一定更大。然而，在较快的冷却速度下，需要较高的 CO_2 压力才能在 PLA 中获得与较低冷却速率时相同的气体溶解量。

尽管 D-丙交酯含量较低的 PLA 样品的结晶温度（T_c）和玻璃化转变温度（T_g）较高，但具有增塑作用的 CO_2 分子同样降低了这些温度。

4.4 微米/纳米添加剂的影响

文献报道，通过使用不同的添加剂作为晶体成核剂可以提高半结晶热塑性塑料的结晶性[101,172~187]。非均相晶体成核发生在聚合物与成核剂的界面处。粒子为成核提供了一个自由能垒较低的表面。因此，晶体结构的数量和尺寸取决于晶体成核是均相的还是异相的[188,189]。换句话说，使用晶体成核剂可以增加成核密度且减小晶体尺寸。晶体成核剂除了加速结晶动力学外，还能提高最终产物的结晶度。在添加剂中，滑石粉被认为是最有效的结晶成核剂之一，它既提高了 PLA 的结晶速率，又提高了它的最终结晶度[101,172~175]。也有一些研究探讨了纳米尺寸的添加剂对 PLA 结晶行为的影响[176~187]。作为一种有趣的 PLA 添加剂，纳米黏土由于其优异的物理机械性能得到了越来越多的研究人员的关注[176~181]。许多研究已经探讨了纳米黏土对 PLA 结晶行为的影响，尽管这些结果并不一致。例如，据 Wu 等人报道[176]，纳米黏土含量的增加阻碍了 PLA 的结晶。也有报道说，纳米黏土诱导了熔融温度较低的不完善晶体[178~180]。这可能是因为它的结构是片状的，降低了 PLA 的分子活性。一些文献还研究了碳纳米管对 PLA 结晶行为的影响[182~184]。研究发现，碳纳米管是通过提高结晶成核速率来促进 PLA 的结晶[182,183]。然而，当纳米管含量超过其渗透阈值时就会阻碍 PLA 的结晶[184]。其他一些研究也发现纳米二氧化硅[180] 和纳米炭黑[186] 通过诱导更多的晶体成核点促进了 PLA 的结晶。此外，Papageorgioua 等人[187] 比较了 2.5% 的纳米黏土、碳纳米管和纳米二氧化硅对 PLA 结晶行为的影响。他们的研究显示，在冷却过程中，所有的纳米粒子都增强了晶体的成核行为。但结晶发生的先后顺序是纳米二氧化硅>纳米管>纳米黏土。这种影响可能是由于纳米粒子具有不同尺寸和长径比。换句话说，添加剂可以显著地影响 PLA 的分子活性，从而影响其结晶行为。

在这一节中，我们研究了三种不同的添加剂对 PLA 在常压和不同 CO_2 压力下结晶行为的影响[190]。这些添加剂（即晶体成核剂）是纳米黏土和纳米二氧化硅，它们各自具有不同的几何形状和长径比，以及一种微米级滑石。还分别用偏光显微镜（POM）和 WAXD 对晶体动力学和晶体形貌进行了分析。发现分散充分的添加剂、具有润滑作用的 CO_2 分子以及晶体的数量和尺寸对 PLA 分子在后续生长阶段活性的变化产生了影响，而分子的活性最后决定最终的结晶度。

从 NatureWorks 公司获得 D-丙交酯摩尔含量为 4.5％ 的商业级 Ingeo 8051D 线型 PLA。挑选了三种添加剂，分别为：纳米黏土 30B、纳米二氧化硅 Aerosil A200 和平均粒径为 2.2mm 的滑石粉（Mistron 蒸汽-R 级）。在该部分中，纳米黏土和纳米二氧化硅分别被称为 CN 和 SiN。采用 Minilab 双螺杆挤出机（Haake Minilab）将 0.5％ 和 1％ 两种含量的添加剂与 PLA 进行熔融共混。将纯的 PLA 材料也在 Minilab 混炼器中加工一遍，使其与 PLA 纳米/微米复合材料具有相同的热历史[190]。图 4.37 显示了纳米黏土含量为 0.5％ 和 1％ 的 PLA/CN 纳米复合材料的 X 射线衍射光谱。该图显示，在部分剥离区纳米黏土在 PLA 中具有较高的插层水平[190]。图 4.38 所示的 TEM 图像也显示尽管这两种尺寸不超过 150nm 的纳米粒子在复合材料中仍有一些团聚区，但这些纳米粒子在 PLA 中的分散依然很好[190]。

通过从前面的 4.1～4.3 节中选择 PLA 结晶速率最高时的临界等温温度 $T_{临界}$值，研究了在常压和 45bar CO_2 压力下 PLA 和 PLA 纳米/微复合材料的

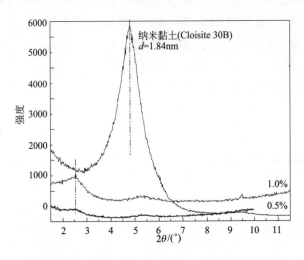

图 4.37　纳米黏土含量为 0.5％ 和 1％ 的 PLA/CN 纳米复合材料的 X 射线衍射图谱

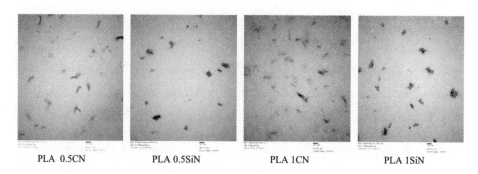

PLA 0.5CN　　　　PLA 0.5SiN　　　　PLA 1CN　　　　PLA 1SiN

图 4.38　PLA/黏土和 PLA/二氧化硅纳米复合材料在 50k 放大倍数下的
透射电镜图（标尺为 100nm）

等温熔融结晶行为。也用 Avrami 方程，即式（4.1）对 PLA 的结晶动力学进行了分析。在常压和各种 CO_2 压力下（15bar、30bar、45bar 和 60bar），对 PLA 样品进行了非等温熔融结晶实验。利用 POM 和 WAXD 研究了不同压力条件下添加剂对 PLA 晶体结构的影响。

4.4.1　等温熔融结晶分析

图 4.39 显示了在常压和 45bar CO_2 压力下，添加剂在相应的 $T_{临界}$值对 PLA 等温熔融结晶的影响[190]。相应的 Avrami 双对数图如图 4.40 所示[190]。对于每一种情况，用由 Avrami 图导出的 k 值来计算半结晶时间（$t_{1/2}$）。表 4.4 列出了从 Avrami 图导出的 Avrami n 值指数。表 4.4 显示，当样品处于 45bar CO_2 压力下时，Avrami 指数 n 下降到 2 以下[190]。这说明在所有的 PLA 样品中，高压 CO_2 都会引起二维的球晶结晶。但在常压下，PLA 纳米/微复合材料中的 n 值增加，从而反映了其三维空间结晶。可见，随着 CO_2 压力的增加，PLA 的结晶机制由三维空间结晶转变为二维球晶成核和生长。这可能是由于 CO_2 的塑化作用可以将堆砌较不紧密的晶体重新取向成平面结构。

表 4.4　等温处理的聚乳酸（PLA）样品的 Avrami n 值指数

样品	1bar	45bar	样品	1bar	45bar
PLA	2.48	1.81			
PLA 0.5 滑石粉	3.01	1.90	PLA 1 滑石粉	3.08	2.38
PLA 0.5SiN	2.59	1.75	PLA 1SiN	2.70	1.92
PLA 0.5CN	2.52	1.96	PLA 1CN	2.62	1.97

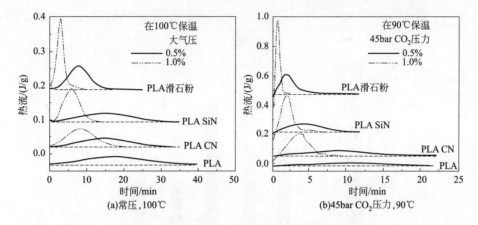

图 4.39　纯 PLA 和 PLA 纳米/微米复合材料在常压下（100℃）和
在 45bar CO_2 压力下（90℃）的等温熔融结晶

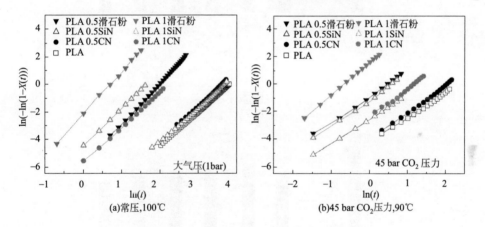

图 4.40　纯 PLA 和 PLA 纳米/微米复合材料在常压下（100℃）和
在 45bar CO_2 压力下（90℃）的 Avrami 双对数图

　　图 4.41(a) 显示了等温处理的 PLA 样品的半结晶时间[190]。在常压下，添加 0.5% 的滑石粉可显著降低 PLA 的半结晶时间（$t_{1/2}$）。此外，添加 1% 的滑石粉进一步促进了 PLA 的结晶，$t_{1/2}$ 由纯 PLA 的 18min 下降到 4min 以下。在添加了 0.5% 纳米粒子的 PLA 纳米复合材料中，PLA 的结晶速率没有明显提高。但是，加入 1% 的纳米粒子后，虽然结晶速度仍比 PLA 1 滑石粉慢，但比纯 PLA 快得多。在 PLA 1SiN 和 PLA 1CN 中，$t_{1/2}$ 分别降至 7.5min 和 10min。这些结果表明，滑石粉对 PLA 结晶动力学的影响大于所采用的两种纳米粒子。而且，纳米二氧化硅比纳米黏土更有效地促进了 PLA 的结晶。这肯定是

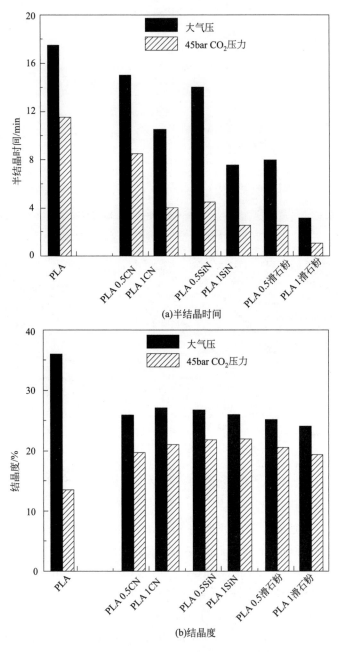

(a)半结晶时间

(b)结晶度

图 4.41 纯 PLA 和 PLA 纳米/微米复合材料在常压下（100℃）和
45bar CO_2 压力下（90℃）的熔融半结晶时间和最终结晶度

因为纳米黏土具有比纳米二氧化硅长径比更大的片状结构。纳米黏土的这种结构特征肯定进一步降低了 PLA 的分子活性，从而降低了 PLA 的结晶生长速率。

如图 4.41(b) 所示，在常压下，所有 PLA 纳米/微米复合材料的最终结晶度在 25％左右波动，而纯 PLA 的最终结晶度则在 35％左右。在等温结晶过程中，纯 PLA 中的链规整性高于 PLA 纳米/微米复合材料中链的规整性。纯 PLA 中成核的晶体数量较少（即缺乏异相晶体成核），使得链的缠结较少，从而可以促进晶体生长。因此，纯 PLA 中获得了更高的最终结晶度，尽管花费的时间更长。

通过使用 POM 观察在 100℃（$T_{临界值}$）等温结晶过程中的球晶成核和生长现象，对 PLA 的结晶动力学（即成核和生长）进行了定量研究。图 4.42 显示了 PLA 和添加量为 1％的 PLA 纳米/微米复合材料在 100℃等温结晶 800s 后的 POM 照片[190]。图 4.43 显示了所有样品的球晶数量密度和平均球晶尺寸随时间的变化[190]。当添加剂含量从 0.5％增加到 1％时，所有 PLA 尤其是 PLA 纳米复合材料中的最终晶体成核密度会进一步提高。最终（平均）晶体尺寸（即球晶直径）随着球晶数量密度的增加而减小。

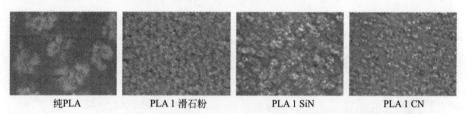

纯PLA　　　　PLA 1 滑石粉　　　　PLA 1 SiN　　　　PLA 1 CN

图 4.42　纯 PLA 和添加剂含量为 1％的 PLA 纳米/微米复合材料在 100℃下进行 800s 等温熔融结晶的偏光显微图片（图片宽度为 375mm）

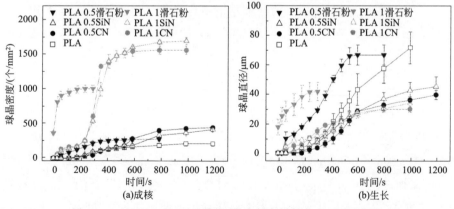

图 4.43　纯 PLA 和 PLA 纳米/微米复合材料在 100℃下进行
等温熔融结晶的球晶成核和生长

POM 研究显示，纳米粒子的晶核密度高于微米级的滑石粉粒子，这很可能是由于纳米粒子具有更多的晶体成核点。但当含有纳米粒子时，成核晶体的生长速度变得十分缓慢。首先，分散的纳米粒子自身增加了对 PLA 分子活性的阻碍（即增加了黏度），从而降低了晶体的生长速率。另外，由于更多的相邻晶体产生分子纠缠的概率更高，纳米粒子的生长速率进一步降低。这些分子缠结可能会增加分子中无法结晶的部分。换句话说，如果这些晶体之间的相互作用通过增加晶核总数得到了促进，那么最终结晶度就会降低。

相比之下，具有较少成核晶体数量的 PLA-滑石粉体系因为链活性较高所以生长速率较高。由于微米级的滑石粉颗粒的表面积比较小，只有一小部分 PLA 分子受到影响，而 PLA 分子的活性一般不受影响。因此，微米级的 PLA-滑石粉体系的晶体成核率较低，而生长速率较高。

在溶解有 CO_2 气体时，由于分子活性的变化，结晶动力学会有所不同[76,147]。如图 4.39(b) 和图 4.41(a) 所示，在 45bar 的 CO_2 压力下，由于 CO_2 的塑化作用降低了结晶所需的耗散能，故所有 PLA 样品的结晶速率都得到了提高[147,156]。另一方面，几乎所有 PLA 样品的最终结晶度都下降了。如 4.1～4.3 节所示，高压 CO_2 提高了晶体成核速率、形成了不完善的晶体，随后由晶体网络引起的分子缠结又阻碍了晶体的生长。

如图 4.39(b) 和图 4.41(a) 所示，在溶解有的 CO_2 时，纳米二氧化硅比纳米黏土更有效地提高了 PLA 的结晶速率。这很可能是因为 CO_2 在 PLA-纳米二氧化硅中的渗透率比在 PLA-纳米黏土中的渗透率要大。这意味着纳米黏土的片状结构降低了 CO_2 在 PLA 中的溶解度，从而降低了其塑化效果[76,156]。此外，长径比较大的纳米黏土也比纳米二氧化硅更能降低 PLA 的分子活性。因此，纳米黏土对 PLA 结晶动力学的影响要比纳米二氧化硅的慢。

4.4.2 不同压力下聚乳酸纳米/微米复合材料的非等温熔融结晶

本小节研究了 PLA 和 PLA 纳米/微米复合材料在常压（1bar）和不同 CO_2 压力下的非等温熔融结晶行为。图 4.44 显示了降温速率为 2℃/min 时，PLA 样品在常压和 60bar 的 CO_2 压力下的冷却图[190]。图 4.45 还显示了含有 0.5％添加剂的 PLA 样品的 Avrami 双对数图[190]。表 4.5 列出了通过使用 Jeziorny 方法[154] 修正的 Avrami 双对数图导出的相应的半结晶时间、结晶速率和 Avrami 参数（n、$\ln k$ 和 k）[190]。

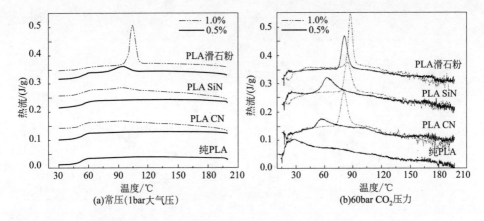

图 4.44　纯 PLA 和 PLA 纳米/微米复合材料在常压和 60bar CO_2 压力下的冷却图

如表 4.5 所示，由于分子规整性提高，随着 CO_2 压力的增加，PLA 的结晶速率在 2℃/min 的冷却速率时有所提高。换句话说，CO_2 的塑化作用降低了所有 PLA 样品结晶所需的耗散能[156]。可见，PLA-滑石粉的结晶速度比 PLA 纳米复合材料的要快。正如我们在上一节中所讨论的那样，这肯定是因为 PLA-滑石粉中的分子规整性高于 PLA 纳米复合材料，这将促进 PLA 晶体的成核以及生长。

表 4.5　聚乳酸（PLA）样品在不同压力下以 2℃/min 冷却时的非等温熔融结晶的半结晶时间、结晶速率和 Avrami 参数

压力	样品	$t_{1/2}$/min	G/min^{-1}	n	$\ln k$	k
1bar(大气压)	PLA 0.5 滑石粉	8.41	0.12	2.85	−6.08	2.29×10^{-3}
15bar CO_2	PLA 0.5 滑石粉	7.42	0.13	3.89	−8.65	1.75×10^{-4}
30bar CO_2	PLA 0.5 滑石粉	6.99	0.14	4.96	−10.01	4.49×10^{-5}
	PLA 0.5SiN	11.04	0.09	2.97	−7.50	5.53×10^{-4}
	PLA 0.5CN	15.53	0.06	2.2	−6.40	1.66×10^{-3}
45bar CO_2	PLA 0.5 滑石粉	6.33	0.16	4.06	−7.86	3.86×10^{-4}
	PLA 0.5SiN	10.62	0.09	2.68	−6.70	1.23×10^{-3}
	PLA 0.5CN	11.68	0.08	2.34	−6.12	2.20×10^{-3}
60bar CO_2	PLA	12.50	0.08	2.06	−5.57	3.81×10^{-3}
	PLA 0.5 滑石粉	5.29	0.19	3.77	−6.65	1.29×10^{-3}
	PLA 0.5SiN	6.88	0.14	1.94	−4.11	1.64×10^{-2}
	PLA 0.5CN	6.41	0.15	1.97	−4.03	1.78×10^{-2}

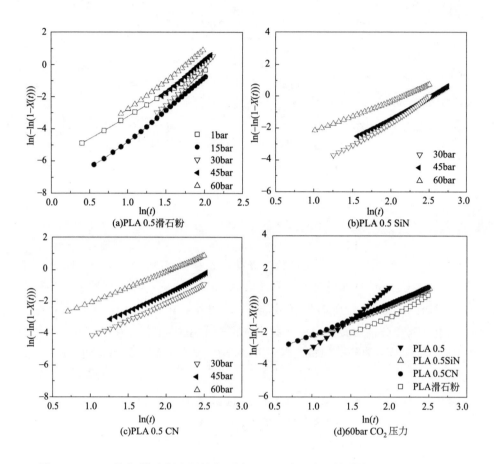

图 4.45　PLA 纳米/微米复合材料在不同 CO_2 压力下熔融结晶的 Avrami 双对数图

　　此外，当 CO_2 压力升高时，PLA-滑石粉的 Avrami n 值仍在 3 以上，而 PLA 纳米复合材料的 n 值则开始下降到 2 以下。因此，在一定的冷却速率下，PLA-滑石粉样品的结晶机制仍以滑石粉导致的强非均相结晶作用为主。但是，在 PLA-纳米微粒中，结晶机制以通过形成具有更不完善晶体的由高压 CO_2 主导的二维球晶生长为主。

4.4.3　纳米/微米尺寸的添加剂和溶解的 CO_2 对聚乳酸最终结晶度的耦合作用

　　图 4.46 显示了在不同 CO_2 压力下的冷却过程后 PLA 样品的最终结晶度。

结果显示，在 60bar CO_2 压力下，纯 PLA 的结晶度达到 5％。在 15bar CO_2 压力下，含 0.5％滑石粉的 PLA 滑石粉样品中，结晶度最高可达 45％。但是，当压力提高到 30bar、45bar 和 60bar 时，PLA-滑石粉的结晶度降低并在 25％ 左右波动。在晶核数量有限的情况下，较低的 CO_2 压力可以促进晶体的生长，这是由 PLA 基体中的起增塑作用的气体分子引起的。这样，最终结晶度就会增加。另一方面，在高压下，正如在等温部分讨论的，虽然溶解的 CO_2 促进了分子的运动，但随着分子缠结的增加，晶体成核抑制了分子的活性和晶体的生长。因此，一般认为 PLA 的最终结晶度较低与不太完善的晶体有关。

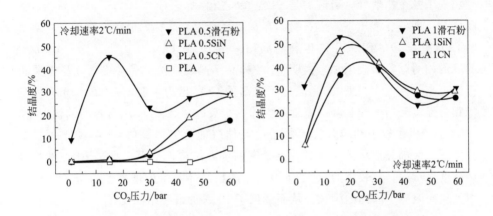

图 4.46　在不同 CO_2 压力下以 2℃/min 冷却的 PLA 样品的最终结晶度

然而，在 PLA 0.5SiN 和 PLA 0.5CN 样品中，随着 CO_2 压力的增加，PLA 的最终结晶度不断增加，在 60bar 的 CO_2 压力下，最大结晶度分别为约 25％和约 15％。如图 4.46 所示，2℃/min 冷却速率不够慢，不足以使 PLA-0.5 纳米粒子样品在常压（1bar）甚至在 15bar CO_2 压力下结晶。当压力从 30bar 增加到 60bar 时，溶解其中起润滑作用的 CO_2 分子比分散的纳米粒子引起的链规整性降低更占主导作用。因此，在较高的 CO_2 压力下，PLA 的分子活性增加，有利于晶体的形成。此外，在较高的 CO_2 压力下，PLA 0.5SiN 的最终结晶度高于 PLA 0.5CN。如前所述，这很可能是因为纳米黏土的片状结构和较长的长径比，以及 CO_2 在 PLA-纳米黏土中的溶解度低于 PLA-SiN[151]。

在添加量为 1％的 PLA 样品中，PLA 滑石粉和 PLA 纳米粒子的最终结晶度均在 15bar CO_2 压力下达到最大。纳米粒子含量的增加可能更有效地激活了非均相结晶。因此，在 15bar CO_2 压力下，润滑的聚合物分子可以进一步促进晶体生长。然而，与 PLA 滑石粉的情况类似，CO_2 压力的增加必然会进一步增强晶体的成核作用。因此，分子的活性肯定会通过增加的分子缠结而被抑制，从而降低了较高 CO_2 压力下的最终结晶度。

图 4.47 显示了纯 PLA 和添加含有 0.5% 添加剂的 PLA 的 WAXD 结果。结果表明，纯 PLA 在 $2\theta=16.7°$ 处出现一个衍射峰，对应的是只有在高 CO_2 压力下才有的 α 晶相。而在常压和低于 45bar 的 CO_2 压力下，PLA 呈完全无定形结构。另一方面，PLA 0.5 滑石粉样品在 $2\theta=14.8°$、$16.7°$、$19°$ 和 $22.3°$ 处出现了几个衍射峰，对应的是 PLA 在常压和所有 CO_2 压力下的 α 晶相。如图所示，即使在常压下，滑石粉的存在也会产生 α 晶相。值得注意的是，溶解的 CO_2 并没有在 PLA 中产生新的晶相。在 15bar CO_2 压力下，$2\theta=16.7°$ 处的峰的相对强度得到增加，说明 PLA 样品结晶度增加，晶体更大，堆叠紧密程度更高。此外，当 PLA 样品处于更高的 CO_2 压力下时，在 $2\theta=16.7°$ 处的峰相对强度开始下降且峰的宽度增大。这也反映了在 CO_2 压力升高的情况下，PLA 中产生了较小和堆叠较不紧密的晶体（即更多的晶体）。在较低的 CO_2 压力下，大部分形成的晶体具有更紧密的堆叠结构，从而提高了 PLA 的最终结晶度。然而，在较高的 CO_2 压力下，成核晶体数量的增加使得分子的缠结增加从而阻碍了晶体的生长，从而降低了 PLA 的最终结晶度。

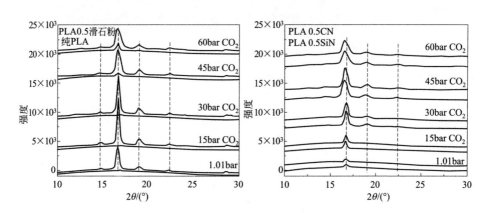

图 4.47　纯 PLA 和含有 0.5% 添加剂的 PLA 在常压和不同 CO_2 压力下
以 2℃/min 冷却的广角 X 射线衍射图

在 PLA 0.5SiN 和 PLA 0.5CN 样品中，仅通过溶解的 CO_2 气体诱导就可形成 α 晶相（出现在 $2\theta=16.7°$、$19°$ 和 $22.3°$）。随着 CO_2 压力的增加，$2\theta=$

16.7°处的峰强度不断增大，其宽度也随之增大。如 DSC 结果部分所讨论的那样，在含 0.5％纳米粒子的 PLA 中增加溶解的 CO_2 气量，提高了 PLA 的最终结晶度并使晶体的堆叠紧密度更低。随着 PLA 分子活性的增加，结晶动力学也随之提高。

图 4.48 还比较了添加 0.5％和 1％添加剂的 PLA 纳米/微米复合材料样品在常压和 60bar CO_2 压力下的 WAXD 结果[190]。研究发现，在常压下，PLA 滑石粉样品在 2θ=16.7°和 19°处有一个更尖且更窄的峰，这反映出它产生了具有堆叠结构更紧密的较大晶体，这在 PLA 1 滑石粉样品中更为明显。然而，当样品处于 60bar 的 CO_2 压力下时，由于形成了较小的晶体（即较多的晶体）且堆叠不那么紧密的结构，所以这个峰变得更宽和更矮。在两种添加剂含量的 PLA 纳米粒子样品中，通过引入 60bar CO_2 压力，结晶可得到促进，晶体结构与 PLA 滑石粉相似。同时，由于气体分子含量的增加和晶核数目的增加（即 PLA 分子缠结的增加），可以形成拥有堆叠较不紧密结构的更小晶体片层。

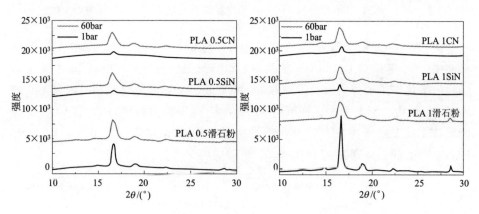

图 4.48　在常压和 60bar CO_2 压力下以 2℃/min 冷却的含有 0.5％和 1％添加剂的 PLA 样品的广角 X 射线衍射图

4.4.4　纳米/微米尺寸的添加剂和溶解的 CO_2 对 T_c 和 T_g 变化的耦合作用

本文也研究了纳米/微米尺寸的添加剂和溶解的 CO_2 对 PLA 结晶温度（T_c）和 T_g 变化的耦合作用。

图 4.49 显示了当样品以 2℃/min 的速度冷却时，所有 PLA 样品的 T_c 随 CO_2 压力的变化[190]。在 PLA-滑石粉样品中，T_c 发生的温度比含纳米粒子的 PLA 更高。与粒子数量较少的 PLA 滑石粉样品相比，在含有纳米粒子的 PLA

中，分散着更多数量的粒子，阻碍了链的规整性，从而延迟了晶体形成的温度。此外，随着 CO_2 压力的增加，由于 CO_2 的增塑作用增强，所有 PLA 样品的 T_c 均呈线性式下降。

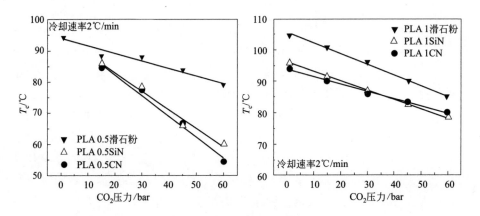

图 4.49　所有 PLA 样品在 2℃/min 的冷却速率下的 T_c 随 CO_2 压力的变化

图 4.50 还显示了所有 PLA 样品中 T_g 与 CO_2 压力的变化。在所有 PLA 样品中，T_g 随溶解 CO_2 的增加呈线性式下降。这是由于 CO_2 对 PLA 无定形结构的塑化作用增强所致。另一方面，滑石粉、纳米二氧化硅和纳米黏土的加入对 T_g 变化的影响不大。在所有 PLA 纳米/微复合材料中，T_g 和 CO_2 压力的线性变化趋势非常相似。这种线性关系可以表示为 $T_g = -0.63P + 52.98$（℃），标准偏差分别为 0.01 和 0.32（℃）。

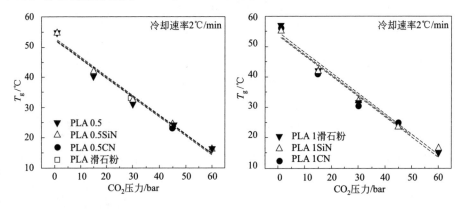

图 4.50　所有 PLA 样品在 2℃/min 的冷却速率下的 T_g 随 CO_2 压力的变化

4.4.5　小结

本小节研究了滑石粉、纳米二氧化硅和纳米黏土在常压和不同 CO_2 压力下对 PLA 结晶动力学的影响。滑石粉通过加快成核速度和提高生长速率改善了 PLA 的结晶动力学，从而提高了 PLA 的最终结晶度，且形成更加完善的晶体。在 PLA-纳米复合材料中，大量的粒子阻碍了分子的活性并延迟了晶体成核。而且，大量的成核晶体和均匀分散的纳米粒子通过增加 PLA 分子缠结而进一步阻碍了晶体的生长。结果表明，与 PLA-滑石粉相比，尽管 PLA-纳米复合材料最终结晶成核密度更高，但其最终结晶度更低。此外，由于纳米黏土具有长径比较大的层状结构，所以其对分子运动的阻碍作用比纳米二氧化硅更为明显。

CO_2 压力的增加促进了 PLA 的分子活性，从而进一步加快了 PLA 的结晶。在较慢的冷却速率（即 2℃/min）下，随着 CO_2 压力的减小，纳米粒子含量较低（0.5%）的 PLA-纳米复合材料的最终结晶度增加且晶体堆叠更不紧密。然而，在添加 0.5%、1%滑石粉和添加 1%纳米粒子的 PLA 中，在较低的 CO_2 压力下（15bar），由于 CO_2 的塑化作用，结晶度达到最大值且晶体更加完善。在较高的 CO_2 压力下，由于晶体成核增加且晶体堆叠不完善，最终结晶度通过链缠结的增加而降低。

第 5 章

聚乳酸及其复合材料的挤出发泡

章节概览

摘　要

挤出发泡是三种主要的泡沫加工技术之一，广泛用于制造低密度的简单二维泡沫制品。本章主要讨论聚乳酸（PLA）及其复合材料的挤出发泡。讨论了线型和支化 PLA、PLA-滑石粉、PLA-纳米硅和 PLA-黏土纳米复合材料的在气体/超临界 CO_2 下的挤出发泡。本章也详细地讨论了 CO_2 诱导结晶和剪切诱导结晶、在不同添加剂周围和通过支链结构发生的非均相成核，还有泡沫加工过程中等温熔融结晶对 PLA 挤出发泡行为的影响。此外，还揭示了线型结构和支链结构对 PLA 结晶和发泡能力的影响，并揭示了各种微米/纳米添加剂对 PLA 结晶度的影响，以及对 PLA 发泡行为的综合影响。

关键词：发泡剂；复合材料；结晶；发泡挤出；纳米复合材料；聚乳酸

最近，人们致力于用挤出法生产聚乳酸（PLA）泡沫，尤其是生产高膨胀率、以 CO_2 为发泡剂的，用于包装和绝缘应用的泡沫。以超临界 CO_2（sc-CO_2，工业过程生产的）为发泡剂（BA）的 PLA 挤出发泡是一种 100％ "绿色"的技术，可避免使用任何有机溶剂[108]。scCO_2 还能够生产平均泡孔密度高于 10^9 个/cm^3 的微孔泡沫，与泡孔密度低得多的传统泡沫相比，这种泡沫的疲劳寿命[191]、韧性[11]、热稳定性[192] 和绝缘性能[74] 均得到了改善。Lee 等人[145] 和 Reignier 等人[193] 全面研究了商用线型无定形 PLA 在挤出过程中的 CO_2 发泡行为。这两项研究均使用毛细管口模和高 CO_2 含量（质量分数 9％），得到的泡沫密度都能够低于 $50kg/m^3$，但置于空气中 48h 后，这些泡沫显示出较高开孔率、较差的力学性能，并且体积收缩至初始体积的 60％～80％。Mihai 等人[194] 采用改进的双螺杆挤出系统研究了线型、半结晶 PLA 和 PLA/热塑性淀粉混合物的挤出发泡行为。他们使用 9％的 CO_2 获得了极高的膨胀率（高达 40 倍），并首次报道了膨胀泡沫中的高结晶度（约 15％）。他们假设结晶结构是熔体在离开口模时，由与泡孔生长有关的熔体的双轴拉伸引起的，这意味着在加工过程中的结晶不能被控制。他们还将泡沫中严重的泡孔壁破裂归因于熔融强度低和 PLA/CO_2 快速相分离导致的熔体过度拉伸。

从以上研究来看，PLA 的熔融强度低似乎是获得高度膨胀泡沫的主要障碍。Pilla 等人[148] 使用市售的多功能环氧基扩链剂（CE）以 0、0.7％、1％和 1.3％的浓度制备了星型支化 PLA。CE 显著改善了泡孔形态，Pilla 等用

1%的 CE 和 4%的 CO_2 使泡孔密度达到 10^7 个/cm^3，膨胀倍率为 4 倍。然而，与 Mihai 等人[194] 的发现一样，膨胀泡沫的开孔率（50%以上）非常高且结晶度也很高。由于结晶通常通过为聚合物链创建接合点来增加熔融强度，结晶应该在泡孔生长之前或生长期间发生但似乎又没有发生，说明这两项研究中的加工过程都控制得不好。这些研究所制备的 PLA 泡沫由于泡孔形态和材料强度较差，其力学性能和绝缘性能通常不如密度相近的聚苯乙烯和聚烯烃泡沫。

可以得出的结论是，尽管进行了大量的研究工作，但低密度 PLA 泡沫的连续加工仍然极具挑战。为了生产可用作包装或绝缘材料的泡沫产品，必须同时得到较高的膨胀率、闭孔的微孔结构和可控的结晶度。但是，在现有技术下，只有在很窄的加工温度区间内才能获得高膨胀率的泡沫，而且就算能够得到，由于严重的泡孔壁破裂和泡孔合并也会导致相应的泡孔密度不足。然而，其他应用场合需要高结晶度，因为它增加了材料强度和软化温度，使得 PLA 泡沫（$T_g=50\sim60℃$）能够与聚苯乙烯泡沫（$T_g=100℃$）在高温应用方面进行竞争。另外，在气泡成核过程中，小晶粒的存在可能有助于提高泡孔密度[195]。鉴于 PLA 的组成和加工行为的多样性，缺乏表征数据至少是导致发泡技术发展缓慢的一部分原因。

在本章中，广泛研究了线型和支化 PLA、PLA/黏土纳米复合材料（PL-ACNs）以及添加有不同尺寸和几何形状的微米/纳米添加剂的 PLA 的低密度、CO_2 挤出发泡行为[140,151,196]。所有的发泡实验均在串联挤出系统上进行。如图 5.1 所示，该系统包含一台螺杆直径为 0.75in 的混合挤出机，一

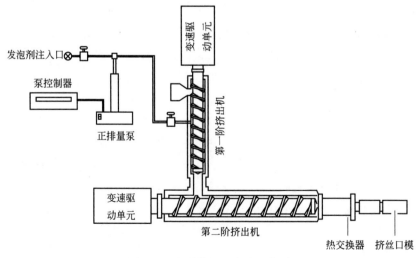

图 5.1 串联挤出生产线示意图

台螺杆直径为 1.5in 的冷却挤出机、一台用于注入 BA 的注射泵、一个齿轮泵和一台包含均质静态混合器的热交换器[140]。第一台挤出机用于塑化聚合物树脂并将 BA 分散至熔体中。齿轮泵提供独立于温度和压力的流量。第二台挤出机（即串联生产线）进一步混合和冷却熔体，并利用热交换器除去在特定温度下进行试验所产生的任何多余热量。

5.1　线型和支化聚乳酸的挤出发泡

低密度泡沫的生产涉及非常高的拉伸速率和应变，众所周知，泡孔形态对熔体的流变特性非常敏感[197~199]。对于 PLA，支化不仅影响流变性能，而且影响结晶动力学和 BA 在聚合物的扩散率[200]。本章还将基于良好表征的动力学，尝试发掘泡沫加工和控制结晶过程中的结晶驱动机制。在工业上，控制发泡过程中的结晶极具挑战性，因为快速生长的晶体很容易凝固在口模流道中[197]。然而，通过控制 PLA 中不同立体异构体的摩尔比，就有可能控制特定工艺下的结晶动力学并控制晶体的生长。

在本节中，测试了三种 D-丙交酯摩尔含量为 4.2%（由 NatureWorks 公司提供）的半结晶 PLA。一种是市售的线型聚合物（Ingeo 2002D），另外两种分别是由线型聚合物（Ingeo 8051D）与 0.35% 和 0.7% 的环氧基多功能低聚物（Joncryl ADR-4368C，BASF 公司）进行反应挤出制备的支化聚合物。这三种等级的 PLA 分别被称为线型聚乳酸、短支链 PLA（SCB，也意味着较低的支链密度）和长支链 PLA（LCB）。在两种支化 PLA 的反应挤出过程中加入由 Luzenac 公司生产的 0.4% 的 Mistron Vapor-R 级滑石粉，线型 PLA 中不加[140]。

表 5.1 显示了这些 PLA 等级的分子特性和热性能[140]。LCB PLA 比 SCB PLA 具有更多高分子量组分。与线型 PLA 相比，两种支化聚合物均表现出更高的分子量和更宽的重量分布。

所有发泡实验均在 CO_2 为 5%、口模温度为 170℃时开始进行。采集样品后，同时降低口模和热交换器的温度，当系统达到稳定状态时采集样品。当口模压力在某一温度下变得太高时（例如，高于 4500psi），将 CO_2 含量增加至 7% 就可以继续实验，因为 CO_2 可以塑化熔体[201]。在 9% CO_2 下，当口模压力太高时就停止实验。

表 5.1 三种聚乳酸的物理性质

样品	M_n	M_w/M_n	$T_g/℃$	$T_m/℃$	$\chi_{iso}/\%$	$\chi_{-1}/\%$
线型	132,000	1.4	57	N/A	7	<1
SCB	215,000	2.5	57	151	29	30
LCB	232,000	2.7	57	148	27	24

如上章所述，众所周知，CO_2 对 PLA 的热性能和结晶性能都有影响，并对这些影响进行了研究。每个 PLA 样品都经历了两个热历史，也就是在冷水中从高于 T_m 进行淬火和在室温下 13.8MPa 的 CO_2 中饱和 24h。然后用差示扫描量热仪 (DSC) 测定结晶度，如表 5.2 和图 5.2 所示[140]。对于淬火后的样品，由于淬火过程中晶体生长受到限制，所以可以清楚地看到冷结晶峰，考虑冷结晶后计算出的结晶度几乎为零。而对于 CO_2 饱和的样品，其结晶度较高且 DSC 曲线上看不到冷结晶现象，说明 CO_2 显著降低了 PLA 的 T_g，即使在室温下也能诱导结晶。DSC 测量将实现加工参数优化，特别是用于控制泡沫挤出过程中的结晶。

表 5.2 用差示扫描量热仪测定的淬火和 CO_2 饱和（在 13.8MPa 和室温下）PLA 的结晶度

单位：%

结晶度	线型	SCB	LCB
淬火	<1	<1	<1
CO_2 饱和	23	19	22

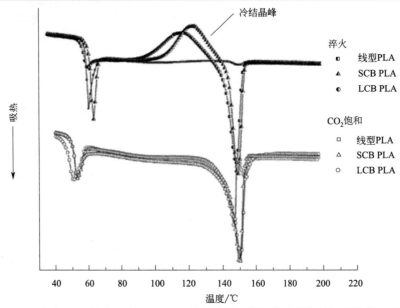

图 5.2 淬火和 CO_2 饱和（在 13.8MPa 和室温下）的聚乳酸的差示扫描量热加热曲线

PLA/CO$_2$ 混合物的溶解度和扩散性能决定了加工过程中的溶解压力，更重要的是决定了与泡孔生长有关的拉伸速率。这些性能是根据标准程序在180℃的磁悬浮天平上测定的[106]。记录以时间为函数的样品重量，假设 CO$_2$ 在样品中的扩散是一维的，就可以从中评估溶解系数和扩散系数。所有三种PLA 的溶解压力都是相似的，为了防止在 180℃和 9% 的 CO$_2$ 下发生相分离需要 19MPa 的压力。线型 PLA 和 LCB PLA 的吸附曲线如图 5.3 所示[140]。当容器内的温度和压力不均匀时，除每个压力阶段的前几分钟外，CO$_2$ 在线型 PLA 中的扩散明显更快，这可以通过曲线斜率较高证明。分子链支化似乎抑制了 CO$_2$ 的扩散，因此在发泡过程中，与 LCB-PLA 相关的泡孔生长速率应比与线型 PLA 相关的泡孔生长速率更迟缓。

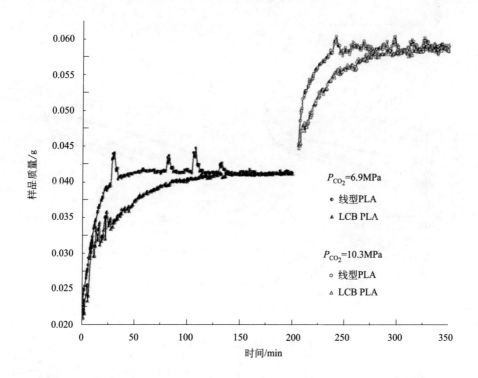

图 5.3 线型和长支链（LCB）聚乳酸在 180℃和两种 CO$_2$ 压力下的吸附曲线

剪切和拉伸流变学表征结果也如图 5.4 所示[140]。黏度随支链密度的增加而增大。还测定了 180℃时的线性黏弹性 G' 和 G''，并通过两者的交叉点测定了松弛时间：线型 PLA 为 0.02s，SCB PLA 为 0.04s 和 LCB PLA 为 0.2s。

除了线型 PLA，两种支化 PLA 在所有拉伸速率下的拉伸黏度均有明显的应变硬化，说明支链对拉伸性能的影响大于对线性黏弹性的影响[199]。在低密度发泡过程中，要想获得闭孔结构，必须有更高的断裂应变。

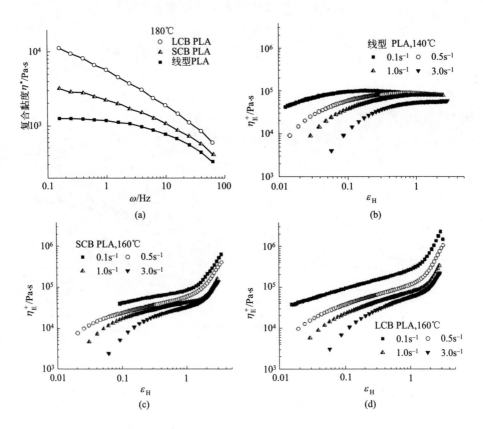

图 5.4　聚乳酸（PLAs）的流变特性：（a）在 180℃时的复合黏度；
在各种恒定拉伸速率下以 Hencky 应变 ε_H 为函数的瞬时单轴拉伸黏度：
（b）在 140℃下的线型 PLA；（c）在 160℃下的短支链（SCB）PLA；
（d）在 160℃时的长支链（LCB）PLA

5.1.1　挤出泡沫的表征

泡孔密度如图 5.5 所示[140]。在相同的温度和 CO_2 浓度下，LCB PLA 的泡孔密度高于 SCB PLA，而 SCB PLA 的泡孔密度又高于线型 PLA。支化 PLA 的泡孔密度高归因于成核剂的存在、较高的熔体强度和由于支链而导致的泡孔合并减少，并且还可能归因于低温挤出的支化 PLA 中晶体前驱体的成核效应（即产生了局部压力和 CO_2 浓度梯度）[202]。

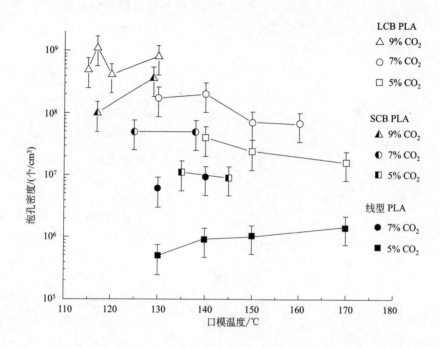

图 5.5　聚乳酸（PLA）泡沫的泡孔密度与加工温度和 CO_2 浓度的关系

对于每种 PLA，泡孔密度随着 CO_2 浓度的增加而增加，但随口模温度变化不大。根据经典成核理论[55]，均相成核和非均相成核的成核率均由 BA 的过饱和度决定，该过饱和度是毛细管口模内压降速率的函数。与温度不同，已知较高的 CO_2 含量可以降低聚合物/气体界面处的表面张力并降低熔体黏度。根据经典成核理论，这将使得气泡成核的自由能垒较低，从而得到较高的泡孔密度[156]。

PLA 泡沫的膨胀率如图 5.6 所示[140]。一般来说，膨胀率是温度的负函数，因为 BA 的扩散率，进而与气泡生长相关的拉伸速率和应变，随温度升高而增加，而熔体黏度和弹性则呈现出相反的趋势[197]。在图 5.6 中，膨胀率随着温度的降低而单调增加，并且在低于某一温度时不会出现任何衰减，对于大多数热塑性塑料来说都是如此，因为熔体强度过高[197]。因此，生产高膨胀率泡沫的温度窗口非常窄，使得工业化规模的过程控制成为极具挑战。只要 BA

能在发泡前完全溶解，膨胀率也会随 BA 浓度的增加而增加。另一方面，除了 9% 的 CO_2 和在最低温度，线型 PLA 和 SCB PLA 泡沫的膨胀率都很低（小于 2）。虚线表示线型 PLA 泡沫由于严重的泡孔破裂而呈网状的温度范围。相比之下，LCB PLA 的膨胀率要高得多，使用 9% 的 CO_2 时，在 117℃ 以下的温度产生的膨胀率超过了 40 倍。

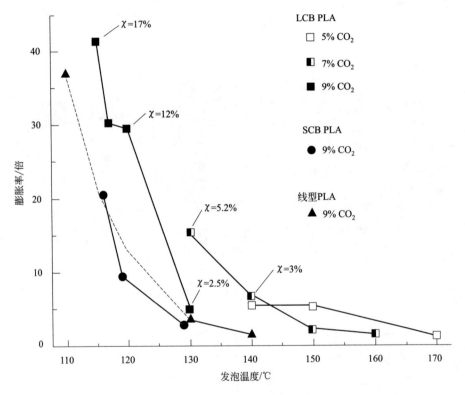

图 5.6 聚乳酸（PLA）泡沫的膨胀率和结晶度与加工温度和 CO_2 浓度的关系

（为清晰起见，省略了误差条）

图 5.7 显示了 PLA 泡沫的 SEM 泡孔形态。温度对应于每种 CO_2 浓度下的最高膨胀率。对于线型 PLA 和 SCB PLA，由于严重的泡孔合并和塌陷，含有 5% CO_2 的泡沫中显示的是孤立的泡孔 [图 5.7（a）和（d）]。含有 5% CO_2 的 LCB PLA 中产生的气泡生长得更好 [图 5.7（g）]，尽管泡孔壁由于低膨胀而显得较厚。当 CO_2 浓度增加到 7% [图 5.7（b）、（e）和（h）]时线型 PLA 泡沫膨胀率增加，然后在 CO_2 浓度为 9% 时，由于严重的泡孔壁破裂呈网状结构 [图 5.7（c）]。SCB PLA 泡沫也显示出开孔结构 [图 5.7（f）]，但与

线型 PLA 相比，泡孔形状保持得更好。含有 9% CO_2 的 LCB PLA 泡沫由于熔体强度和弹性增加而得到闭孔泡孔 [图 5.7(i)]。图 5.8 显示了 LCB PLA 挤出的丝状样品的横截面。泡孔尺寸基本上是均匀的，外部边缘的泡孔略大。这是因为靠近口模流道内壁的熔体受到显著剪切，并失去了更多进入到外部环境中的 BA。在加工过程中，通过主动冷却丝状样品表面，可以进一步提高泡孔尺寸的均匀性[140]。

图 5.7 和图 5.8 中的结果表明泡孔形态和膨胀率之间有密切的关系。如果泡孔壁破裂并产生了开孔结构，那么 BA 扩散到大气中的阻力就会显著降低，泡沫的膨胀率就会比较低。如果产生的是闭孔结构，气体将扩散到相邻的泡孔中，体积膨胀率就会增加。对于线型和 SCB PLA，在丝状物芯部中发现有开

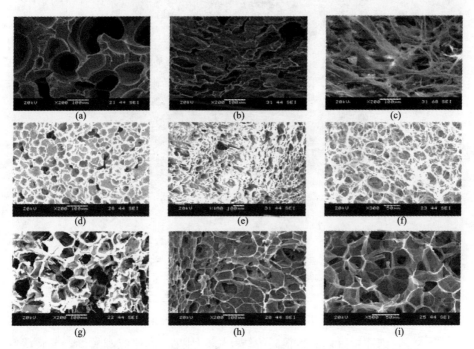

图 5.7　泡孔形态的 SEM 图像；在给定 CO_2 浓度下最高膨胀率对应的温度：
(a) 线型 PLA，5% CO_2，140℃；(b) 线型 PLA，7% CO_2，130℃；
(c) 线型 PLA，9% CO_2，110℃；(d) 短支链（SCB）PLA，5% CO_2，140℃；
(e) SCB PLA，7% CO_2，130℃；(f) SCB PLA，9% CO_2，116℃；
(g) 长支链（LCB）PLA，5% CO_2，140℃；(h) LCB PLA，7% CO_2，130℃；
(i) LCB PLA，9% CO_2，115℃

孔结构，体积膨胀不是由泡孔生长引起的，而是由丝状物的表皮膨胀引起的。因此，由于泡孔壁的连接减少，泡沫的力学性能就较差。对于用 LCB PLA 生产的闭孔泡沫，其膨胀率是由每个泡孔内的气体压力和熔体强度及弹性决定的，泡沫的机械强度要高得多。

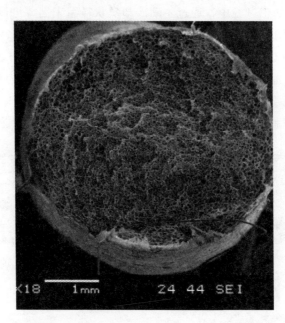

图 5.8　长支链聚乳酸和 9％的 CO_2 在 115℃下挤出的丝状物的横截面；
泡沫的膨胀率为 40

5.1.2　聚乳酸的剪切诱导结晶

到目前为止，我们已经证明了支化对 PLA 发泡行为的影响。然而，在低于 T_m 的温度下的泡沫挤出过程中，结晶也可能在熔体中发生，并且根据先前的研究[203]，泡沫中可以获得很高的结晶度。因此，本研究和后续章节将研究加工条件对结晶的影响，旨在确定泡沫加工过程中主导结晶的关键机制和控制泡沫中结晶度发展的策略。

在本研究中的泡沫加工过程中，PLA 在热交换器中被冷却到低于熔融温度，离开口模前在口模贮存器中保温约 30s，然后迅速冷却到低于其在大气中的玻璃化转变温度。结晶可能在适当的温度下在口模的贮存器中发生，结晶动力学方程主要是以下因素的函数：温度、加工时间、CO_2 浓度、口模流道中的剪切以及与口模外的与气泡生长相关的拉伸[75]。如第 3 章所述，溶解的 CO_2 降低了 PLA 的结晶温度，但它对结晶动力学的影响是综合的。另一方面，剪切和拉伸使聚合物分子链在流动方向上发生取向，因此，总是增加结晶动力学，有时会增加几个数量级[204]。我们表征了剪切对 LCB PLA 结晶的影响。获得 50% 的稳态结晶所需的时间，即半结晶时间 $t_{1/2}$（如图 5.9 所示），并与未受剪切的 PLA 的 $t_{1/2}$ 相比较。显然，剪切显著加速了结晶，使得 $t_{1/2}$ 接近于在口模贮存器内的停留时间。

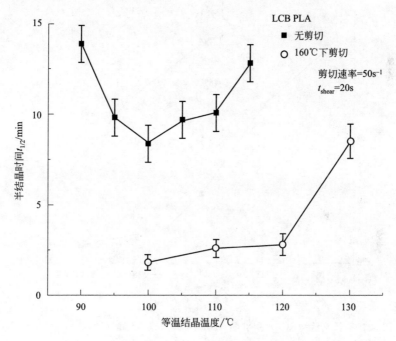

图 5.9　长支链（LCB）聚乳酸（PLA）在有剪切和不剪切条件下的半结晶时间；半结晶时间对应的结晶度约为 15%

5.1.3　加工过程中的结晶控制

LCB PLA 在泡沫加工过程中的结晶可通过改变口模贮存器的长度来控制，从而控制气泡成核和生长之前的等温停留时间。6mm 的口模有一个较长的贮存器，对应的停留时间约为气泡成核前 90s，而 10mm 的口模几乎没有贮存器，对应的停留时间约为 0s。使用 LCB PLA 和 9% 的 CO_2 进行了发泡实验。

泡沫的膨胀率与加工温度的关系如图 5.10 所示[140]。显然，与没有贮存器的口模相比，具有较长等温停留时间的口模可以产生更高的结晶度并在更宽的温度窗口内获得高膨胀率的泡沫。在停留时间长的口模中，在 115℃ 以下时，由于熔体强度过高膨胀率开始下降。然而，在相同温度下，由停留时间短的口模制备的泡沫结晶度较低，膨胀率随温度的降低而单调增加，但未达到最大值。

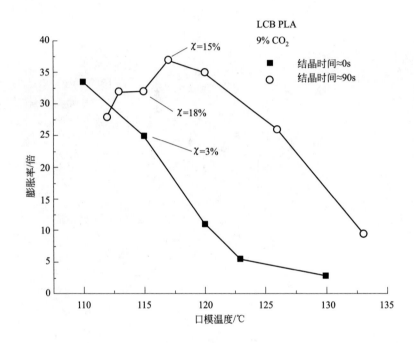

图 5.10　长支链（LCB）聚乳酸（PLA）在口模内停留后结晶的泡沫膨胀率；
通过差示扫描量热仪测定的在几种条件下的泡沫表皮的结晶度

泡孔结构的 SEM 图像如图 5.11 所示。同样，结晶的影响是显而易见的。结晶度最高的泡沫，即在 112℃ 下从停留时间最长的口模中生产的泡沫［图 5.11(a)］，显示出闭孔结构、完整的泡孔壁和明显较高的机械强度。停留时间长的口模在较高温度下 ［图 5.11(b)］或停留时间短的口模 ［图 5.11(c) 和 (d)］生产的泡沫显示有大量的开孔结构。挤出的丝状物表面光泽度也随着结晶度的增加而增加，并且低温下停留时间长的口模生产的泡沫颜色光亮。

在图 5.12 中，将用两个口模在 115℃ 下生产的 LCB PLA 泡沫，与经过淬火后在室温下的 13.8MPa 的 CO_2 中饱和 24h 的未发泡样品的归一化 X 射线衍射（XRD）图进行比较。发泡样品和经 CO_2 饱和的样品均显示有结晶峰，停留时间长的口模制得的样品具有更尖的结晶峰，证实了这些泡沫具有比使用停留时间短的口模生产的泡沫具有更高的结晶度。与结晶峰相对应的角度从泡沫样品的 $2\theta = 16.4°$略微移动到 CO_2 饱和样品的 $2\theta = 15°$，这是因为在较低的结晶温度下晶格间距有所增加[205]。

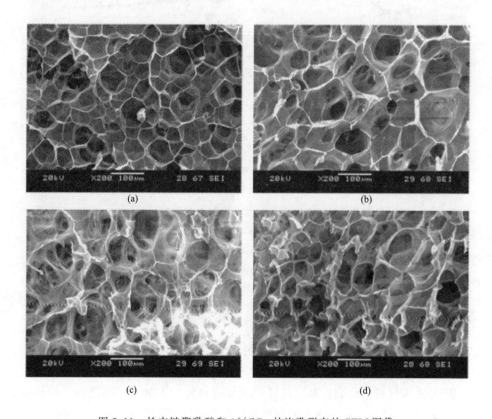

图 5.11　长支链聚乳酸和 9%CO_2 的泡孔形态的 SEM 图像

(a) 结晶时间≈90s，112℃；(b) 结晶时间≈90s，120℃；

(c) 结晶时间≈0s，110℃；(d) 结晶时间≈0s，120℃

在未发泡样品中也可以看到与滑石粉有关的次级峰，分别为 $2\theta = 9.5°$、$19°$和 $28.5°$。泡沫在 $2\theta = 16.4°$时的峰对应的是 α 晶体[206]。已知 β 晶体是在熔融过程中通过拉伸 α 晶体而产生的，没能在 XRD 图中识别到。这表明，在发泡过程中，相对于拉伸，剪切对结晶的影响更占主导地位。

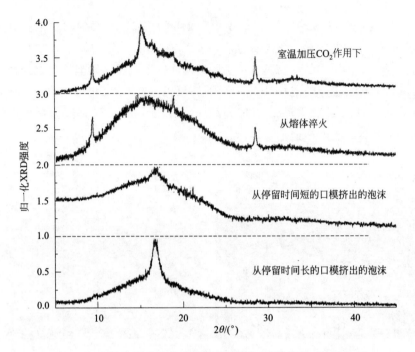

图 5.12   发泡和未发泡长支链聚乳酸的 X 射线衍射 (XRD) 图

(从上到下：在室温和 13.8MPa CO_2 下饱和 24h 的 CO_2 饱和样品；

在 T_m 温度以上淬火的样品；115℃ 和 9%CO_2 下从停留时间短的口模发泡的样品；

115℃ 和 9%CO_2 下从停留时间长的口模发泡的样品)

5.1.4　小结

　　本小节系统地研究了线型和支化 PLA 的挤出发泡行为，采用串联系统并以 CO_2 为物理发泡剂，制备了具有低密度和闭孔微孔结构且结晶度可控的支化 PLA 泡沫材料。研究发现，在低密度发泡过程中，分子支化提高了熔体的强度和弹性，从而提高了泡孔的完整性、泡孔密度和膨胀率。在较低的加工温度下，发泡过程中的结晶主要受口模流道内熔体停留时间的控制。因此，通过控制发泡过程中的结晶，获得了具有相似泡孔结构、但力学性能和表面光泽度各异的泡沫。

5.2　聚乳酸/黏土纳米复合材料的挤出发泡

　　众所周知，在纯聚合物中添加纳米粒子可以显著增加塑料发泡过程中的气泡密度[162,207,208]。因此，人们普遍认为纳米粒子是一种有效的成核剂。如此，它们提高了聚合物泡沫的泡孔密度，并且它们作为成核剂的效果取决于其在聚合物基体中的剥离程度[162,208]。对此可能有两种解释。首先，纳米粒子似乎担任了气泡成核剂以促进更多的成核点。其次，分散的纳米粒子似乎通过提高熔体强度来降低泡孔合并从而使得成核的气泡更加稳定[209]。纳米粒子似乎还通过降低气体扩散速率和增加熔体刚度来减少泡孔熟化现象[210]，从而有助于泡孔的稳定。因此，在纳米粒子存在的情况下，大量的成核气泡将在气泡生长时持续更长时间。此外，如前所述，晶体形成在泡沫加工过程中是至关重要的。如第 3 章所述，物理发泡剂如 CO_2 的存在有助于改变 PLA 的结晶动力学。此外，为了防止挤出口模前过早地发生相分离（即发泡），挤出过程必须在压力控制下进行。预计维持聚合物熔体溶液中适当的气体浓度所需的高压条件会影响结晶动力学。另一个要考虑的参数是纳米粒子的加入也会影响结晶速率。因此，应特别注意这些变量对结晶动力学的影响，并需要在挤出发泡过程中对这些参数进行适当的控制。

为了更好地了解发泡过程中纳米粒子以及可能发生的结晶的影响，本节重点介绍了在高压气体和剪切作用下 PLA 和 PLACN 的结晶动力学，以模拟挤出发泡的条件。阐述了纳米黏土在不同 CO_2 含量下对发泡（即对气泡成核和膨胀）的影响，并将膨胀率和最终结晶度关联起来，以确定发泡过程中双轴拉伸程度对结晶动力学的影响。由于结晶和发泡是在与纳米黏土和溶解的 $scCO_2$ 的协同作用下产生的，我们能够得到结构增强且结晶度高的 PLA 泡沫。本节示例说明了纳米黏土粒子是如何直接影响发泡以及如何通过结晶间接影响发泡的[151]。

为实现本研究的目的，使用由 NatureWorks 公司提供的含有 4.5%D-丙交酯的商业线型 PLA（Ingeo 2002D）和由 Southern Clay Products 公司提供的纳米黏土（Cloisite 30B；烷基季铵膨润土）。使用异向旋转双螺杆挤出机通过熔融共混制备了 PLA/5%黏土纳米复合材料（PLA CN5）的母料。然后用 PLA 稀释母料制备了黏土含量分别为 0.5%、1%和 2%的一系列 PLA CN（PLA CN0.5，PLA CN1 和 PLA CN2）。图 5.13 显示了 PLA CN 样品的透射电子显微镜（TEM）照片和 XRD 图[151]。结果显示黏土纳米粒子在 PLA 中插层很好且剥离程度较高。对于 PLA CN5 和 PLA CN1，纳米硅酸盐之间的 d 间距分别从 1.84nm 增加到 3.48nm 和 3.57nm。此外，在 PLA CN0.5 中，几乎没有检测到峰，这通常表示剥离程度很高。

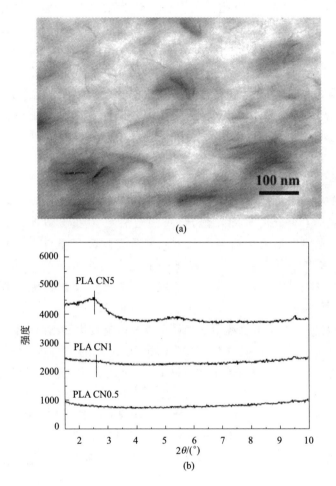

图 5.13　PLA CN1 的透射电子显微镜图像（a）；
PLA CN5，PLA CN1 和 PLA CN0.5 的 X 射线衍射结果（b）

　　图 5.14 还显示了不同温度下 5％和 9％的 CO_2 的预期溶解压力[151]。还应注意的是，纳米黏土的存在会影响 CO_2 在 PLA 中的溶解度。在该研究中，在口模温度范围内，口模压力总是高于溶解度压力。因此，假设注入的 CO_2 完全溶解在了 PLA 基体中，并且泡沫通过口模膨胀之前不会发生相分离。

5.2.1　聚乳酸/黏土纳米复合材料的结晶行为

　　分析了在溶解有 CO_2 的条件下 PLACN 样品的结晶行为。图 5.15(a) 和

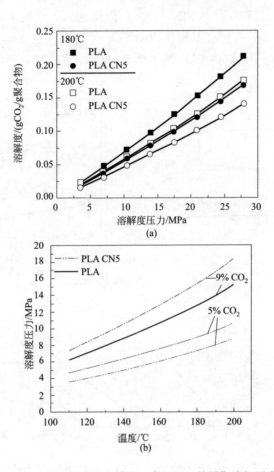

图 5.14　不同温度下 5％和 9％的 CO_2 的预期溶解压力

(a) 在各种压力和 180℃和 200℃下，CO_2 在聚乳酸（PLA）（测量的）和

在 PLA/5％黏土纳米复合材料（PLA CN5）（预测的）中的溶解度；

(b) 使用 Arrhenius 方程[151] 估算的在不同温度下 5％和 9％CO_2 在 PLA 和

PLA CN5 中的溶解度压力

（b）显示了在大气压和 60bar CO_2 压力下，以 2℃/min 的冷却速度冷却的 PLA、PLA CN1 和 PLA CN5 的冷却热图。图 5.15（c）显示了样品在不同的 CO_2 压力下以 2℃/min 冷却后的结晶度。在大气压下，没有检测到放热信号，这表明即使在含有 5％纳米黏土的情况下，PLA 也没有结晶 [图 5.15（a）]。然而，当在溶解有 CO_2 的条件下冷却时，CO_2 的塑化作用增强了结晶动力学 [图 5.15（b）]。此外，CO_2 气体含量的增加提高了最终结晶度，并且在黏土含量增加的情况下更显著 [图 5.15(c)]。我们将这归因于纳米黏土担任了结晶成核剂的作用，并且在具有增塑作用的 CO_2 存在时，这种作用更为明显。第 3 章已经综合讨论了溶解的 CO_2 气体对 PLA 结晶动力学的影响。

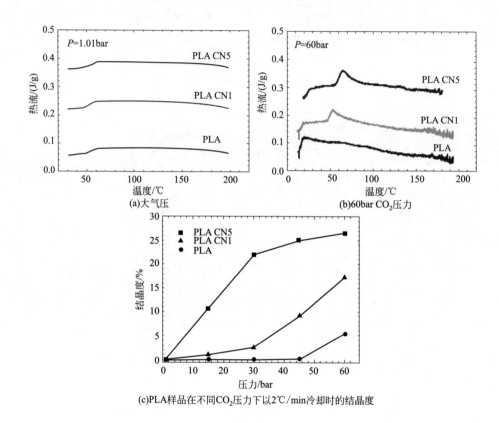

图 5.15　差示扫描量热冷却热图

在第二阶挤出机中（即串联线），加工温度调节至低于 PLA 的熔点。由于挤出机机筒内壁附近的聚合物速率较低，以及聚合物熔体在第二阶挤出机和口模中的停留时间分布，有可能发生等温结晶。因此，除了纳米黏土对 PLA 熔体强度的影响之外，成核晶体区域还可以在通过充当气泡成核剂而提高泡孔密度中起重要作用。

5.2.2　剪切作用对聚乳酸和聚乳酸/黏土纳米复合材料结晶行为的影响

在挤出过程中，聚合物熔体经历了严重的剪切和拉伸流场。由于这些应变的存在，聚合物分子链和纳米粒子能够在流动方向上发生取向，这对 PLA 的结晶动力学有着重要的影响。为了研究这些聚合物分子链和纳米粒子的取向对纯 PLA 和 PLA CN 结晶行为的影响，用流变仪研究了简单剪切流下 PLA 和 PLA CN 的结晶行为实验结果如图 5.16 所示[151]。可见，在经过一段时间的启动实验，即所谓的诱导时间后，黏度开始增加。这归因于样品的结晶作用。通过增加纳米黏土含量，诱导时间缩短。因此，纳米黏土通过其沿剪切方向的排列进一步增强了应变诱导结晶。通过与剪切对结晶的影响的 DSC 结果比较发现，剪切效应与发泡过程更为相似，它进一步缩短了结晶时间。在第二阶挤出机、适配器和口模中产生的拉伸流场中预计会出现类似的结晶增强现象。

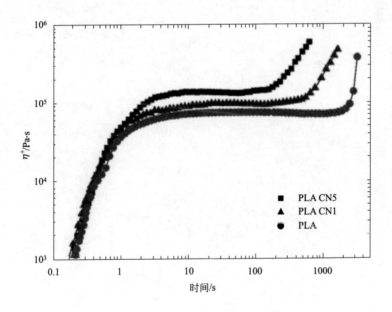

图 5.16　纯聚乳酸（PLA）和聚乳酸/黏土纳米复合材料（PLA CNs）在
125℃、剪切速率为 $0.015s^{-1}$ 的条件下的应力增长实验中的剪切黏度

5.2.3　以超临界 CO_2 作为发泡剂的挤出发泡聚乳酸和聚乳酸/黏土纳米复合材料的泡孔形态

图 5.17 显示了泡沫的泡孔密度、膨胀率、口模压力，含有 9% 的 CO_2 的

PLA 和 PLA CN 样品的溶解压力与口模温度的关系[151]。在口模温度从 150℃逐渐降低至 105℃的过程中收集发泡样品。显示纳米粒子的存在同时增加了泡沫的泡孔密度和膨胀率。如图 5.17(a) 所示，在较低的口模温度下泡孔密度有所增加。图 5.17(c) 显示在所有口模温度下，口模压力高于溶解度压力。这表明在发泡之前已经避免了 PLA/气体的相分离。图 5.18 还显示了在115℃、125℃和135℃的口模温度下 PLA 和 PLA CN 的泡孔形态。通过增加黏土含量，泡沫样品的膨胀率和泡孔密度均增加，并且在 PLA CN5 的情况下，在更宽的加工温度范围内获得了更细密的泡孔和更高的膨胀率。

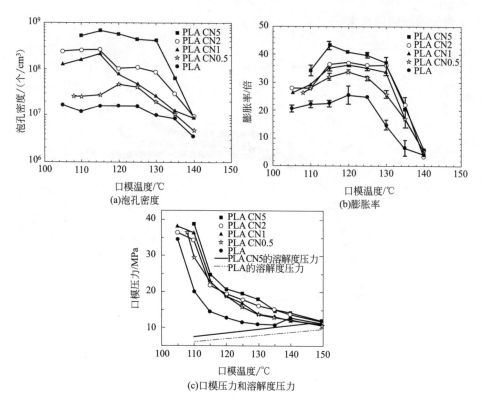

图 5.17 在各种口模温度下获得的聚乳酸（PLA）和 PLA/黏土纳米复合材料（PLA CN）泡沫的泡孔密度、膨胀率和各种口模温度下的口模压力和溶解度压力

由于 PLA 的熔体强度低，泡孔开孔和合并严重，导致发泡性能很差。但随着纳米黏土的加入，PLA 熔体强度增加从而发泡行为显著改善。图 5.19(a)显示了在 180℃下测量的 PLA 和 PLA CN1 和 PLA CN2 的复合黏度。可见黏

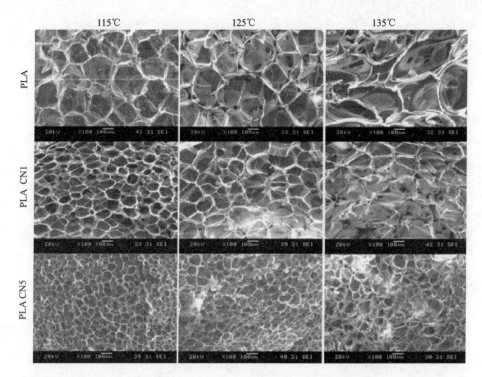

图 5.18　在 115℃、125℃ 和 135℃ 的口模温度下获得的纯聚乳酸（PLA）和
PLA/黏土纳米复合材料（PLA CN）泡沫的泡孔形态

度因为纳米黏土的存在而增加，并且 PLA CN5 显示出屈服应力，而这在纯
PLA 中没有观察到。还测量了纯 PLA 和 PLA CN 的拉伸黏度。图 5.19（b）
显示当黏土含量增加时拉伸黏度显著增加，并且当温度低于本研究中使用的
PLA 的熔点（即 150℃）时更加明显。拉伸黏度的增加使得发泡行为得到改善
并产生了更多的闭孔结构。

　　如前所述，纳米黏土的存在、溶解的 CO_2 和剪切作用进一步加速了 PLA
结晶。晶体区域的存在也能显著促进气泡成核[211]。一旦某些晶体成核，在发
泡过程中，发泡过程中晶体周围产生的局部应力变化会导致非均相气泡成核，
这类似于纳米黏土对气泡成核的影响。聚合物熔体的结晶也抑制了泡孔合并。
它是通过提高晶体区域中连接的分子熔体强度来实现的。因此，气体损失显著
减少，从而导致高膨胀率。因此，PLA 在发泡过程中的气泡成核和生长行为
不仅受到纳米粒子本身的影响，同时受到沿着第二阶挤出机成核的晶体的
影响。

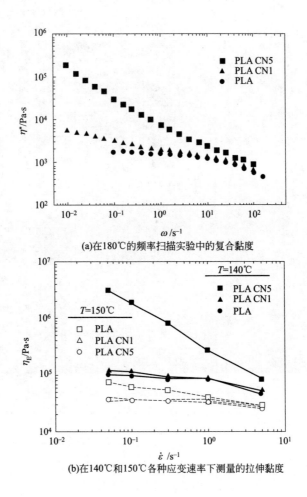

(a)在180℃的频率扫描实验中的复合黏度

(b)在140℃和150℃各种应变速率下测量的拉伸黏度

图 5.19　聚乳酸（PLA）和 PLA/黏土纳米复合材料（PLA CN）的流变性质

5.2.4　纳米黏土的分散对聚乳酸/黏土纳米复合材料发泡行为的影响

　　本节通过使用在 PLA 中分散能力较差的纳米黏土 Cloisite 20A 颗粒，进一步研究了纳米黏土的分散对 PLA 发泡行为的影响[212]。通过使用 Cloisite 20A ［图 5.20(a) 和(b)］和 Cloisite 30B ［图 5.20(c) 和 (d)］制备的 PLA CN1 的 TEM 图像显示出 Cloisite 20A 颗粒发生插层，而 Cloisite 30B 颗粒发生部分剥离。对使用这两种材料在各种口模温度下获得的泡沫进行了表征，研究发现，含 Cloisite 30B 的材料膨胀率和泡孔密度均较高，如图 5.21 所示。

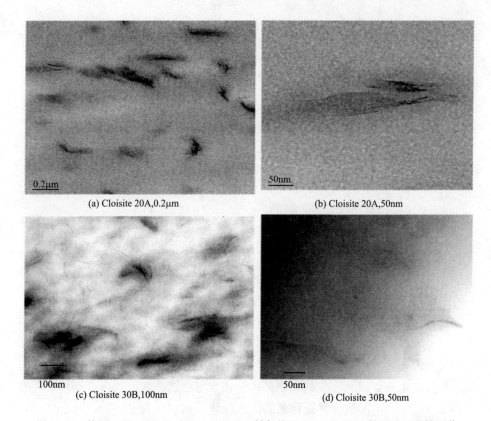

(a) Cloisite 20A,0.2μm

(b) Cloisite 20A,50nm

(c) Cloisite 30B,100nm

(d) Cloisite 30B,50nm

图 5.20　使用 Cloisite 20A 和 Cloisite 30B 制备的 PLA CN1 的透射电子显微镜图像

图 5.20 中的 TEM 图像显示，在使用 Cloisite 30B 制备的 PLA CN1 样品中，获得了半剥离结构。在一定质量分数下分散程度高的纳米颗粒产生的纳米粒子密度更大。因此，产生了更多数量的异相气泡成核点。另一方面，发现分散更好的纳米粒子可以导致更高的膨胀率，也就是更低的泡沫密度。随着分散性的提高，熔体强度会增加，因此，气泡生长过程中的合并现象将变得不那么重要，最终膨胀率也会增加[58]。此外，从图 5.21 中可以看出，使用分散度更高的 Cloisite 30B 可以为 PLA 泡沫生产提供更宽的加工温度窗口。

比较分别添加 Cloisite 30B 和 Cloisite 20A 材料的泡孔密度也很有趣。随着温度的升高，在很宽的加工温度窗口中含 Cloisite 30B 材料的泡孔密度较高，这很可能是因为含有分散良好的 Cloisite 30B 的 PLA 的黏度较高。然而，当聚合物基体在低温下因为结晶而凝固时，含 Cloisite 20A 材料的泡孔密度急剧增加。Wong 等人[213] 最近发现，插层的粒子具有更高的刚性，因为产生

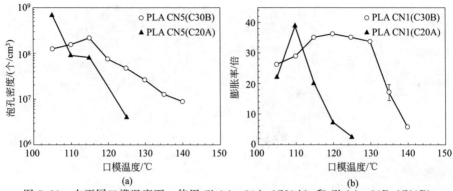

图 5.21　在不同口模温度下，使用 Cloisite 20A（C20A）和 Cloisite 30B（C30B）
制备的 PLA CN1 的泡孔密度和膨胀率的比较

了较高的有利于气泡成核的局部应力，因此可以产生更高的泡孔密度。在较低的温度下，聚合物基体变得非常黏，因此，更好的分散也不起作用，但插层粒子的刚性在产生更多应力变化中将会变得更加重要。

图 5.22 比较了使用 Cloisite 20A 和 Cloisite 30B 的 PLA CN1 复合材料的复合黏度，在 180℃下退火 10min 后，将每个样品在 100℃下施加 SAOS（小振幅振荡剪切）。没有进行预剪切。研究发现，含有 Cloisite 30B 的 PLA CN1 的结晶速率更快。因此，在其早期形成阶段，更多的晶区可以进一步增强含有 Cloisite 30B 的 PLA 纳米复合材料的气泡成核，而不是含 Cloisite 20A 的。

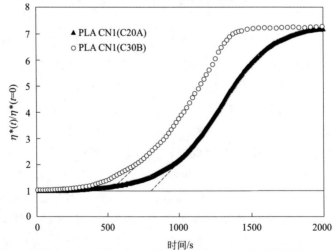

图 5.22　在 180℃退火 10min 后，在 100℃、频率为 1Hz、应变振幅为 0.01 的条件下测量的使用 Cloisite 20A（C20A）和 Cloisite 30B（C30B）的 PLA CN1 的归一化复合黏度

5.2.5　溶解的 CO_2 气体含量对聚乳酸/黏土纳米复合材料发泡行为的影响

图 5.23 所示为气体含量对发泡 PLA 和 PLA CN 膨胀率和泡孔密度的影响[151]。研究发现，PLA 和 PLA CN 在较高的 CO_2 浓度下显示出较高的膨胀率和较高的泡孔密度。在图 5.24 中，比较了在 115℃的口模温度下使用 5% 和 9% CO_2 的泡沫的形态。当使用 9% 的 CO_2 时，产生了更均匀的泡沫形态。当 CO_2 含量较高时，会引起更大程度的热力学不稳定性，这将导致更大的泡孔密度[45]。此外，气体含量的增加也可能提高了沿着第二阶挤出机形成的晶体成核速率。因此，泡孔密度和膨胀率可以分别通过在大量成核晶体周围发生的非均相气泡成核和由晶体网络引起的熔体强度增强得到进一步的提高[22,23,49,95,147,196]。

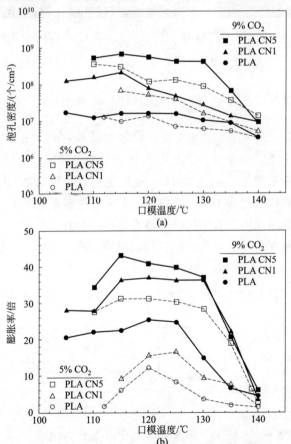

图 5.23　在 CO_2 含量为 5% 和 9% 时、不同口模温度下获得的聚乳酸（PLA）和聚乳酸/黏土纳米复合材料（PLA CN）泡沫的泡孔密度和膨胀率的比较

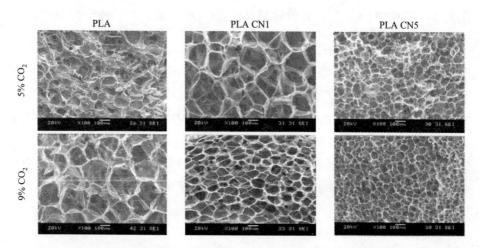

图 5.24　在含有 5% 和 9% 的 CO_2、115℃ 的口模温度下获得的聚乳酸（PLA）和
聚乳酸/黏土纳米复合材料（PLA CN）泡沫的泡孔形态

5.2.6　结晶对聚乳酸发泡行为影响的研究

如前所述，溶解的 CO_2、添加纳米黏土以及剪切和拉伸应力都会增强
PLA 的结晶。然而，我们要强调的是在挤出发泡系统中，溶解的 CO_2 和剪切
条件的实际效果不同于可用诸如 DSC 或流变仪等表征设备研究的那些结果。
然而，根据我们收集到的事实，我们推测聚合物树脂在串联生产线的第二阶挤
出机中是有可能结晶的。为了探讨这种可能性，我们改变了第二阶挤出机的温
度分布，如表 5.3 所示。本实验的口模温度固定在 120℃，温度分布由 1 组降
至 2 组和 3 组。

表 5.3　串联螺杆挤出机中第二阶冷却挤出机挤出发泡过程中的各温度分布

单位：℃

温度分布	第 1 区	第 2 区	第 3 区	热交换器	口模
分布 1	180	140	130	130	120
分布 2	180	135	125	125	120
分布 3	180	130	120	120	120

图 5.25 和图 5.26 展示了用这三组温度分布获得的纯 PLA 和 PLA CN 泡
沫材料的泡孔形态、膨胀率和泡孔密度。第二阶挤出机的降温分布提高了
PLA 和 PLA CN 泡沫材料的泡孔密度和膨胀率。这很可能是因为 PLA 和

PLA CN 沿着挤出机的等温结晶加速造成的。因此，通过选择较低的温度分布，我们可以期望得到更大的结晶度，从而通过促进晶体周围的非均相气泡成核来提高气泡成核率以及通过提高熔体强度来提高膨胀率。

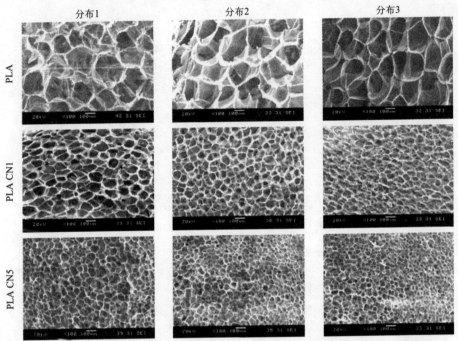

图 5.25 在具有如表 5.3 所示的变化的温度分布的第二阶冷却挤出机中，口模温度为 120℃时获得的纯聚乳酸（PLA）和 PLA/黏土纳米复合材料（PLA CN）泡沫的泡孔形态

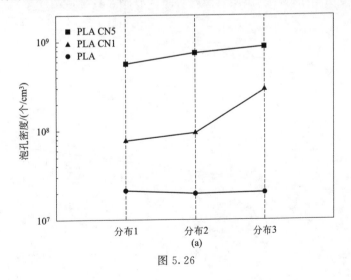

图 5.26

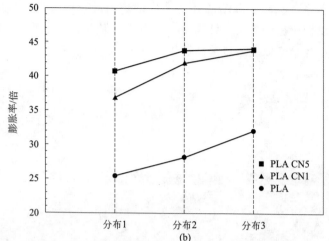

图 5.26　在第二阶挤出机中通过改变温度曲线获得的纯聚乳酸（PLA）和
聚乳酸/黏土纳米复合材料（PLA CN）泡沫的泡孔密度和膨胀率

5.2.7　发泡对泡沫样品最终结晶度的影响

　　泡沫在口模外膨胀期间结晶的可能性是另外一个重要问题。众所周知，泡孔壁在气泡生长过程中被双轴拉伸[214]。图 5.27 报道了纯 PLA 和 PLA CN 样品的结晶度与膨胀率的关系。可见，随着膨胀率的增加，结晶度由于应变诱导结晶而增加。尽管这些结果表明膨胀率对泡沫样品的最终结晶度有很大影响，但很难区分出是在挤出机还是口模内对晶体形成的影响更大。

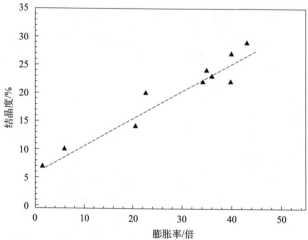

图 5.27　聚乳酸和 PLA/黏土纳米复合材料发泡样品的结晶度与膨胀率的关系

5.2.8　小结

在本节中，研究了 PLA 和不同纳米黏土含量的 PLA CN 复合材料在以 CO_2 为物理发泡剂的连续挤出过程中的发泡行为。由于纳米黏土可以充当气泡成核剂并能提高熔体强度，在 PLA 中加入 0.5% 的纳米黏土使得泡孔密度和膨胀率增加。

在溶解的 CO_2、黏土纳米粒子和剪切作用下，PLA 结晶动力学显著增强。在含有黏土时，剪切诱导增强了 PLA 的结晶。PLA 在发泡过程中的气泡成核和生长行为不仅受到纳米粒子的促进，还受到更加快速的结晶动力学和沿着第二阶挤出机由于纳米粒子的存在而引发的成核晶体的促进。膨胀率的增加有效地提高了最终结晶度。通过使用在 PLA 中分散能力较差的 Cloisite 20A 纳米黏土粒子，与 Cloisite 30B 相比，我们还证明了高分散性显著提高了 PLA 纳米复合材料的泡孔密度和膨胀率。

5.3　聚乳酸复合材料的挤出发泡：纳米黏土、纳米硅和滑石粉的比较

在本节中，比较了各种不同粒径和长径比的添加剂（纳米黏土、纳米二氧化硅和滑石粉）对 PLA 挤出发泡的影响。在 PLA 发泡过程中，使用这些添加剂不仅会影响 PLA 的最终发泡行为，而且会影响 PLA 的结晶动力学[196]。

在该部分中，也使用了市售的 D-乳酸摩尔含量为 4.5% 的 Ingeo 2002D 线型 PLA（NatureWorks 公司）。所选择的添加剂具有不同的几何结构和长径比，分别是纳米黏土 Cloisite 30B，纳米二氧化硅 Aerosil A200 和 Mistron 蒸汽-R 级滑石粉。滑石和纳米二氧化硅粒子的平均粒径分别为 $2.2\mu m$ 和 12nm。纳米黏土片层的平均宽度为 100nm，每层厚度为 1nm。本研究中，纳米黏土和纳米二氧化硅分别被称为 CN 和 SiN。使用反转双螺杆挤出机以 0.5% 和 1% 的添加量制备 PLA 纳米/微米复合物。制备的含有 0.5% 和 1% 的滑石粉，SiN 和 CN 的 PLA 纳米/微米复合材料分别被称为 PLA-0.5 滑石粉，PLA-1 滑石粉；PLA-0.5SiN，PLA-1SiN；PLA-0.5CN，PLA-1CN[196]。

图 5.28 显示了通过透射电镜图像反映的纳米粒子在 PLA 中的分散。如图所示，尽管在 PLA 纳米复合材料中仍存在一些团聚区域，但纳米粒子在 PLA 中的分散性较好。

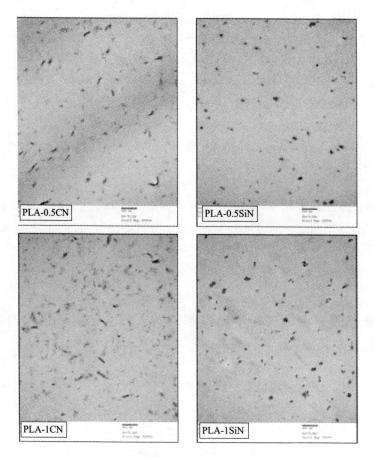

图 5.28　透射电子显微镜图像显示纳米粒子在聚乳酸（PLA）中的分散
（比例尺为 500nm）

记录了 PLA 纳米/微米复合材料在 180℃下以角频率（ω）为函数的熔体复合黏度（$\eta*$）。在 150℃的温度和 $0.01s^{-1}$ 的应变速率下，使用相同的设备在氮气环境下进行拉伸黏度测量。如图 5.29 所示，采用间歇发泡可视化系统[215] 研究了 PLA 纳米/微米复合材料在170℃时的气泡成核行为，避免了晶体对气泡成核的影响。

5.3.1　聚乳酸纳米/微米复合材料的挤出发泡行为

图 5.30 和图 5.31 显示了在各种口模温度下获得的 PLA 发泡样品的泡孔密度和膨胀率变化。图 5.32 还显示了在 115℃的口模温度下得到的发泡样品

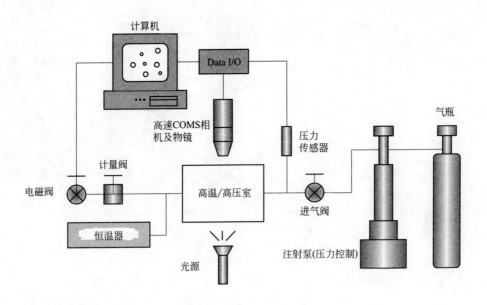

图 5.29　间歇发泡可视化系统示意图

的泡孔形态的 SEM 图。如图所示，纯 PLA 发泡得到的最大膨胀率为 25 倍，泡孔密度为 $10^6 \sim 10^7$ 个/cm^3。在 115℃ 的口模温度下，获得的平均泡孔尺寸为 200μm。在 PLA 纳米/微米复合材料中，每种添加剂仅添加 0.5% 就可以显著增加 PLA 泡沫的泡孔密度。这种提高肯定是源于这些添加剂促进了周围发生的异相气泡成核[88,151]。然而，虽然 PLA-滑石粉样品中滑石粉颗粒的数量小于 PLA 纳米复合材料中的纳米粒子的数量，但在 PLA-滑石粉发泡样品中获得的泡孔密度与在 PLA-纳米复合材料泡沫中获得的非常相似。这可能是由于在发泡过程中滑石粉对 PLA 结晶动力学的增强作用更有效[190]。在泡沫加工中可能诱导生成晶体并可以通过晶体周围的压力变化进一步促进 PLA-滑石粉样品中的异相气泡成核[22,23,76,151]。

　　另一方面，图 5.31 所示的所有体积膨胀率曲线都遵循 Naguib 等人[58] 所提出的"山形"趋势。也就是说，由于在高温下气体损失加快，所以膨胀率降低，而在非常低的温度下，由于凝固/结晶过多地增加了熔体强度，膨胀率也会降低。但膨胀率的变化率对每种添加剂情况都是不同的。在较低的温度下，膨胀率的降低并不明显，这很可能是由于 PLA 的结晶非常缓慢。

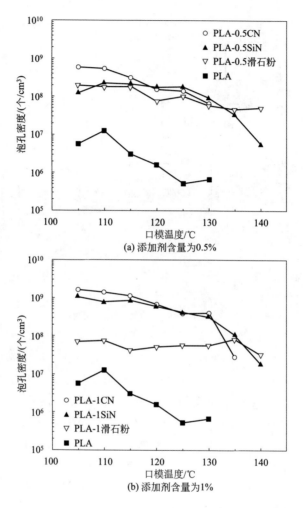

图 5.30　在各种口模温度下，含有 0.5％和 1％添加剂的发泡聚乳酸（PLA）

和 PLA 纳米/微米复合材料的泡孔密度

　　总的来说，仅当每种添加剂添加量为 0.5％时 PLA 发泡样品的膨胀率才得到增加。这也很可能是由于加入添加剂后 PLA 的熔融强度增加[151,196]，从而使气体损失和泡孔合并最小化。如图 5.31 所示，当口模温度在 130℃以下时，PLA-0.5（纳米黏土/纳米硅）的膨胀率在 30～40 倍之间变化，而在 PLA-0.5 滑石粉体系中，膨胀率在 20～55 倍之间的更宽的范围内显著波动。这意味着，在发泡过程中，PLA-滑石粉样品的结晶动力学对口模温度曲线更为敏感[190]。

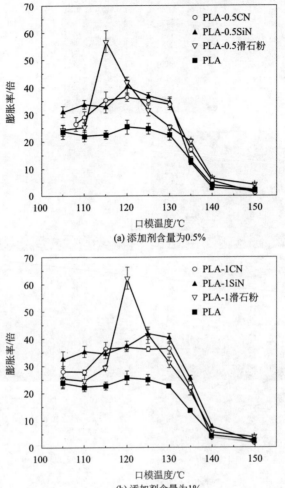

(a) 添加剂含量为0.5%

(b) 添加剂含量为1%

图 5.31 在各种口模温度下，含有 0.5％和 1％添加剂的发泡聚乳酸（PLA）
和 PLA 纳米/微米复合材料的膨胀率

一方面，当添加剂含量从 0.5％增加到 1％时，预计 PLA 泡沫的泡孔密度
会进一步提高，但这仅在 PLA 纳米复合泡沫中观察到。如图 5.30 所示，增加
纳米粒子含量显著提高了 PLA 泡沫样品的泡孔密度，使之高达 10^9 个/cm^3，
这被称为微孔发泡的阈值[59]。这肯定是由于纳米粒子周围的非均相气泡成核
点增加以及沿着第二阶挤出机和口模内可能成核的晶体[76,151,196]。如第 3
章[190] 所述，当纳米粒子含量从 0.5％增加到 1％时，PLA 的结晶动力增强。
这表明在泡沫加工过程中含有 1％纳米粒子的 PLA 样品的结晶可能更有效地

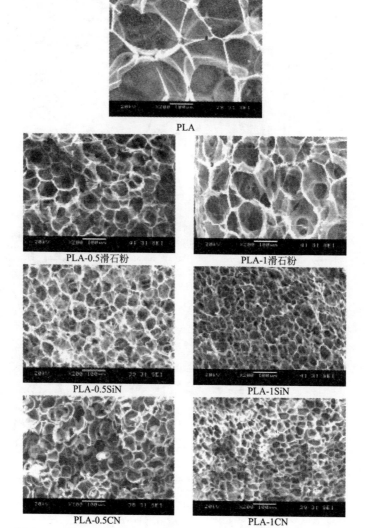

图5.32 发泡聚乳酸（PLA）和PLA纳米/微米复合材料在115℃
口模温度下的泡孔形态（比例尺为100μm）

被激活了。因此，泡孔密度的增强也可能受到了成核晶体的影响。

另一方面，当滑石粉含量从0.5％增加到1％时，尽管有更多可用的滑石粉颗粒（即气泡成核点），但PLA发泡样品的泡孔密度有所下降，泡孔形态也变得不太均匀。这可以说明，在不同口模温度下增加滑石粉含量一定极大地激活了发泡过程中PLA的结晶动力[190]。这导致了聚合物-CO_2混合物中不同的CO_2溶解度曲线。因此，快速结晶导致的聚合物/CO_2相分离进一步降低了口模压力并增加了 PLA 的硬度。相分离是因为 CO_2 不能在结晶区内保持溶解，势必从聚合物相中排出。因此，由于压降速率较低，从而热力学不稳定性较低[59]，所以发泡样品的最终泡孔密度降低了[60]。如图 5.32 所示，PLA-1 滑石粉发泡样品显示出更不均匀的泡孔形态。

添加量为 1％的发泡 PLA 纳米/微米复合材料的膨胀率行为与添加量为 0.5％的发泡 PLA 样品的膨胀率行为也有相似的趋势。在口模温度低于 130℃ 时，PLA 纳米复合泡沫的膨胀率在 30～40 倍之间波动。然而，与 PLA-0.5 滑石粉的情况相比，PLA-1 滑石粉泡沫的膨胀率范围增大，在 25～60 倍之间波动。这种大范围的膨胀变化又是由于口模压力变化很广引起的[196]，而压力变化是由 PLA 结晶动力学在不同口模温度分布下的变化而引起的。

如前所述，纳米黏土和纳米硅粒子的几何尺寸和长径比不同。如图 5.32 所示，尽管它们对最终发泡样品的膨胀率和泡孔密度有相似的影响，但与 PLA-SiN 样品相比，在 PLA-CN 泡沫样品中得到了更封闭的泡孔结构。这表明，在泡沫膨胀期间，由于双轴拉伸，具有长二维长径比的片状纳米黏土肯定沿泡孔壁发生了取向[207]。因此，在 PLA-CN 发泡样品中，泡孔壁强度肯定增加，这可以比具有三维块状纳米硅颗粒的 PLA 更有效地抑制泡孔破裂。图 5.33 是 PLA-1CN 发泡样品中单个泡孔壁的 TEM 图像，显示了较大长径比的纳米黏土薄片沿着泡孔壁排列。

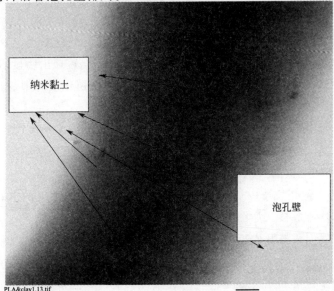

图 5.33　发泡聚乳酸（PLA）-1CN 中纳米黏土薄片沿泡孔壁排列的透射电子显微镜图

5.3.2 添加剂对气泡成核行为的单一影响

在本节中，采用间歇发泡可视化系统对纯 PLA 和 PLA 纳米/微米复合材料的气泡成核行为进行了观察。选择饱和温度为 170℃，以消除结晶对 PLA 发泡行为的影响。然而，因为加入不同的添加剂会影响 PLA 的熔体黏度行为，从而影响气泡成核和生长，所以在 180℃ 下测量了含有 1% 添加剂的 PLA 纳米/微米复合材料的以频率为函数的复合剪切黏度。也在 150℃ 的环境温度和 $0.01s^{-1}$ 的应变速率下测量了这些样品的拉伸黏度。

总的来说，如图 5.34（a）所示，添加 1% 的纳米粒子和滑石粉同样提高了 PLA 熔体的剪切黏度。然而，纳米二氧化硅对 PLA 低频复合黏度的影响似乎略高于滑石粉，这可能是由于分散的纳米二氧化硅比微米级的滑石粉对黏度的增强作用更大。另一方面，PLA-CN 样品的复合黏度比 PLA-SiN 和 PLA-滑石粉的低，尤其是在低频下。这很可能是由于纳米黏土对 PLA 的分子结构有降解作用。已经证明在 PLA 纳米复合材料中存在纳米黏土会导致 PLA 在加工过程中降解[216]。还应注意的是，低频下所有样品的复合黏度都较高，并且在几个点之后黏度会降低。这是因为在低频下的实验需要更长的时间，10～15min 后，PLA 样品可能会在更高的频率下发生降解。

此外，如图 5.34（b）所示，PLA 纳米/微米复合材料的拉伸黏度行为没有表现出任何应变硬化行为。还应注意的是，由于拉伸黏度的测量是在 150℃ 进行的，接近纯 PLA 的熔化温度，一些未熔化的晶体可能有助于 PLA 的拉伸行为。一般来说，添加剂对 PLA 熔体的流变行为不会表现出明显不同的影响，如图 5.34（a）所示。因此，我们可以假设在泡沫可视化实验中观察到的发泡行为表征的是添加剂对 PLA 气泡成核的唯一影响。

图 5.35 显示了纯 PLA 和含有 1% 含量添加剂的 PLA 纳米/微米复合材料发泡过程中的气泡成核。在 CO_2 压力释放过程中，由于不存在异相气泡成核点，纯 PLA 中成核的气泡非常少。而且，PLA 的熔体强度低，导致在第 3 秒时气泡合并严重。当向 PLA 中加入 1% 的滑石粉时，微米级的滑石粉颗粒周围发生了非均相成核，如图 5.35 所示，由于其周围的压力变化，有滑石粉存在的情况下气泡成核开始得更早。当含有纳米粒子时，可以看出添加 1% 的纳米粒子显著增强了气泡成核，而滑石粉的影响则不那么明显。这肯定是由于分散良好的纳米粒子周围有大量的气泡成核点。此外，还观察到 PLA-SiN 中的气泡成核率略高于 PLA-CN 中的泡孔成核率。然而，PLA-SiN 样品显示出更

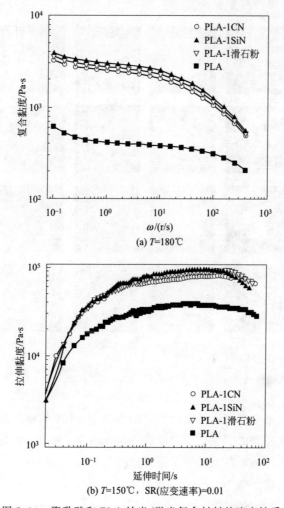

(a) $T=180℃$

(b) $T=150℃$，SR(应变速率)=0.01

图 5.34　聚乳酸和 PLA 纳米/微米复合材料的流变性质

多的气泡合并行为，而 PLA-CN 中的气泡似乎更稳定。如图 5.8 所示，这肯定是由于纳米黏土二维的长径比较长，使得纳米黏土沿着细胞壁取向并且可以减少气泡开孔的概率。

5.3.3　小结

本节比较了纳米黏土、纳米二氧化硅和滑石粉对 PLA 挤出发泡行为的影响。研究发现，分散良好的纳米粒子与通过纳米粒子诱导的大量晶体一起，提

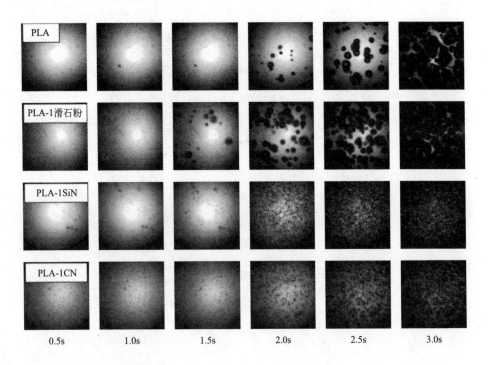

图 5.35　聚乳酸样品在 170℃，1500psi CO_2 压力下保温 30min 后的气泡成核观察

高了发泡样品的膨胀率和泡孔密度。它们提高了 PLA 的熔体强度，并分别在纳米粒子和成核晶体周围提供了更多的气泡成核点。然而，与纳米硅相比，具有较长二维形状的纳米黏土诱导了更多的闭孔结构。这是由于纳米黏土沿着泡孔壁结构取向的增强作用。

　　在 PLA-滑石粉样品中，滑石粉对 PLA 结晶动力学影响更有效、极大地提高了 PLA 的熔体强度并降低了口模压力，从而产生了不均匀的泡沫形态并且泡孔密度也降低。

第6章

聚乳酸及其复合材料的注射发泡

◦ 章节概览 ◦

摘要

　　注射发泡也是泡沫加工的主要技术之一，被广泛应用于生产连续的高密度复杂三维泡沫产品。本章讨论聚乳酸（PLA）及其复合材料的注射发泡成型。讨论了使用化学发泡剂的线型和支化 PLA 的注射发泡成型，以及使用超临界物理发泡剂的、溶解有 N_2 和 CO_2 的 PLA-滑石粉和 PLA-纳米黏土纳米复合材料的注射发泡成型。本章广泛地讨论了气体诱导结晶、剪切诱导结晶、通过不同添加剂和支链结构发生的异相成核结晶以及等温熔体结晶的意义。讨论了通过使用化学和物理发泡剂，利用低压和高压注射发泡成型以及气体反压和开模注射发泡成型等技术制备的孔隙率高达 55% 的微孔 PLA 泡沫。

　　关键词：发泡剂；复合材料；注射发泡；纳米复合材料；聚乳酸；超临界 N_2

　　注射发泡成型（foam injection molding，FIM）工艺具有材料用量少、尺寸稳定性好、循环周期短、能耗低等优点。它还可以潜在地提高一些力学性能，如疲劳寿命和抗冲击强度。除了可以通过 FIM 生产轻质低成本塑料制品外，通过发泡还可以改善一些力学性能，而且解决最终产品的热变形、收缩和残余应力等问题[217~225]。

　　针对 FIM 和许多不同热塑性塑料的表征已经有了大量的研究。然而，聚乳酸（PLA）在这些领域的研究还非常有限。最近，一些学者尝试了 PLA 的高压结构发泡[91,225~229]。虽然气泡成核和合并控制相对容易的高压 FIM 被广泛应用于结构发泡中[220~222]，但这项技术仅限于 5.15% 的孔隙率。这种生产技术的另一个主要优点是最终产品具有良好的尺寸稳定性。部分模腔填充的低压结构泡沫成型是另一种得到较高孔隙率的方法[218,220~222]。在低压结构泡沫成型过程中，控制气泡的成核、生长和合并颇具挑战性。当孔隙率大于 20% 时，实现泡沫结构的均匀性、高的泡孔密度和小的泡孔尺寸并不容易[220~222]。PLA 的熔体强度低、结晶动力缓慢[226]，使得形成均匀的 PLA 泡沫更加困难。为了获得较高的孔隙率以及均匀的泡孔形态和良好的表面质量，可给 FIM 工艺配备开模（mold opening）（FIM＋MO）和气体反压（GCP）技术。在此过程中，首先对模腔加压，然后注入聚合物/气体混合物以充分填充加压模腔（高压 FIM）。随后，当气体从模腔中释压时，模具在厚度方向上打开一定程度，以达到所需的孔隙率。由于模腔释压和开模造成的压降导致溶解的气体产生过饱和度，从而在整个注射成型样品中均匀地发生气泡成核和生长[218]。Egger 等人采用该工艺制备了孔隙率高达 70％ 的高密度聚乙烯和聚丙烯泡沫塑料[230]。Wong 等人[218] 还示例了如何开模和 GCP 对热塑性聚烯烃泡沫塑料的泡孔结构和表面质量均匀性的贡献。此外，Sporrer 和 Altstadt 还尝试通过优化 FIM 参数，利用开模法制备低密度聚丙烯泡沫塑料，以获得较高的表面质量和良好的力学性能[231]。Ishikawa 等人还对芯-背 FIM 的发泡行为进行了可视化观察[232,233]。

在这一节中，研究了几种以超临界 N_2 为物理发泡剂并使用滑石粉和纳米黏土为添加剂的 PLA 复合材料的注射发泡成型方法。所有这些研究都是在一台螺杆直径为 30mm 的 50t 的 Arburg Allrounder 270/320 C 注塑机（洛斯堡，德国）上进行的，该注射机配有 MuCell 技术（Trexel 公司，沃本，马萨诸塞州）[234～236]。另外，采用化学发泡剂（CBA）对线型和支化 PLA 的注射发泡成型进行了研究，最后对其发泡性能和力学性能进行了比较[237]。

6.1 聚乳酸/滑石粉复合材料的注射发泡

在本节中，试图找出可以在低压结构发泡系统中通过部分填充生产泡孔分布均匀、孔隙率高的 PLA/滑石粉复合泡沫材料的加工温度窗口。研究了滑石粉作为气泡成核剂，对 PLA 泡沫塑料的气泡形态、结构均匀性、结晶行为和力学性能的影响。研究的三种不同的实心和发泡材料体系为：纯 PLA（PLA-A）原料、加工过的纯 PLA（PLA-P）和用 5％ 的滑石粉处理过的 PLA（PLA-T）。这是为了消除混合工艺和添加滑石粉对发泡性能、结晶行为和拉伸性能的耦合影响。本节也进一步研究了注射成型后的退火对实心和发泡样品结晶度和拉伸性能的影响[234]。

为达到上述目标，采用了 Nature Works 公司提供的注射级 PLA，Ingeo 3001D。采用的成核剂为 Luzenac 公司提供的滑石粉 Cimpact CB710，并使用氮气（N_2）作为环保型发泡剂。采用同向啮合双螺杆挤出机将 PLA 与 5％ 的滑石粉（PLA-T）进行混合。为了将混炼工艺和添加滑石粉解耦成单一影响，还对不含滑石粉的纯 PLA（PLA-P）进行了混炼处理[234]。

注射流动速率对压力分布有显著的影响，是一个非常有效的发泡工艺参数，因此研究了四种不同的注射流动速率（$15cm^3/s$、$25cm^3/s$、$50cm^3/s$ 和 $100cm^3/s$）。在选定的加工温度 170℃ 下，选择熔体压力为 17MPa，以确保其比 0.6％的 N_2 注入聚合物熔体中的溶解度压力要高[234]。

6.1.1 滑石粉的混合和添加对泡孔形态的影响

图 6.1 显示了 PLA-A、PLA-P 和 PLA-T 注塑泡沫的典型 SEM 显微照片[234]。照片是从样品中部的侧面拍摄的。图 6.1 中上方的照片显示了一半厚度的横截面。中间和下面的照片分别显示了芯部和过渡区在高倍率下的形态（注射流动速率为 $50cm^3/s$）。总体来看，在样品厚度方向上观察到了三个具有不同形态的区域。分别是表皮层、过渡区和芯部，分别在图 6.1 中被标记为 S、T 和 C。在一定的注射流动速率下，表皮层呈实心无发泡结构，且 PLA-A、PLA-P 和 PLA-T 的厚度基本不变。表皮层的厚度主要受冷却速率的影响。在相同的加工条件下，对这三种材料的模腔压力测量得到的压力分布非常相似。这说明通过混炼加工或加入 5％的滑石粉引起的黏度差不足以改变模腔内的熔体流动模式。因此，冷却速率没有受到显著影响。所以，在相同条件下注射成型的这些材料的冷却速率的差异并不会导致不同的表层厚度。过渡区和芯部都有泡孔结构，但泡孔形态不同。芯部和过渡区的主要区别在于过渡区泡孔伸长的程度要更严重。

图 6.1(a) 和 (b) 表明，用原料生产的 PLA 泡沫与加工后的 PLA 泡沫泡孔形态相似。芯部和过渡区的泡孔都被拉长，但在过渡区的拉伸程度更大。这种相似性说明注射成型前的混炼过程对 PLA 的发泡行为没有显著影响。然而，加入滑石粉后泡孔形态发生了变化。在芯部，泡孔大小和分布都比较均匀且在泡孔生长过程中保持球形。在过渡区观察到了两种类型的泡孔：①非常细小的球状泡孔；②在熔体流动方向被拉长的大泡孔，它们与在纯 PLA 中得到的相似但它们具有更小的长径比 [图 6.1(c)]。相信在没有滑石粉的情况下，PLA 的气泡成核能力差、熔体强度相对较低，再加上熔体在模腔内流动过程中的剪切速率较高，反过来都会影响发泡行为。这导致了泡孔在贯穿样品厚度的两个表皮层之间的熔体流动方向上被高度拉长。有时偶尔也会发生泡孔合并，并产生一些非常长和相对大的泡孔。然而，加入 5％的滑石粉提高了气泡成核的能力和熔体强度。在这种情况下，特别是在剪切作用比过渡区低的芯部，可以产生更多的气泡核并缓慢生长。过渡区的大量泡孔也保持为球形。然而，在这一区域可以观察到一些被高度拉长的泡孔。这种情况可以通过增加滑石粉的含量从而提高熔体的强度而得到进一步的改善。

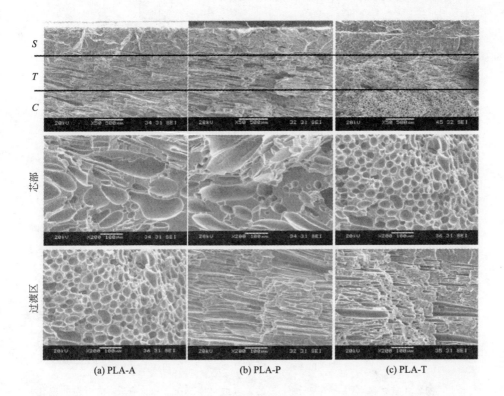

（a）PLA-A　　　　　　　（b）PLA-P　　　　　　　（c）PLA-T

图 6.1　聚乳酸原料（PLA-A）、加工过的聚乳酸（PLA-P）和用 5% 的滑石粉处理
过的聚乳酸（PLA-T）的注射泡沫的典型 SEM 显微照片

　　图 6.2(a) 和 (b) 显示了 PLA-A、PLA-P 和 PLA-T 泡沫的泡孔密度和泡孔
尺寸[234]。在本书中，误差条显示的是 ±1 的标准偏差。总体而言，过渡区的
泡孔密度略高于芯部。造成这种差异的原因之一可能是过渡区的填充和形成早
于芯部。因此，压降越大，产生的气泡核越多。如图 6.2(a) 和 (b) 所示，随着
混炼步骤的增加，泡孔密度和泡孔大小并没有明显变化，就像在整个泡沫结构
中所发生的那样（图 6.1）。然而，添加滑石粉使泡孔密度提高了约一个数量
级且平均泡孔尺寸从约 $100\mu m$ 减少到近 $30\mu m$。而且，如图 6.3 所示，滑石粉
的加入显著改善了泡孔尺寸的均匀性[234]。PLA-A 的泡孔大小范围为 $10\sim$
$250\mu m$，而 PLA-T 泡沫的泡孔尺寸则缩小到 $10\sim70\mu m$。

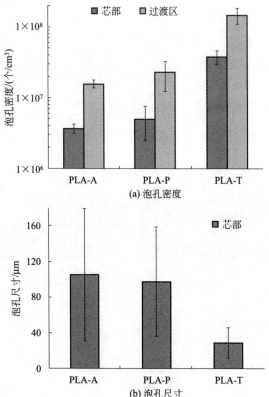

(a) 泡孔密度

(b) 泡孔尺寸

图 6.2　在聚乳酸原料（PLA-A）、加工过的聚乳酸（PLA-P）和含有 5％滑石粉的聚乳酸
（PLA-T）样品中部测量的泡孔密度和泡孔尺寸

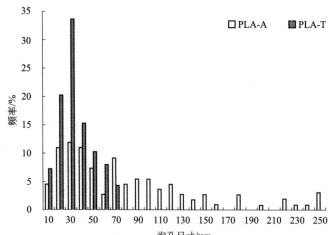

图 6.3　在聚乳酸原料（PLA-A）泡沫和用 5％滑石粉加工过的聚乳酸（PLA-T）
泡沫样品中间测量的泡孔尺寸分布

图 6.4 显示了 PLA-A、PLA-P 和 PLA-T 泡沫中间区域的局部孔隙率[234]。T-测试分析表明，在 95％置信区间内，平均孔隙率值之间的差异不具有统计学意义。我们相信这是因为孔隙率主要由设定的孔隙率和注射工艺参数控制，这些参数对所有泡沫都是相同的。应注意，所测局部孔隙率高于设定孔隙率。如果浇口、流道和注模零件的孔隙率一致，则从模塑零件测量的孔隙率应与设定值相同。然而，注道、流道和浇口的孔隙率却比注塑件本身的孔隙率更低，这在参考文献［222］中也报道过。这肯定是由注道和流道中的压力引起的，该压力远远高于模腔中的压力。因此，注塑件的局部孔隙率高于设定的孔隙率（图 6.4）。

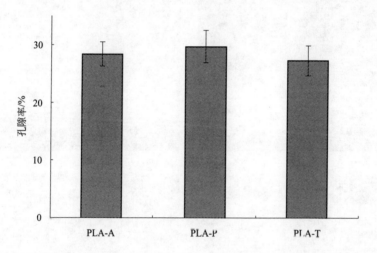

图 6.4　在聚乳酸原料（PLA-A）、加工过的聚乳酸（PLA-P）和用 5％的滑石粉加工的聚乳酸（PLA-T）样品中部测量的局部孔隙率

6.1.2　注射流动速率对泡孔形态的影响

图 6.5 显示了在不同注射流动速率下成型的 PLA-T 泡沫的 SEM 微观图片[234]。随着注射流动速率的增加，泡孔的尺寸和位置分布开始变得更加均匀。此外，如图 6.6 所示，注射流动速率越高，产生的泡孔尺寸越小、泡孔密度越大[234]。将注射流动速率从 $15cm^3/s$ 增加到 $100cm^3/s$，则泡孔平均尺寸会从 (61 ± 20) μm 减少到 (17 ± 11) μm，泡孔密度从 $(5.7\times10^6\pm1.0\times10^6)$ 个/cm^3 增加到 $(1.2\times10^8\pm1.4\times10^7)$ 个/cm^3。注射过程中的熔体冷却和模腔压力可以用来解释注射流动速率效应。熔体冷却的程度随注射流动速

率的变化而变化。在注射过程中，较高的注射流动速率会降低冷却速率，导致熔体黏度降低并提高混合物的流动能力。此外，由于熔体温度较高，在较高的注射流动速率下，气泡成核和生长的时间会更长。而且，模腔内的最大压力也会随着注射流动速率的增加而降低。这将导致注塑过程中的压降速率更大并因此产生更多的气泡核。因此，较高的注射流动速率提供了气泡核在流动性提高了的基体中大量生长的环境。这导致球形泡孔密度更大、尺寸更小，尤其在比过渡区更热的芯部。在样品中间测量的局部孔隙率没有随着注射流动速率的增加而显著改变。

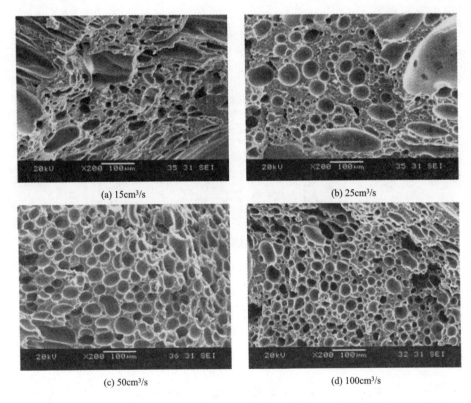

(a) 15cm³/s   (b) 25cm³/s

(c) 50cm³/s   (d) 100cm³/s

图 6.5　不同注射流动速率下经 5% 的滑石粉加工过的 PLA 泡沫的典型 SEM 照片

6.1.3　混炼和添加滑石粉对泡沫均匀性的影响

图 6.7 显示了在三个不同位置的芯部和过渡区的 SEM 微观图片：在以 $50cm^3/s$ 的注射流动速率注入发泡的 PLA-T 泡沫靠近浇口处，以及中部和末

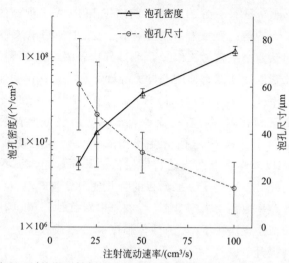

图 6.6　在经 5％的滑石粉加工过的 PLA 泡沫样品中间测量的平均泡孔尺寸
和泡孔密度与注射流动速率的关系

端[234]。由于在注入和填充过程中流动距离较长，在样品末端的芯部和过渡区
的泡孔拉伸更为明显。同样，在浇口附近，由于此处流动距离最短，剪切效应
和泡孔延伸最小。虽然观察到不同位置的泡孔形态有一些差异，但泡孔密度、
局部孔隙率和压力分布的测量显示出结构明显均匀。

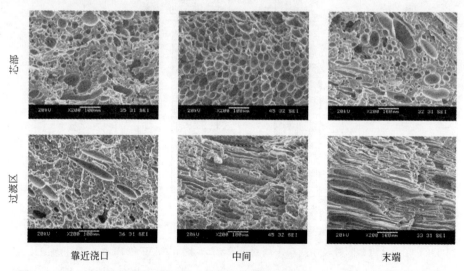

图 6.7　用 5％的滑石粉处理的 PLA 样品（注射流动速率：$50cm^3/s$）在靠近浇口及
中间和末端的芯部和过渡区的典型 SEM 显微照片

图 6.8 和图 6.9 显示了在 PLA-A、PLA-P 和 PLA-T 泡沫的浇口附近以及中间和末端测量到的泡孔密度和孔隙率[234]。在 PLA-T 泡沫中，样品不同位置的泡孔密度和孔隙率值较为相似。T-测试分析表明，在 95％的置信区间内，不同位置的泡孔密度和孔隙率值的差异无统计学意义。这说明在统计学上整个 PLA-T 样品中的泡孔结构是均匀的。然而，对于 PLA-A 和 PLA-P 泡沫，不同位置的泡孔密度和孔隙率存在一定的差异。特别是对于 PLA-P，与浇口附近和中间相比，样品末端的泡孔密度和孔隙率分别相对较低和较高。由于 PLA 熔体强度差以及样品末端流动长度较长的共同作用，那些地方的泡孔生长和拉伸过长。此外，发生了一些严重的合并现象导致气泡很大，从而使得最终密度更低且孔隙率更高。参考文献 ［222］中对其他塑料也有类似的观察结果。添加滑石粉似乎提高了 PLA 的熔体强度和气泡成核能力。因此，泡沫的整体均匀性得到提升。

如前所述，混炼步骤和添加 5％的滑石粉对泡沫试样表皮层厚度的均匀性没有明显影响。

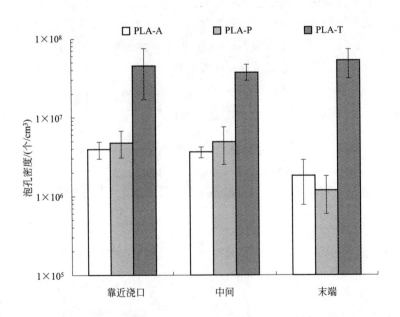

图 6.8　在样品浇口附近及中间和末端测量的 PLA-A、PLA-P 和 PLA-T 泡沫的泡孔密度

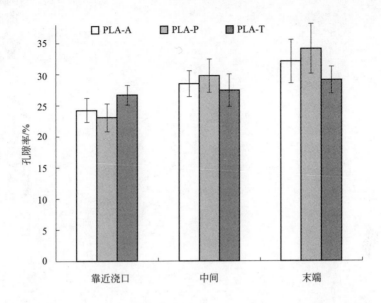

图 6.9　在样品浇口附近及中间和末端测量的 PLA-A、PLA-P 和 PLA-T 泡沫的局部孔隙率

6.1.4　注射流动速率对泡沫均匀性的影响

已有文献报道，注塑泡沫样品的未发泡表层厚度对注射流动速率敏感[238]。图 6.10 显示了在不同注射流动速率下，PLA-T 泡沫的表皮层在浇口附近和中间以及末端的厚度变化[234]。在最低的注射流动速率下，表层厚度明显不均匀，范围在靠近浇口处的 $680\mu m$ 到样品末端的 $410\mu m$ 之间。随着注射流动速率的增加，各部位的表皮层厚度均减小，在靠近浇口的地方比在样品末端减小得更快。表皮层的这一变化趋势导致在最高的注射流动速率下，在整个样品的长度上表皮层的厚度分布十分均匀，大约为 $300\mu m$（如图 6.10 所示）。在较高的注射流动速率下，注入和填充时间较短，因此减小了样品不同位置之间的温差。这为样品不同位置处温度和压力提供了相当一致的条件，并使气泡有机会在厚度更大的模腔内的不同位置成核和生长，并使得所有位置的表层产生一个较小的不泡沫层。这种影响在浇口附近更为明显，此处熔体最先接触到模腔表面并较早凝固。在较低的注射流动速率下，熔体有更多的时间缓慢通过这一区域。这使得表皮层较厚。在较高的注射流动速率下，时间因素被最小化，结果在样品靠近浇口、中间和末端的位置形成了相当均匀的表皮层。

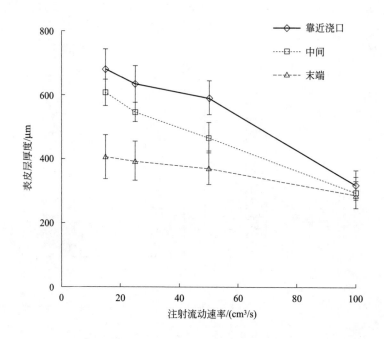

图 6.10 在用 5％滑石粉处理过的 PLA 泡沫样品的浇口附近及中间和末端测量的表皮层厚度随注射流动速率的变化

如图 6.11 所示，当注射流速为 $15cm^3/s$ 时，在靠近样品浇口、中间和末端的位置，泡孔密度相差 4 倍[234]。然而，随着注射流动速率的增加，不同位置处的泡孔间密度值的差异减小，并且当注射流动速率超过 $50cm^3/s$ 时，泡孔间密度值十分相似。为了最终获得均匀的泡孔形态，需要整个样品中气泡均匀的成核。在注射期间，气泡成核受压降大小和通过浇口的压降率控制[217,222]。为了量化这些参数的影响，测量了样品在浇口、中间和末端位置附近的模腔压力。图 6.12 显示了在不同注射流动速率下、相同的位置上的模腔压力最大值[234]。随着注射流动速率的增加，浇口附近的压力明显降低，模腔内的压力分布达到相当均匀的状态。可以注意到，其他工艺参数和模具以及浇口结构保持不变，在高注射流动速率下获得的样品的不同位置处的相似压力值将导致在整个注射周期产生均匀的压降速率。因此，在较高的注射流速下，整个注射周期内由压降和压降速率决定的成核气泡预计将更加均匀[217]。因此，在较高的注射流动速率下，更均匀的气泡成核和生长使得泡沫结构更加均匀。

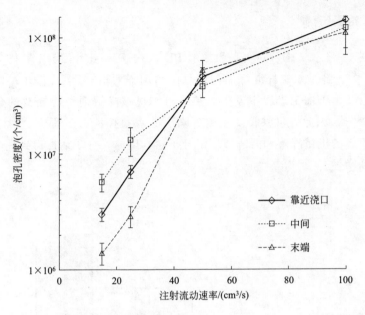

图 6.11　用 5％滑石粉处理过的 PLA 泡沫样品的浇口附近及中间和末端的泡孔密度随注射流动速率的变化

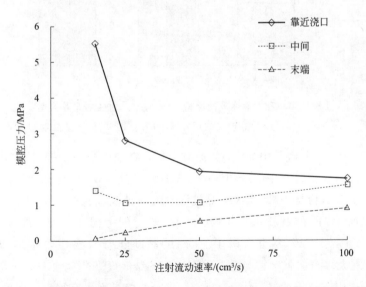

图 6.12　用 5％的滑石粉加工的 PLA 泡沫试样在浇口附近及中间和末端的最大模腔压力随注射流动速率的变化

6.1.5 结晶行为

图 6.13 显示了注射的实心和发泡 PLA-A、PLA-P 和 PLA-T 样品的最终结晶度[234]。经过双螺杆混炼后，结晶度增加了两倍。显示出 PLA 对加工条件敏感以及由于加工过程中发生的热降解和机械降解而可能导致的分子量下降[77,239,240]。因此，可以假设在相对剧烈的双螺杆混合过程中，由于较高的剪应力引起的机械降解和断链降低了分子量。因此，分子活性得到提高了，结晶度得到增强。

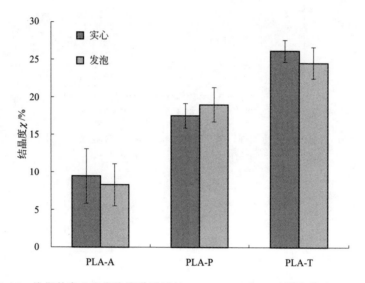

图 6.13　注塑的实心和发泡聚乳酸原料（PLA-A）、加工过的聚乳酸（PLA-P）和用 5％滑石粉处理过的聚乳酸（PLA-T）的最终结晶度

在混合的 PLA 样品中加入 5％的滑石粉，结晶度进一步提高了 50％左右。当考虑到注射成型过程中的冷却速率非常快时，这个值是十分显著的。一些学者已经证实滑石粉是一种 PLA 结晶过程中的强结晶成核剂。例如，Angela 等人发现添加 2％的滑石粉可使 PLA 在 115℃时的等温半结晶时间缩短近 65 倍[241]。Yu 等人的研究也表明 PLA 的结晶度随着滑石粉含量的增加而增加[242]。在大多数文献中，与滑石粉混炼后的结晶度变化完全归因于滑石粉效应。但需要引起重视的是，混炼本身对 PLA 的结晶度也有很大的影响。例如，在本研究中，超过 50％的结晶度增加是仅由混炼作用造成的（图 6.13）。聚合物在注射过程和填充过程中承受了相对较高的剪应力，也可能会通过剪切诱导

结晶度的作用使其结晶度相对较高。还应该指出的是，发泡似乎没有显著影响样品的最终结晶度。在 95％置信区间内，相对应的实心和发泡样品的结晶度值相差不大。

值得注意的是，PLA-T 样品的结晶度越大，就越能通过在发泡过程中进一步增加熔体强度，从而对高泡孔密度和小泡孔尺寸泡沫的形成起到部分促进作用。这一影响的阐述还需要进一步的研究。

表 6.1 列出了退火处理前后实心和发泡 PLA-A、PLA-P 和 PLA-T 样品的结晶度[234]。表 6.1 也给出了样品等温冷结晶的半结晶时间。在所有情况下，退火后的结晶度均增加。文献 [243，244] 中也报道了 PLA 及其混合物具有类似的结果。PLA-A 的最终结晶度略低于 PLA-P。这很可能是由于未加工的纯 PLA 的分子链更长，造成链活性受到更大的限制所致。

表 6.1 退火对实心和发泡聚乳酸原料（PLA-A）、加工过的聚乳酸（PLA-P）
和用 5％滑石粉加工过的聚乳酸（PLA-T）注塑样品的结晶度的影响

	样品	退火前结晶度/％	退火后结晶度/％	半结晶时间/min
实心	PLA-A	9.5	35.2	2.9
	PLA-P	17.5	42.3	1.8
	PLA-T	26.1	41.9	0.9
发泡	PLA-A	8.3	34.4	3.2
	PLA-P	18.9	42.8	1.6
	PLA-T	24.6	40.8	0.8

PLA-P 和 PLA-T 退火后的最终结晶度大致相同。这可归因于它们具有相似的加工历史，即相似的分子结构。如表 6.1 所示，加入滑石粉使半结晶时间缩短，说明它提高了 PLA 的结晶速率。这与注射成型后 PLA-T 样品结晶度较高有关。

6.1.6 力学性能

图 6.14 显示了实心和发泡 PLA-A、PLA-P 和 PLA-T 的应力-应变曲线[234]。无论是实心还是发泡 PLA，在注射成型前进行混合均会使得 PLA 的整体失效行为从相对具有延展性转变为脆性。然而，在混合过程中加入 5％的滑石粉后，其失效行为与 PLA 原料相似，即在实心和发泡两种情况下都具有相当的延展性。

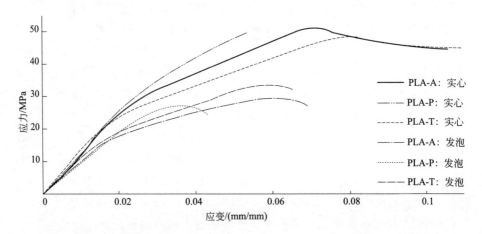

图 6.14　实心和发泡聚乳酸原料（PLA-A）、加工过的聚乳酸（PLA-P）
和用 5％滑石粉加工过的聚乳酸（PLA-T）样品典型的应力-应变曲线

图 6.15(a)和(b)分别显示了实心和发泡 PLA-A、PLA-P 和 PLA-T 样品
的比拉伸强度和模量的变化。总的来说，发泡样品的比强度比相应的实心样品
低 10％～26％。为了评估添加滑石粉的单一作用，比较了 PLA-P 和 PLA-T
两种材料。加入 5％的滑石粉后，发泡试样的强度提高了 15％，因此实心与发
泡 PLA-T 试样的比拉伸强度差值低至 10％。如图 6.15(b) 所示，除了混炼过
的 PLA 比模量略低之外，发泡样品的比模量高于其对应的实心样品的比模量。
混炼工艺使 PLA 原料的比模量降低了 5％左右。添加 5％的滑石粉加工后的
PLA 的比模量比混炼加工过的 PLA 提高 15％，导致发泡后的 PLA-T 样品比
实心 PLA-T 样品的比模量提高了 17％[234]。

图 6.15(c)和(d)显示了 PLA-A、PLA-P 和 PLA-T 的断裂应变和比韧性。
总的来看，与相应的实心对应物相比较，发泡试样的断裂应变和比韧性较低，
最大值分别为 14％和 33％。混炼工艺显著降低了实心和发泡 PLA 样品的断裂
应变和比韧性，分别高达 41％和 49％。然而，添加滑石粉显著改善了加工过
的 PLA 的断裂应变和比韧性。对于发泡样品，加入 5％的滑石粉后，断裂应
变和比韧性分别提高了 60％和 90％左右[234]。

对于 PLA-P，结晶度增加提高了强度和模量，而双螺杆混合过程中的机
械降解却对它们产生了不利的影响。由此可见，这两个因素是相辅相成的，最
终导致其模量和强度基本不变。然而，由于机械降解和结晶度增加，失效行为
从韧性转变为脆性，断裂时的应变明显降低，比韧性降低。

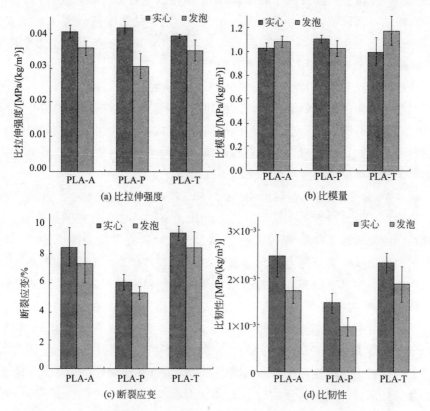

图 6.15　实心和发泡的聚乳酸原料（PLA-A）、加工过的聚乳酸（PLA-P）
和用 5% 的滑石粉加工过的聚乳酸（PLA-T）样品的拉伸性能

对于实心的 PLA-T，虽然加入滑石粉后结晶度有了进一步的提高，但其增韧效果更为明显。因此，链活性得到了提高，导致其强度和模量略低。滑石粉的增韧作用明显改善了断裂应变和比韧性。滑石粉颗粒与基体分子之间的不良结合界面造成的约束下降也可能提高了链的活性。与实心 PLA-T 样品相比，添加滑石粉后，发泡 PLA-T 样品的比强度和模量均有所提高。这些性能的改善归因于 PLA-T 泡沫中具有密度更大、尺寸更小的均匀分布的泡孔，与 PLA-A 和 PLA-P 泡沫中的泡孔不同（图 6.1）。

总之，与实心试样相比，发泡试样的比强度、断裂应变和比韧性平均值较低。这归因于由于注射发泡成型的动态特性而形成的某些大气穴[222,226]。这些气穴可能比实心样品中自然出现的孔隙大得多并可能成为应力集中区，从而降低泡沫的力学性能[226]。这体现在 PLA 原料和混炼加工过的纯 PLA 泡沫塑料的力学性能较差，其发泡性能比 PLA-T 试样差。通过向加工过的 PLA 中加入滑石粉后，泡沫试样的力学性能相比于实心试样得到改善。这与 PLA-T 样品的泡孔形态更均匀有关，它减少了大气穴的数量并进一步改善了力学性能。对于比模量，发泡 PLA-T 样品的值（17％）高于实心样品。

通过对比纯 PLA 和含滑石粉的 PLA 比拉伸性能，发现混炼作用与添加滑石粉对拉伸性能的改善效果并不佳。换句话说，加入滑石粉所取得的改善都被混炼自身的不利影响抵消了。了解混炼的确切作用可以为制定合适的混炼工艺提供参考。例如，制备高含量滑石粉母料，然后通过简单的干混法将滑石粉含量稀释至较低可显著减少混合带来的不理影响。

图 6.16 显示了实心和发泡 PLA-A 和 PLA-T 样品退火前后的比拉伸强度、比模量、断裂应变和比韧性。退火对 PLA-P 试样力学性能的影响与 PLA-A 相似。因此，这里仅给出 PLA-A 结果。退火后所有样品的比拉伸强度和比模量增加的幅度最大分别为 13％和 25％。退火过程提高了 PLA 的结晶度，如表 6.1 所示。结晶度的提高可能会增强聚合物的结构，从而提高其模量和强度。PLA 共混物也有类似的结果[243]。还要指出 PLA-A 和 PLA-P 样品的比拉伸强度和比模量的提高略大于 PLA-T 样品。这是由于退火后 PLA-A 和 PLA-P 样品结晶度比 PLA-T 样品结晶度的提升更大。同时，结晶度的增加使样品的失效行为从韧性转变为相对脆性，断裂应变和比韧性显著降低。断裂应变和比韧性降低的最大值分别约 40％和 25％。

6.1.7 小结

本节进行了 PLA 低压结构模塑发泡及表征。对三种不同的材料体系进行了研究：纯的 PLA 原料、混炼过的纯 PLA 和混合了 5％滑石粉的 PLA。研究了双螺杆混炼和添加滑石粉对注射 PLA 实心和泡沫样品的发泡行为、结构均匀性、结晶行为和力学性能的单独影响。

本研究示例了生产具有较高孔隙率（约 30％）且结构均匀的细孔 PLA 泡沫的工艺和策略。研究发现，混炼过程可使 PLA 的热性能和力学性能发生显著变化。这些变化不仅是由添加剂引起的，也是由加工自身引起的，应仔细考虑这些问题。

添加 5％的滑石粉显著地提高了发泡能力，获得了更大的泡孔密度和更小的泡孔尺寸，并提高了整个样品的结构均匀性。然而，双螺杆混合对发泡行为影响不大。此外，我们还发现注射流动速率是注射发泡成型过程中影响最大的

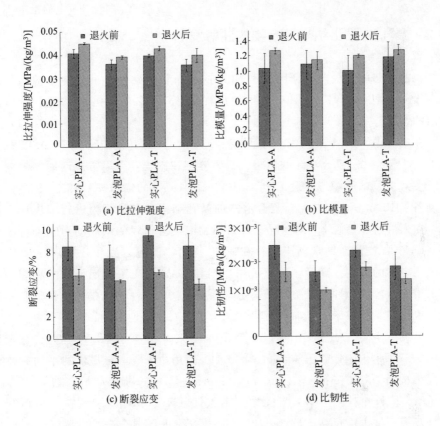

图 6.16　退火对实心和发泡的 PLA-A 及 PLA-T 拉伸性能的影响

工艺参数之一。当注射流动速率增加时，发泡性能和结构均匀性也明显提高。

混炼过程、滑石粉的加入和退火过程均提高了 PLA 的最终结晶度，从而影响了其力学性能。滑石粉也表现出显著的增韧作用。混炼过程对 PLA 样品产生了显著的负面影响并导致样品具有明显的脆性。在实心和发泡加工的 PLA 样品中，这种过程对断裂应变和比韧性的影响更为明显。滑石粉的加入对 PLA 的比模量和强度影响不大。然而，它显著地增加了断裂应变和比韧性，从而提高了实心和发泡处理后 PLA 样品的韧性。由于滑石粉对形成具有均匀细孔的泡沫有影响，故这种韧性的改善在泡沫样品中比在实心样品中更为显著。此外，退火处理使所有实心和发泡样品的破坏行为由韧性转变为脆性，提高了材料的模量和强度，降低了韧性。

6.2 聚乳酸/黏土纳米复合物的注射发泡

在前一节中，提出了利用低压 FIM 技术开发孔隙率为 30％、结构均匀的 PLA 细孔泡沫的策略。因此，为得到孔隙率大于 30％的细孔 PLA 泡沫，应制定新的策略。

在本节中，FIM 工艺配备了开模和 GCP，并对开发 PLA、PLA/滑石粉和 PLA/纳米黏土复合泡沫的策略进行了鉴别和比较。采用常规注射发泡成型（RFIM，30％的孔隙率）及 FIM＋MO（高达 65％的空隙率）和 GCP 两种方法制备了 PLA 复合泡沫。对复合泡沫的微孔结构和结晶行为进行了表征。此外，在未溶解和溶解 N_2 的情况下，对不发泡复合材料的结晶动力学进行了分析。研究了滑石粉/纳米黏土的存在、N_2 压力、发泡行为和开模阶段对 PLA 结晶动力学的影响。随后，研究了添加剂和结晶对 PLA 发泡行为的影响。分别采用三点弯曲和冲击试验以及瞬态平面热源法测试了泡沫的力学性能和热性能，也研究了孔隙率、添加滑石粉和纳米黏土对这些性能的影响[235,236]。

为进行实验，使用了由 NatureWorks 有限责任公司提供的 D-丙交酯含量为 1.4％的商用级线型 PLA Ingeo 3001D。使用由 Luzenac 提供的平均粒径为 1.7μm 的滑石粉 Cimpact CB710 和由 Southern Clay 提供的纳米黏土 Cloisite 30B 作为填料并对比了结果。同样使用氮气（N_2）作物理发泡剂。采用同向啮合双螺杆挤出机对黏土母料和 20％的滑石粉进行混合。然后稀释母料制成 PLA/5％滑石粉和 PLA/5％黏土复合材料。图 6.17 显示了用日立 H-7000 透射电镜拍摄的纳米黏土在注塑的 PLA 中的分散情况图像[235,236]。可见，黏土纳米粒子完全插层并几乎完全剥落。

如引言中提到的，本研究使用了一台 50t 的配有一根直径为 30mm 的螺杆以及配备 Mucell 技术（Trexel 公司，Woburn，马萨诸塞州）的 Arburg Allrounder270/320 C 注塑机（Lossburg，德国）进行实验。对于孔隙率为 30％的样品采用 RFIM 法，而孔隙率较高的样品则采用开模法和 GCP。先在 6MPa 左右的压力下对模腔进行加压，然后将聚合物/气体混合物注入模腔内。通过注射将模腔完全填充，然后通过释放模腔中的气体和开模来诱导发泡。通过不同的开模程度产生不同厚度和不同的孔隙率的泡沫样品[218]。从当前工艺条件下获得的充模与开模之间的最佳延迟时间为 9s。

PLAS-clay 4.tif
PLA/clay
Print Mag：173000×θ 7.0in
4：55：30 p 02/20/13
TEM Mode：Imaging

100nm
HV=75.0kV
Direct Mag：100000×

图 6.17　分散在注塑的 PLA 中的 30B 黏土纳米粒子的 TEM 图像

6.2.1　结晶行为

在冷却速率为 2℃/min 时，研究在不同 N_2 压力和大气压（1bar）下不发泡的纯 PLA 的非等温熔融结晶行为[235,236]。图 6.18 给出了不同压力下 PLA 样品的冷却图、结晶峰和起始温度以及结晶度。虽然由于 N_2 的溶解度相对较低[106]，加压 N_2 的影响远低于二氧化碳[95]，但它仍然会影响 PLA 的结晶行为。由图 6.18 可看到，随着压力从 1bar 逐渐升高到 100bar，结晶峰温度降低约 2℃，结晶度提高约 10%。在第 3 章中，报道了在 100barN$_2$ 的作用下，当冷却速率为 2℃/min 时，D-丙交酯含量为 4.5% 的 PLA 的结晶度没有增加[95]。这种差异可以归因于 N$_2$ 对当前这种具有较快结晶速率的 PLA（1.5% 的 D-丙交酯含量）有较强的增塑作用。

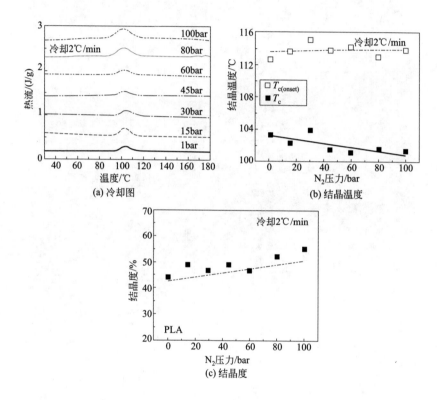

图 6.18　纯 PLA 在不同 N$_2$ 压力下的非等温熔融结晶行为

图 6.19 显示了 PLA 和 PLA 复合样品的冷却图、结晶峰温度和结晶度[235,236]。如前所述，在 10℃/min 的冷却速率下，纯的 PLA 不结晶。然而，在大气压和 100barN$_2$ 压力下，加入滑石粉和纳米黏土均促进了 PLA 的结晶，且结晶峰温度和最终结晶度分别达到 115℃ 和 50%。PLA/滑石粉样品的结晶动力学增强更为显著，因为滑石粉对结晶的作用更有效[190]。例如，在大气压下，PLA/滑石粉的最终结晶度约为 45%，而 PLA/黏土的结晶度仅为 8%。PLA/滑石粉的结晶温度也显著高于 PLA/黏土。据报道，与滑石粉相比，纳

米黏土颗粒尺寸更小、数量更多，提供了大量的晶体成核点。然而，大量的黏土纳米粒子和成核晶体增加了分子缠结并阻碍了晶体的生长，也降低了最终结晶。因此，纳米黏土在促进 PLA 最终结晶度方面的影响比滑石粉小[190]。

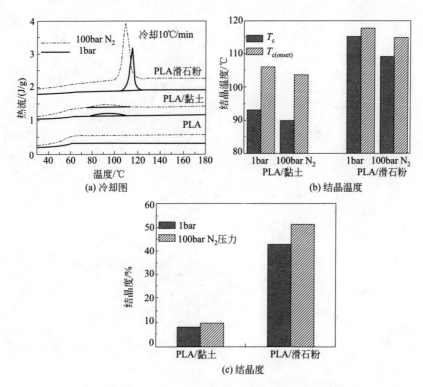

图 6.19　聚乳酸（PLA）、PLA/5％滑石粉和 PLA/5％黏土的
（a）冷却图、（b）结晶温度和（c）结晶度

　　图 6.20 显示了不同冷却速率下的 PLA/5％滑石粉样品的冷却图、结晶峰和起始温度以及最终结晶度。不出所料，冷却速率对结晶温度和结晶度均有显著影响。随着冷却速率从 2℃/min 增加到 50℃/min，结晶峰温度和最终结晶度分别降低了 30℃和 25％。还应注意的是，即使在我们的研究中使用的最高冷却速率（50℃/min）下，PLA/滑石粉样品仍然可以结晶，结晶度最高可达 20％。

6.2.2　发泡行为和泡孔结构

　　图 6.21（a）和（b）显示了 PLA 和孔隙率分别为 30％和 55％的 PLA/滑

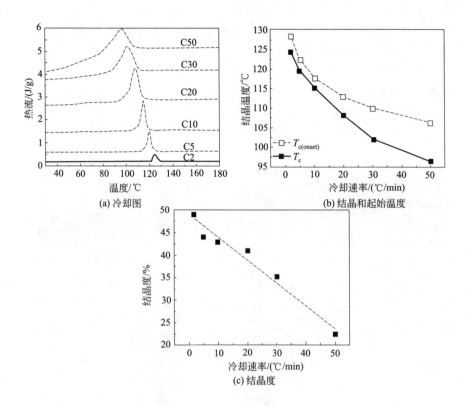

图 6.20　不同冷却速率下聚乳酸/5％滑石粉的冷却图、结晶和起始温度以及结晶度

石粉和 PLA/黏土泡沫的典型 SEM 微观图片[235,236]。图 6.21（a）、（b）样品的最终厚度分别为 3.1mm 和 7.0mm。图 6.21（a）、（b）中较低的一组显微照片以更高的放大倍数显示样品芯部的形态。显微图片显示了熔体流动方向上横截面内的泡孔。比较具有 30％孔隙率［图 6.21（a）］和 55％孔隙率［图 6.21（b）］的纯 PLA 泡沫的泡孔形态，发现孔隙率较低的 PLA 泡孔形态极差，在纵向上大泡孔被严重拉长。在 30％孔隙率的情况下，70％的模腔体积被注射填充，然后通过成核气泡的生长继续膨胀，直到模腔被完全填充。发泡作用迫使材料纵向移动以填满模腔。因此，由于在剪切应力下运动，气泡在纵向上被拉长。然而，具有 55％的孔隙率的 PLA 的发泡机理则不同。先对加压模腔进行全注射随后在厚度方向上开模诱导发泡。因此，正在长大的气泡的移动距离明显缩短，气泡被拉伸的程度也随之降低。总的来说，对于纯 PLA，泡孔严重伸长可归因于其熔体强度低，加重了泡孔恶化效应，更不用说它的成

核能力低了[235,236]。

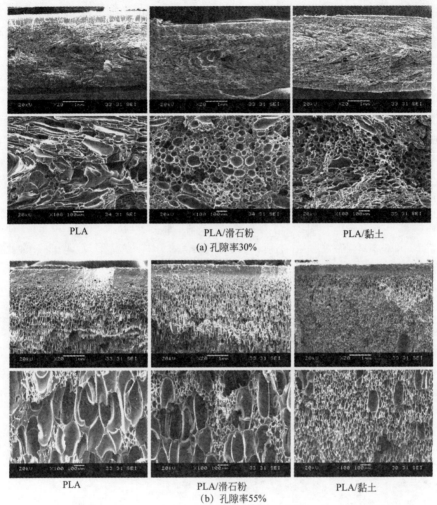

图 6.21　孔隙率分别为 30％和 55％的聚乳酸（PLA）、PLA/滑石粉和 PLA/
黏土泡沫的典型 SEM 微观照片

　　加入 5％的滑石粉改善了 PLA 的泡沫结构，如泡孔尺寸和泡孔密度。具体来说，当孔隙率为 30％时［图 6.21（a）］，PLA 中的滑石粉和由滑石粉颗粒诱导的晶体显著提高了 PLA 的熔体强度[101,190]，因此，气泡更均匀地生长并保持为球形而泡孔的合并也被最小化。然而，在孔隙较高的情况下［图 6.21（b）］，形成了具有两个不同泡孔尺寸范围的双峰泡孔结构；一个在几百微米的范围内，另一个只有几十微米。形成双峰泡孔结构的原因之一可能是在早期成核的气泡生长过程中的第二阶段的气泡成核。PLA 的快速结晶动力学对这一阶段有促进作用。尤其是在滑石粉颗粒存在的情况下，PLA 的结晶十分活跃[190]。在结晶过程中体积缩小，因此在晶体周围产生了拉伸应力。这种拉伸应力有利于气泡成核[51,52,146]。在开模前的延迟时间内，较早成核的气泡还未长大，因此聚合物基体中一定还存在一些气体。当晶体形成时，气体则无法停留在晶体内。因此，高浓度的气体分子聚集在晶体周围，有利于气泡成核[50]。

与其他情况相比，添加 5% 纳米黏土的 PLA 可获得最高的泡孔密度和最小的泡孔尺寸。纳米黏土和可能通过纳米粒子成核的大量晶体[151,196] 在 PLA/气体混合物中充当有效的气泡成核剂并导致了更高的泡孔密度。此外，均匀分布的纳米黏土粒子和与纳米粒子相关的大量小晶体一起增强了熔体的强度并通过减少泡孔合并来维持泡孔密度。图 6.22 显示 PLA/黏土在低频时的储能模量高于 PLA 和 PLA/滑石粉的储能模量，说明黏土纳米粒子的存在提高了 PLA 的熔体强度。在注射后 9s 会发泡的开模情况下（即 55% 的孔隙率），纳米粒子和与之相关的晶体的作用应该更占主导作用。这种延迟促进了熔体的冷却，并为晶体的成核和生长提供了更多的时间。因此，PLA/黏土纳米复合材料中的双峰泡孔结构消失，得到的泡孔形态均匀且只有小尺寸的泡孔（小于 $50\mu m$）。这影响了如图 6.22 所示的力学性能。

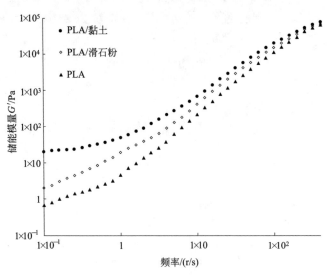

图 6.22　聚乳酸（PLA）和 PLA 纳米复合材料在 180℃时的储存模量随频率的变化

图 6.23 给出了使用 RFIM 和 FIM＋MO 制备的 PLA、PLA/滑石粉和 PLA/黏

土样品的平均泡孔密度和平均泡孔尺寸[235,236]。因此，基于较小的泡孔尺寸和较高的泡孔密度的泡沫质量可以被排序为 PLA/黏土＞PLA/滑石粉＞PLA。在 PLA 中，当孔隙率从 30％增加到 55％时，平均泡孔尺寸从 94μm 增加到 224μm。然而，当使用纳米黏土时，可以通过维持小的泡孔尺寸来增加孔隙率。

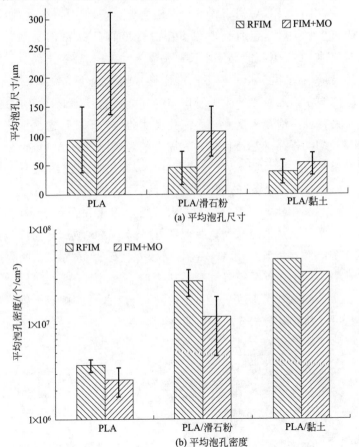

图 6.23　在芯部测量的常规注射发泡（RFIM）和开模注射发泡（FIM＋MO）的聚乳酸（PLA）、PLA/滑石粉和 PLA/黏土泡沫的平均泡孔尺寸和平均泡孔密度
（误差条显示±1 的标准偏差）

在 FIM＋MO 过程中，除了 GCP 下未使用的气体浓度，PLA 在延迟时间内的结晶可能促进开模时发生二次成核。由于结晶导致体积缩小，因此晶体周围产生了有利于气泡成核的拉伸应力[51,52,146]。此外，在开模前的延迟期间，随着晶体的形成，溶解的气体被从结晶区域中排出，在晶体周围产生高浓度的气体，又有利于气泡成核[22,23,151,196]。

还应注意的是，因为在 FIM（挤出发泡也是）过程中，由于气体直接注入其溶解度水平以上的聚合物熔体中不会产生液压压力，故 N_2 的塑化作用对促进 PLA 和 PLA 复合材料的结晶应该更加明显。因此，在注射成型过程中，N_2 的塑化效果应该更加明显，从而进一步促进了 PLA 的结晶。

与纯 PLA 相比，PLA/滑石粉的二次成核更显著。这可能不仅源于滑石粉具有较高的成核能力[207]，而且也源于在滑石粉的存在下 PLA 结晶度提高，且具有相对于纯 PLA 更高的晶体生长速率[190]。就 PLA/黏土而言，在延迟时间内产生的大量小尺寸晶体[190]不仅可能导致熔体强度提高从而限制初始气泡生长，也可能在第二阶段产生大量均匀的气泡成核。因此，在 PLA/黏土样品中获得了具有较高泡孔密度和较小泡孔尺寸的均匀泡孔形态。

在 FIM+MO 样品的过渡区，紧靠固态的表皮层，PLA 和 PLA 复合样品表现出相对相似的形貌。图 6.24 显示了 PLA/黏土在距离样品表面不同距离处的形貌，（a）～（c）显示的分别是距离表层 0.5mm、0.75mm、1mm 的形态[235,236]。与芯部相比，过渡区的泡孔尺寸要小得多，在距离表面不到 1mm 的范围内，获得了亚微米泡孔。这一现象可归因于该区域熔体温度较低。由于 GCP 和满填充导致模腔压力相对较高，所以在延迟时间内，成核的气泡要么塌陷要么无法生长。在打开模具和释放压力时，过渡区的温度明显低于芯部，因此熔体硬度显著提高。所以，过渡区内的气泡生长受到阻碍。同样值得注意的是，泡孔尺寸随着其与表皮层的距离增加而增大（图 6.24），这与从表皮到芯部的温度梯度是一致的。

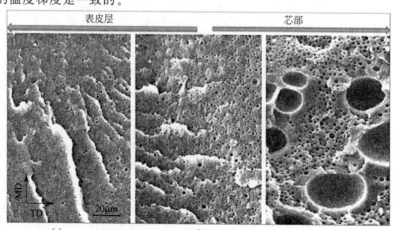

图 6.24　以距样品表面的距离为函数、以开模法制得的聚乳酸/
黏土注射发泡成型泡沫的泡孔形态

图 6.25 显示了使用三种不同方法，即实心注射成型法、RFIM 法和 FIM＋MO 法制成的 PLA、PLA/滑石粉和 PLA/黏土样品的加热过程热图、结晶度和 T_m 值。可以看出，随着滑石粉或黏土的加入，注射成型的实心 PLA 样品的最终结晶度显著提高。然而，与 PLA/滑石粉相比，由于大量晶核和黏土纳米粒子增加了分子之间的缠结[190]，实心 PLA/黏土的结晶度相对较低。总的来说，注射成型过程中的剪切作用极大地促进了 PLA 复合材料甚至纯 PLA 的最终结晶度。

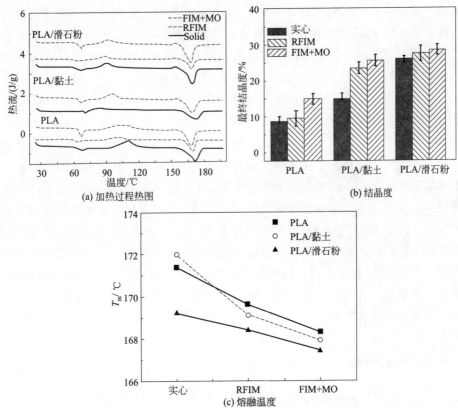

(a) 加热过程热图

(b) 结晶度

(c) 熔融温度

图 6.25　通过实心注射成型、常规注射发泡成型（RFIM）
和开模注射发泡成型（FIM＋MO）得到的聚乳酸、PLA/发泡滑石粉
和 PLA/黏土样品的加热过程热图、结晶度和熔融温度

发泡 PLA 和 PLA 复合材料样品的最终结晶度也高于相应的实心样品。这主要归因于两个因素：①溶解的 N_2 的润滑作用；②由发泡和剪切行为引起的聚合物分子的双向拉伸和有序排列[203]。在 PLA/黏土样品中，发泡对提高结

晶度的作用很大，这很可能是由于黏土粒子的取向所致。由泡孔生长引起的聚合物基体的双向拉伸最终导致了纳米黏土粒子在平面内取向和有序排列[196]。反过来，这也降低了在结晶过程中形成的分子缠结的程度，从而使最终结晶度得到显著提高。另一个可能导致 PLA/黏土样品结晶度提高的因素是成核气泡数量的增加，为纳米粒子提供了更大的可以取向的泡孔壁面积。

更具体地说，FIM＋MO 样品的结晶度高于那些 RFIM 样品，这可能是由于在开模过程中聚合物分子进一步拉伸所致。此外，由于开模引起的拉伸是在 9s 的延迟时间之后发生的，这降低了拉伸时的熔体温度，从而提高了 PLA 的结晶。延迟时间的影响也可能与等温熔融结晶类似。与 PLA 复合材料相比，这种差异在纯 PLA 的情况下更为明显。因为没有结晶成核剂的纯 PLA 的结晶行为很差，因此由开模引起的时间延迟和分子拉伸对晶体成核和生长有着更大的影响。

在所有 PLA、PLA/滑石粉和 PLA/黏土样品中，实心注射成型样品的 T_m 值最高，并随发泡的引入而降低（RFIM）。可以观察到在发泡过程（FIM＋MO）中，开模的应用进一步降低了 T_m。RFIM 样品 T_m 的下降似乎是由于增塑气体的存在使晶体数量增加所致[95]，导致了不完善晶体的形成从而降低了 T_m。通过 FIM＋MO 产生的样品 T_m 进一步下降可归因于通过开模和更多的发泡行为产生的拉伸而形成了额外的不完善晶体。由于开模时间延迟了 9s，所以开模时的熔体温度较低，因此晶体是在模具打开更多之前（即额外发泡）形成的。最终，由于这些晶体的存在，在发泡的第二阶段成核了大量气泡[22,23]。这反过来又通过这些新成核的泡孔的生长形成了更多的局部拉伸。结果，更多的晶体将进一步成核，并将与这些次级成核的气泡一起生长，从而进一步生成不完善的晶体[190]。可以看出，PLA/滑石粉样品的 T_m 值最低。

6.2.3 弯曲性能

图 6.26（a）显示了 PLA、PLA/滑石粉和 PLA/黏土试样的比应力-应变曲线[235,236]。如预期的那样，纯实心 PLA 表现出脆性断裂特征，几乎是在弹性区之后立即发生破坏。添加 5％的滑石粉对 PLA 的脆性影响并不大。然而，加入纳米黏土显著地改变了 PLA 的失效行为，使其从脆性转变为塑性，在线弹性区域之外具有显著的承载能力。滑石粉和纳米黏土对延展性影响的差异源于它们对 PLA 结晶的影响不同。对于相同的的添加剂含量，体积大的滑石粉颗粒的数量要少得多，作为具有较高结晶速率的结晶成核剂，滑石粉能够减少

非常大的晶体的数量[190]。然而，对于纳米黏土的情况，由于黏土粒子尺寸较小，随着晶体生长速率的降低，成核晶体的数量显著增加。因此，尽管 PLA/黏土实心样品的最终结晶度小于 PLA/滑石粉，但其最终的晶体结构具有非常高的晶体密度和很小的尺寸，这种晶体形态促进了 PLA 基体的进一步变形，从而提高了塑性。

图 6.26 (b) ～ (d) 分别描述了 PLA、PLA/滑石粉和 PLA/黏土在不同孔隙率下的比应力-应变曲线[235,236]。具有 30％孔隙率的 RFIM 对 PLA 和 PLA 复合材料的塑性没有明显影响。然而，FIM＋MO 改善了所有实心样品的塑性；孔隙率越高，塑性行为越明显。研究认为 RFIM 样品的过渡区中有沿着纵向被高度拉长的气泡，降低了其塑性。相反，FIM＋MO 样品中的泡孔结构均匀分布，对塑性有积极影响。与实心 PLA/黏土复合材料相似，PLA/黏土泡沫材料的塑性也高于相应的具有相同孔隙率的 PLA 和 PLA/滑石粉泡沫材料。这种行为也可部分归因于 PLA/黏土泡沫中的泡孔形态更均匀，进一步促进了塑性变形。

图 6.27 显示了 PLA、PLA/滑石粉和 PLA/黏土泡沫塑料的比弯曲强度、比模量、断裂应变和弯曲刚度分别随孔隙率的变化[235,236]。总体上，在这种趋势中确定了两个区间：①0＜孔隙率＜55％；②55％＜孔隙率＜65％。在第一个区间，总体上，随着孔隙率的增加，比弯曲强度略有下降。在给定的孔隙率下，PLA/黏土和 PLA/滑石粉样品的比弯曲强度略高于纯 PLA 样品。这可能是由于 PLA/黏土和 PLA/滑石粉样品结晶度提高且泡孔形态的改善所致。

另外，对于 PLA/黏土和 PLA/滑石粉样品的情况，泡沫的比弯曲模量较高。与强度相似，模量的提高肯定归功于结晶度的提高和泡沫形态的改善。

然而，在第二个区间，随着孔隙率的增加，比强度开始急剧下降，这似乎与泡沫的结构有关。为了达到 55％以上的发泡程度，模具打开的程度更大，导致了严重的泡孔合并。因此，在芯部区域形成了巨大的气孔，且所有的性能都急剧下降。因此，存在一个临界孔隙率，超过该值芯部会产生中空结构[245]，并对泡沫的弯曲性能产生不利影响。

在 RFIM 中引入 30％的孔隙率，断裂应变没有显著变化。然而，在 FIM＋MO 的情况下，随着孔隙率增加到 55％，断裂应变开始逐渐增加 ［图 6.27 (c) ］。孔隙率超过 55％时，断裂应变显著增加，这种现象与样品芯部产生了孔洞有关。当中间有孔洞存在时，在弯曲载荷作用下，试样的两侧可以相对移动而没有积累明显的应力，导致在最终失效前造成极大的应变。而且，很明显 PLA/黏土泡沫的断裂应变始终高于 PLA 和 PLA/滑石粉泡沫，说明 PLA/黏

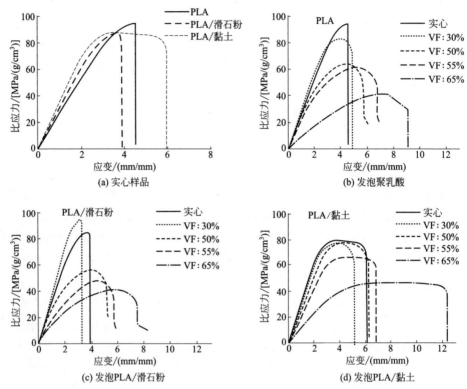

图 6.26　具有不同孔隙率（VF）的实心样品、发泡聚乳酸（PLA）、
发泡 PLA/滑石粉和发泡 PLA/黏土的比应力-应变曲线

土泡沫具有较高的塑性和韧性。如前所述，对于 PLA/黏土，晶体密度较大且晶体尺寸较小，进一步促进了 PLA 的变形，增加了断裂应变。

　　图 6.27（d）给出了 PLA、PLA/滑石粉和 PLA/黏土泡沫的弯曲刚度随孔隙率的变化规律。添加滑石粉和纳米黏土都对泡沫的弯曲刚度有一定的提高作用，其中纳米黏土的作用更大。通过 RFIM 引入 30％的孔隙率，泡沫材料的弯曲刚度略有变化。这是可以预见的，因为实心样品和具有 30％孔隙率的泡沫具有与前面的图表所示的大致相同的厚度和相似的弯曲性能。然而，当利用开模使孔隙率大于 30％时，泡沫材料的弯曲刚度随着孔隙率的增加而显著增加。例如，在孔隙率为 55％时，PLA、PLA/滑石粉和 PLA/黏土泡沫的弯曲刚度都是其实心对应物的四倍以上。但是，当孔隙率在 55％以上、芯部形成大孔洞时，随着孔隙率的增加，弯曲刚度开始下降，就跟泡沫的模量、强度和断裂应变的情况一样。值得注意的是，尽管当孔隙率大于 55％时弯曲刚度

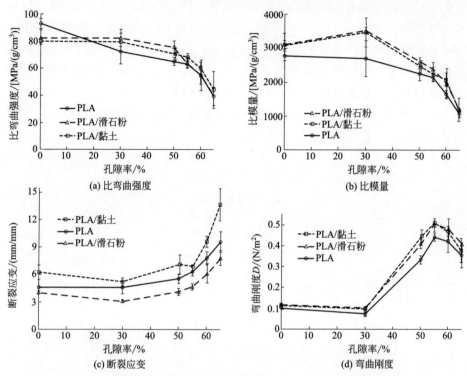

(a) 比弯曲强度　　　　　　(b) 比模量

(c) 断裂应变　　　　　　(d) 弯曲刚度

图 6.27　聚乳酸（PLA）、PLA/滑石粉和 PLA/黏土泡沫样品的比
弯曲强度、比模量、断裂应变和弯曲刚度随孔隙率的变化

减小，但最大孔隙率的样品弯曲刚度仍远大于相应的实心试样的弯曲刚度。

6.2.4　抗冲击性能

图 6.28 显示了实心和发泡 PLA、PLA/滑石粉和 PLA/黏土试样在不同孔隙率下的 Izod 抗冲击性能[235,236]。实心 PLA、PLA/滑石粉和 PLA/黏土的比抗冲击性能比较相似，并且添加 5％的填料对冲击行为没有显著影响。当利用 RFIM 得到 30％的孔隙率时，PLA 和 PLA/滑石粉的比抗冲击性能下降，而 PLA/黏土的比抗冲击性能保持不变。可以观察到，纯 PLA 的抗冲击性能下降幅度最大，究其原因可能是其泡孔形态差，在纵向即垂直于冲击力的方向有被拉长的大泡孔。然而，通过利用开模进一步提高孔隙率（高达 55％），比抗冲击性能有所提高，尤其在 PLA/黏土的情况下。例如，孔隙率为 55％的 PLA/黏土泡沫的比抗冲击性能比实心的 PLA/黏土提高了 15 ％左右。总之，PLA/黏土和 PLA/滑石粉复合材料及其发泡材料具有较高的比抗冲击性能，原因如

下：①加入纳米黏土和滑石粉提高了结晶度。研究发现，结晶度对 PLA 的抗冲击性能有显著影响[67,246,247]。特别是对 PLA/黏土，大量较小尺寸的晶体均匀地分布在基体中，进一步促进了能量吸收，从而增强了结晶度效应；②泡孔形态得到改善，伴随着大量均匀分布的小泡孔[32,247]。而且，采用开模法制备的泡沫材料具有较高的比抗冲击性能，也可以归结为两个因素：①与部分填充的 RFIM 进行对比，通过应用开模和 GCP 获得了更加均匀的泡孔形貌；②通过增加孔隙率提高了抗冲击强度[248]。

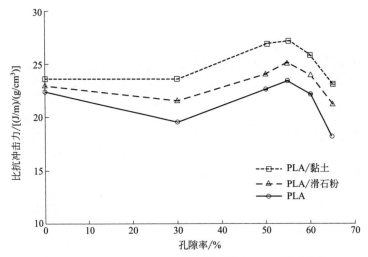

图 6.28 聚乳酸（PLA）、PLA/滑石粉和 PLA/黏土泡沫
的抗冲击性能随孔隙率的变化

6.2.5 导热性能

图 6.29 显示了 PLA、PLA/滑石粉和 PLA/黏土样品的热导率随相对密度的变化规律[235,236]。图中实心线是 $\S=1$ ［下文式(6.1)］的理论电导率，虚线是最小二乘回归线性拟合的实验数据。在实心样品中，添加 5％的滑石粉和纳米黏土后，PLA 的热导率分别仅提高了 6％和 2％，由 T 检验分析可知，在 95％的置信区间内差异不显著。因此，它们对热导率的影响可以忽略不计。总的来说，随着相对密度的降低，热导率如期下降。在 RFIM 的辅助下引入 30％的孔隙率可使注射成型的 PLA、PLA/滑石粉和 PLA/黏土样品的热导率从 0.25W/(m·K)降至 0.15W/(m·K)左右，而通过 FIM＋MO 引入 65％的孔隙率则使其热导率降低到 0.09W/(m·K)左右。

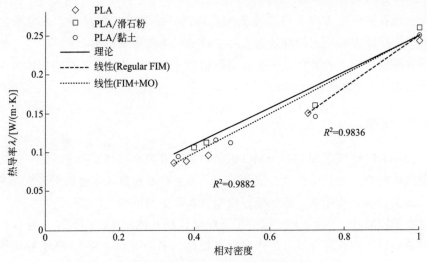

图 6.29　聚乳酸（PLA）、PLA/滑石粉和 PLA/黏土
样品的热导率随相对密度的变化

为了进一步分析通过不同工艺得到的相对密度的影响，建立了一个理论模型。由于泡孔尺寸小于 4～5mm，因此忽略了泡孔内气体运动引起的对流[249]。如果相对密度大于 0.3，则辐射对泡沫塑料热导率的贡献也小于 5%，因此，这里忽略了理论热导率[249]。理论热导率（λ_{theo}）是用模型确定的，该模型考虑了复合基体（即 PLA、PLA/滑石粉或 PLA/黏土）的热导率以及形成气泡的气体为[250]：

$$\lambda_{theo} = \lambda_{gas} V_{gas} + \xi \lambda_{matrix} V_{matrix} \tag{6.1}$$

式中，λ_{gas} 和 λ_{matrix} 分别是空气[0.026W/(m·K)][250] 和复合材料基体的热导率；λ_{matrix} 是测量的不发泡实心样品的热导率；ξ 是弯曲因子，是与泡沫固有的不规则性有关的参数，它表示泡孔结构（如泡孔大小、泡孔密度、泡孔壁厚度和泡孔取向）的影响。$\xi=1$ 降低了式(6.1) 的简单混合规则。图 6.29 还描述了假设 $\xi=1$ 时的热导率与相对密度之间的理论关系。很明显，$\xi=1$ 过高地估计了泡沫样品的导热率。进一步可见，用不同工艺制备的泡沫样品的热导率随相对密度变化的速率是不同的。对用 RFIM 和 FIM＋MO 制作的样品的实验数据点通过式(6.1) 最佳拟合，计算出弯曲因子分别为 0.82 和 0.88。弯曲因子产生差异的原因与用这两种工艺制备的样品具有不同的泡孔结构有关。在 RFIM 样品（相对密度为 0.7）中，泡孔在纵向特别是在表皮层下的过渡区被严重拉长 [图 6.21 (a)]，所以在厚度方向上的尺寸要小得多。相反，在 FIM+MO 样品中，由于开模而使泡孔沿厚度方向拉长 [图 6.21 (b)]，从而使泡孔在厚度方向上的尺寸更大。因此，在 RFIM 样品中，热导率测量方向（即厚度方向）上的有效泡孔尺寸较小，类似于 Knudsen 效应[251]，气体分子在厚度方向上的活性进一步受到限制，从而导致热导率随相对密度减少的速率更大[252]，如图 6.29 所示。

6.2.6 小结

采用 RFIM 工艺和 FIM+MO 工艺制备了孔隙率高达 65% 的 PLA 和 PLA 复合泡沫材料。对其结晶度、泡孔形貌、力学性能和热性能进行了表征，并研究了加工类型、孔隙率、添加滑石粉和纳米黏土的影响。

在 RFIM 中，与 GCP 一起应用开模使得高孔隙率 PLA 和 PLA 复合泡沫的制造得以实现，复合材料的弯曲刚度提高（最高可达 4 倍），比抗冲击性提高（高达 15%）且韧性提高，并提高了隔热性能（高达三倍）。

在 PLA 发泡过程中，添加滑石粉和纳米黏土以及诱导结晶均改善了 PLA 的泡孔形态。纳米黏土的影响作用更强，在孔隙率高达 55% 的情况下，能产生平均泡孔尺寸小于 50 mm 的泡沫。总的来说，与滑石粉不同，添加纳米黏土改善了高孔隙率 PLA 泡沫塑料的弯曲性能，提高了其韧性与抗冲击性能。

研究发现，发泡作用、滑石粉/纳米黏土的存在、加压的 N_2 和开模阶段均影响 PLA 的结晶动力学，与注射成型过程中相对较高的冷却速率不同，所有这些因素使注射成型的 PLA 样品的最终结晶度提高了 3 倍。

添加剂的存在，特别是纳米黏土，通过对 PLA 的结晶度和熔体强度的影响显著改善了 FIM+MO 样品的发泡行为，并促进了在 55% 的孔隙率下均匀分布的小孔（泡孔尺寸小于 $50\mu m$ 且泡孔密度大于 2×10^7 个/cm^3）泡沫的产生，也推出了这种泡孔形态的机制。

研究结果揭示了采用泡沫注塑工艺可以开发出刚性、韧性、抗冲击性能和隔热性能均有明显改善的低密度 PLA 复合泡沫材料，并应用于运输和建筑业。

6.3 线型和支化聚乳酸的注射发泡

本节旨在阐释在注射成型过程中加入纳米黏土作为分散的添加剂时，线型和支化 PLA 是如何发泡的。本研究使用了 CBA，同时也使用了传统的注塑机[237]。研究了不同纳米复合材料的结晶度、泡孔结构和力学性能，并与聚合物分子结构和纳米复合材料结构进行了关联。再次采用了由 NatureWorks 有限责任公司提供的注塑级 PLA 3001D，从 BASF（德国）购买的环氧基扩链剂（CE）Joncryl ADR-4368F。黏土还是由 Southern Clay 公司提供的 Cloisite 30B，被用作气泡/晶体成核剂。活化偶氮甲酰胺（Celogen 754-A）是 CBA，在 160～180℃ 左右的温度分解，每克 CBA 产生 210～220mL 气体（N_2：65％，NH_3：5％，CO：25％，CO_2：5％）[237]。

采用直径为 18mm，L/D 比为 40 的小型同向双螺杆挤出机通过熔融共混制备了纳米复合材料。将纯线型 PLA 与 0.8％ 的 CE 混合，制得长支链（LCB）PLA。采通过母料工艺制备了线型和 LCB PLA 纳米复合材料，得到了黏土含量为 0.25％、0.5％ 和 1％ 的 PLA-黏土纳米复合材料。在全电动注塑机（Sumitomo SE50S）上进行了注射发泡实验。相应地，CBA 浓度和喷射尺寸分别设置为模腔体积的 1.5％ 和 70％。

6.3.1　热分析

图 6.30（a）和（b）分别描述了在 5℃/min 的冷却速率下，线型和 LCB PLA 纳米复合材料的非等温熔融结晶行为。图 6.30（a）显示，纯 PLA 在冷却曲线上显示出一个非常小的放热峰，表明其在冷却过程中的结晶不明显，结晶度为 1％。正如预期的那样，添加纳米黏土颗粒会影响 PLA 的结晶度。因为发生了非均相成核，含 0.25％ 和 0.5％ 黏土的 PLA 的结晶度由 1％ 分别提高到 6％ 和 11％。然而，当黏土浓度进一步提高到 1％ 时，X_c 下降到 3％。这可以表明，分散的黏土在非等温熔融结晶过程中起着双重作用：诱导的晶体成核增加，导致结晶度提高，与链活性的受限形成竞争，这种限制是使链堆叠成晶体结构更困难[190]。图 6.30(b) 示意了不同黏土含量的 LCB　PLA 的熔融结晶行为。在纯 PLA 中引入 LCB 结构会使其结晶度从 1％ 提高到 30％[101]，这已经在第 2 章中讨论过。然而，在 LCB PLA 中加入 0.25％、0.5％ 和 1％ 的黏土后，黏土纳米粒子的结晶度分别降低到 2％、5％ 和 6％。LCB 结构和分散的纳米粒子共存严重阻碍了链活性，导致结晶度降低。

6.3.2　泡沫形态

图 6.31 给出了典型的发泡样品横截面的 SEM 微观图片[237]。图片显示出闭孔结构泡沫由三层组成：两层未发泡（皮）层和发泡（芯）层，皮层厚度为

50~70μm。线型 PLA 纳米复合泡沫的 SEM 微观照片显示其在泡孔结构的芯部形成了大气穴，并且随着纳米黏土含量的增加，气穴的尺寸也随之增大［图 6.31（b）～（d）］。似乎由于线型 PLA 熔体黏度低，熔融混合过程中的机械剪切力不足以将气体很好地分散和分布到基体中以产生均相聚合物-气体混合物。PLA 热降解和由于添加黏土引起的熔体黏度降低[216] 可能进一步降低混合过程中的剪切力，使气体在聚合物中的分散/分布恶化。如后面所讨论的，所产生的泡孔结构的不均匀性极大地影响了其力学性能。

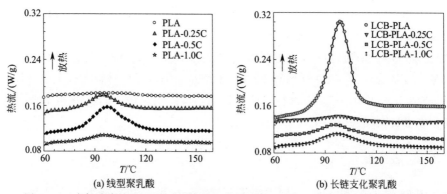

图 6.30　冷却速率为 5℃/min 时线型和长链支化（LCB）聚乳酸纳米复合材料的
非等温熔体结晶热图（为保证图片结果直观，曲线垂直移动）

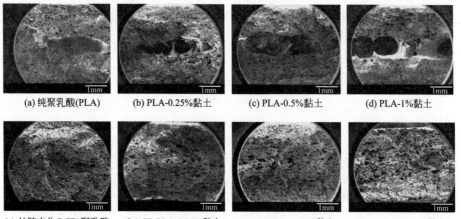

图 6.31　典型发泡样品的结晶表面 SEM 显微照片

　　然而，如图 6.31（e）～（h）所示，与相应的线型 PLA 基体材料相比，LCB PLA 和相应的纳米复合材料具有更均匀的泡孔结构。LCB PLA 的熔体强度提高[253] 和由支化引起的诱导剪切力加快了气体的扩散速率[140]。它有助于均匀的聚合物-气体溶液的产生，从而将形成大的未溶解的气穴的可能性降到最低。

在不同黏土含量下测定的发泡 PLA 和纳米复合材料的相对泡沫密度、平均泡孔尺寸和泡孔密度分别显示在图 6.32 中。研究发现，泡沫性能严重依赖于共混物的组成。纯 PLA 的泡孔结构不均匀，相对密度为 0.83。计算的平均泡孔尺寸和泡孔密度分别为 $68\mu m$ 和 3.2×10^6 个/cm^3。在纯 PLA 中加入 0.25% 的黏土，其相对泡沫密度和泡孔尺寸分别降低到 0.77 和 $40\mu m$，而泡孔密度提高到 11.1×10^6 个/cm^3。如图 6.32（b）和（c）所示，当黏土含量进一步增加到 0.5% 时，泡孔尺寸则从 $40\mu m$ 降到 $35\mu m$，泡孔密度从 11.1×10^6 个/cm^3 增加到 17.2×10^6 个/cm^3，但与含 0.25% 黏土的 PLA 相比，其相对密度略有提高（从 0.77 提高到 0.80）。

黏土存在时泡孔密度的增加是由于分散的硅酸盐层的成核效应所致，从而促进了非均相气泡成核。此外，线型 PLA 纳米复合材料的熔融结晶行为表明，纳米粒子的含量达到 0.5% 后，结晶会开始得更早（较高的温度下）。而且，注塑过程中溶解的气体[95] 和剪切力的塑化作用进一步加快了结晶速度[196]。成核的晶体也能起到成核剂的作用并促进异相气泡成核[22,23,151]。

将 CE 与纯 PLA 混合并由此产生的长链支化显著改善了泡孔结构。相对密度和泡孔尺寸分别由 0.83 降至 0.77 和从 $68\mu m$ 降至 $42\mu m$。同时，与纯 PLA（3.2×10^6 个/cm^3）相比，其泡孔密度增加了 3 倍（9.9×10^6 个/cm^3）。当气体扩散和传质变得更加困难时，由于 LCB PLA 的熔体硬度和结晶度增加（30%），气体的损失量减少，引起更高的体积膨胀和泡沫密度降低。发现泡孔密度与气泡成核速率有关。气泡成核速率由压降和压降速率（$-dP/dt$）控制[59]，而它们又直接受注射速度和聚合物气体混合物黏度的影响[254]。LCB PLA 熔体黏度和熔体强度的提高导致了较大的压降和压降速率，但阻碍了气体向成核气泡的扩散和传质。因此，气体在聚合物溶液中优先成核成新的微孔，而不是扩散到已经形成的泡孔中。此外，LCB PLA 中成核的晶体通过非均相成核增加了成核点的数目，从而导致了泡孔密度的提高。平均泡孔尺寸减小可能是由于熔体强度提高和泡孔密度增加引起的。与线型 PLA 类似，在 LCB PLA 中加入纳米黏土明显改善了泡孔结构，因为形成了较多的潜在成核点。例如，在添加 0.5% 黏土的发泡 LCB 基纳米复合材料中，可得到相对密度为 0.7、泡孔更小（$29\mu m$）且密度更高（31.1×10^6 个/cm^3）的泡孔结构。与含 0.5% 黏土的 LCB 基纳米复合材料相比，含 1% 黏土的 LCB PLA 纳米复合材料的泡孔密度降低（23.8×10^6 个/cm^3），泡孔尺寸增加（$35\mu m$）。

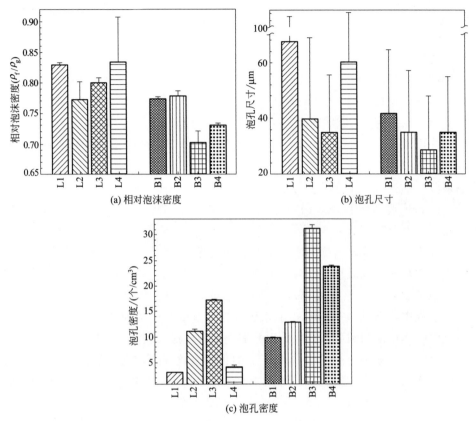

图 6.32　长链支化（LCB）和黏土含量对聚乳酸泡沫
塑料相对泡沫密度、泡孔尺寸和泡孔密度的影响
L1—PLA；L2—PLA-0.25C；L3—PLA-0.5C；L4—PLA-1.0C；B1—LCB PLA；
B2—LCB PLA-0.25C；B3—LCB PLA-0.5C；B4—LCB PLA-1.0C

6.3.3　力学性能

在图 6.33(a) 绘制了不含黏土以及含 0.5% 的 Cloisite 30B 的不发泡和发泡的线型和 LCB PLA 的典型应力应变曲线，并在图 6.33(b) ～ (d) 中分别对其断裂应变、比模量和强度进行了总结[237]。在图 6.33(a) 所示的应力-应变曲线上，PLA 纳米复合材料的韧性明显增强。黏土的加入改善了纳米复合材料的变形行为，见图 6.33(b)，因为它延缓了微孔的聚结和随后裂纹的形成[255]，从而增加了韧性。如图 6.33(b) 所示，LCB PLA 及其相应纳米复合材料的断裂应变低于其线型 PLA 基纳米复合材料。长链支化增加了聚合物结构的缠结密度[256]。因此，进一步阻碍了链在伸长时的滑移[257] 和取向，导致断裂时应变减少。通过考虑不同样品的各自密度可以得到一些特定性质。不发泡的 PLA 具有很高的脆性，断裂应变为 3% 时比模量和拉伸强度很高，分别为 2680MPa 和 48MPa。图 6.33 (c) 和 (d) 的结果表明，与不发泡的纯 PLA 相比，复合材料的杨氏模量有所提高。考虑到硅酸盐层比聚合物基体具有更大的模量 (6.2GPa)，纳米复合材料的模量会随黏土含量的增加而增大。结晶度是影响半结晶聚合物力学性能的另一个因素。含 0、0.25%、0.5% 和 1% 的 Cloisite 30B 的线型 PLA 的结晶度分别为 4%、22%、23% 和 14%。LCB PLA 的比杨氏模量为 2750MPa，略大于线型 PLA 的杨氏模量 (2680 MPa)。含 0、0.25%、0.5% 和 1% 的 Cloisite 30B 的 LCB PLA 的结晶度分别为 18%、9%、11% 和 12%。因此，由于长链支化而增加的结晶度和分子量是导致模量增加的原因。与纯 PLA 相似，在 LCB PLA 中加入黏土可提高杨氏模量。LCB PLA 的拉伸强度几乎不受黏土浓度的影响，与线型 PLA 的拉伸强度相当。

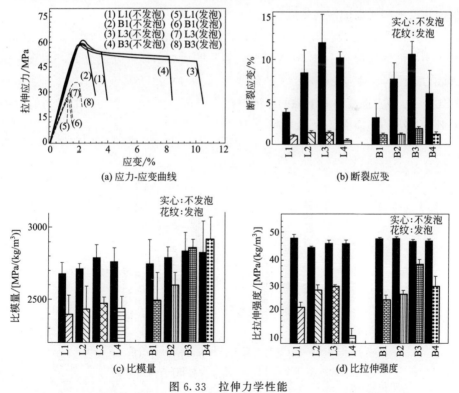

图 6.33　拉伸力学性能

L1—PLA；L2—PLA-0.25C；L3—PLA-0.5C；L4—PLA-1.0C；B1—LCB PLA；

B2—LCB PLA-0.25C；B3—LCB PLA-0.5C；B4—LCB PLA-1.0C

泡沫结构的力学性能受泡孔结构的影响很大。如图 6.33(a)（5 和 7 号曲线）所示，发泡的线型 PLA 基纳米复合材料在达到屈服点之前会出现过早的断裂。这些试样比实心试样具有更低的比性能。根据 SEM 结果，这些试样的芯部区域形成了大的气穴。在这些孔穴附近产生了较高的应力集中，导致拉伸测试中过早失效。与基于线型的 PLA 泡沫相比，观察到在发泡 LCB PLA 体系中，断裂应变、比拉伸模量和强度普遍增加，如图 6.33（b）～（d）所示。这是由于 M_w 增加以及形成了更均匀、更小和更致密的泡孔结构所致，如图 6.31 的 SEM 照片所示。当黏土含量达到 0.5％时，随着黏土含量的增加，LCB/PLA 纳米复合材料的力学性能得到了很大的提高，其中以黏土含量为 0.5％的发泡 LCB PLA 纳米复合材料的力学性能最高。值得注意的是，尽管含 1％黏土的发泡的 LCB PLA 纳米复合材料的比模量高于含 0.5％黏土的材料，但在此样品中出现的更大误差条显示出更大的偏差。这些结果与形态观察结果相一致，即含 0.5％黏土的 LCB PLA 纳米复合材料比其他样品具有更小的泡孔尺寸和更高的泡孔密度。

不发泡和发泡线型和 LCB PLA 体系的比冲击强度结果如图 6.34 所示。对于不发泡的线型和 LCB PLA 试样，得到的比冲击强度分别为 17.5kJ/m² 和 16.8kJ/m²。不发泡 LCB PLA 的结晶度（18％）高于其线型 PLA（4％）是 LCB PLA 冲击强度略有下降的原因。冲击强度一般与聚合物链的运动能力和对外加应力的响应有关[257]。

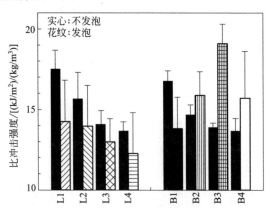

图 6.34　不发泡（固体）和发泡结构（图示化）
的线型和支化 PLA 纳米复合材料的冲击强度

L1—PLA；L2—PLA-0.25C；L3—PLA-0.5C；L4—PLA-1.0C；B1—LCB PLA；

B2—LCB PLA-0.25C；B3—LCB PLA-0.5C；B4—LCB PLA-1.0C

　　图 6.34 清楚地揭示了发泡样品的比冲击强度明显受其孔状结构的影响。发泡的线型 PLA 纳米复合材料的比冲击强度低于其不发泡的复合材料，在黏土的作用方面也表现出类似的趋势。在芯部观察到的大气穴可能成为作为裂纹的发源地，从而显著地降低了抗冲击性能。然而，在发泡的 LCB PLA 纳米复合材料中，添加黏土使其比冲击强度提高，并且比不发泡的材料冲击强度更高。这种提高在含有 0.5% Cloisite 30B 的 LCB PLA 情况下更为明显，其比冲击强度从 13.9 kJ/m^2 提高到 19.1 kJ/m^2（37%）。这种增强很可能是泡孔形态改善的结果，大量均匀分布的小泡孔增强了能量吸收[234~236]。

6.3.4　小结

　　形态学观察和量化结果表明，通过黏土纳米增强的 LCB PLA 形成了更均匀、更细小和更致密的泡孔结构。此外，发现在 LCB PLA 中，0.5% 的黏土是获得具有较高泡孔密度的均匀形态的最佳含量，超过该添加量之后，泡孔密度降低。发泡试样的力学性能受泡孔结构的显著影响，当黏土含量为 0.5% 时，力学性能有了明显提高。

第 7 章

PLA 珠粒泡沫的生产—— 一种新型的发泡技术

● 章节概览 ●

摘 要

珠粒泡沫制造技术是广泛应用于生产具有三维复杂几何形状的低密度泡沫的又一泡沫加工技术路线。本章讨论了一种通过开发具有双结晶熔融峰（更具体地说就是在饱和时产生高熔融温度晶体）的泡沫来制备聚乳酸（PLA）珠粒泡沫的新型制造技术，通过影响 PLA 珠粒泡沫的成核和生长行为，得到具有高膨胀率的微孔珠粒泡沫。在发泡/冷却过程中产生的低熔融峰晶体进一步影响了 PLA 的发泡行为。在此背景下，PLA-CO_2 混合物结晶机理的变化可能会深刻影响 PLA 的发泡行为。进一步利用蒸汽模塑成型验证了发泡珠粒之间的烧结行为。

关键词：珠粒泡沫；结晶；双结晶熔融峰；聚乳酸；蒸汽模塑成型

虽然目前已有少数公司可生产发泡聚乳酸（EPLA）珠粒泡沫，但是制造最终三维泡沫产品所需的珠粒烧结仍然是一个严峻的挑战[258~263]。目前，EP-LA 珠粒泡沫的制造成本很高，而且珠粒之间的烧结很脆弱，这与发泡聚苯乙烯（EPS）的情况一样。因此，在珠粒之间的黏结使用了昂贵且不可生物降解的黏合剂或涂层。尽管 EPLA 珠粒泡沫很有前景，但它们的珠粒之间的烧结能力较弱，黏合剂/涂层的成本高，以及它们的环境缺陷已成为它们在工业和商业应用中推广的严重障碍[261~263]。在本章中，开发了一种新技术，消除了环境挑战和与珠粒烧结相关的昂贵实践。通过使用在烧结阶段（即成型）熔化的具有低温熔融峰的晶体，在 EPLA 珠粒泡沫中形成双结晶熔融峰。这使得珠粒发生黏结而高熔融温度的晶体保持了珠粒的完整性。该概念已用于现有的发泡聚丙烯（EPP）珠粒发泡技术中[264~267]，但尚未用于其他材料，尤其是还没用在基础聚合物结晶度非常低的 EPLA 珠粒泡沫。具体地说，具有高熔融温度的晶体是在珠粒间歇发泡工艺中的等温饱和步骤期间[264~266] 通过晶体完善[268,269] 形成的。在蒸汽模塑过程（也就是用来生产三维泡沫产品的过程）中，当蒸汽的温度介于高熔融峰和低熔融峰之间时，珠粒之间发生烧结。因此，低熔融温度的晶体将熔化并有助于良好的珠粒烧结，而高熔融温度的晶体将保持不熔化并将保持整体的泡孔结构和珠粒泡沫的形状[264,266]。尽管这种双晶体熔融峰技术不能应用于无定形泡沫如 EPS，但聚乳酸（PLA）拥有获得这种结构的潜力，尽管其结晶非常缓慢。为了在 PLA 泡沫中制造双峰晶体特性，其制造步骤将有别于现有的 PLA 发泡技术[258~263]。

促进 PLA 结晶不仅有可能提供产生双结晶熔融峰结构的潜能，而且能显著提高 PLA 产品的发泡性能。具体来说，在饱和阶段形成的晶体（即具有高熔融温度的晶体）可以显著影响 PLA 珠粒泡沫的气泡成核和膨胀。根据非均相气泡成核理论，气泡成核可以通过形成的晶体周围的局部应力变化[49,146] 得到促进[49]。另一方面，通过晶体连接的分子提高了 PLA 的低熔体强度，从而通过最小化气体损失和气泡合并来提高 PLA 的膨胀能力[151,196]。还必须注意的是，非常高的结晶度也会由于刚度增加而降低泡沫的膨胀率[58]。

本章首先用小型发泡反应釜研究了具有双结晶熔融峰的 PLA 珠粒的发泡机理，随后采用了一台较大的实验室规模的珠粒发泡釜，通过蒸汽模塑成型示范了发泡行为以验证珠粒之间的烧结[22,23,270]。在这些研究中选择了结晶动力相当高的支化 PLA[101,147]。这种支化 PLA 是由线型 PLA（Ingeo 8051D，NatureWorks LLC）与 0.7％的环氧基多功能扩链剂（BASF Joncryl ADR 4368C）通过熔融挤出而制成的。为了进一步的发泡实验，还直接从 NatureWorks 公司获得了这种含 0.5％滑石粉（Mistron Vapor-R 级，Luzenac 美国）、含 0.5％滑石粉和润滑剂（专用材料）的支化 PLA。这些支化样品分别被称为 PLA、PLA-T 和 PLA-TL。还提供了 CO_2 作为发泡剂。

随后，制备了具有双结晶熔融峰的 EPLA 珠粒泡沫。然后，对 EPLA 珠粒泡沫进行了表征，研究了珠粒泡沫的性质与在 CO_2 饱和过程中产生的高熔融温度晶体和在发泡过程的冷却过程中形成的低熔融温度晶体的关系。还研究了各种 CO_2 压力、饱和温度和时间对具有高熔融温度晶体的结晶动力学的影响，并对由此产生的 PLA 珠粒的泡沫性能进行了研究。此外，本章还介绍了一种制备纳米孔泡沫的新方法。

7.1 聚乳酸的珠粒发泡机理

在这一部分中，用能够制备单珠泡沫的间歇发泡釜示范了产生具有双结晶熔融峰结构 PLA 珠粒的发泡机理[22]。它揭示了饱和温度和饱和压力是如何影响双结晶熔融峰的产生从而对 PLA 的发泡行为产生影响的。不同的 CO_2 压力显著影响了在等温饱和过程中产生的高熔融温度晶体的结晶动力学。在高饱和压力下，会产生大量小尺寸的完善晶体[76,95,147,171,190] 并显著促进其周围的非均相气泡成核[50,211,271]。而且，产生的这些完善晶体之间的网络使得气泡生长并形成更加均匀的形态。相反，在较低的饱和压力下，形成了数量较少的大尺寸的完善晶体[76,95,147,171,190]，它们周围的非均相气泡成核各自减少，PLA 泡沫形态的均匀性受到阻碍。

　　图 7.1 (a) 为珠粒发泡过程中双结晶熔融峰产生的步骤的示意图，也就是，在等温饱和步骤中具有高熔融温度的晶体的演变，以及随后在冷却/发泡过程中具有低熔融温度的晶体的演变。图 7.1 (b) 为差示扫描量热仪 (DSC) 模拟实验的过程和实际的珠粒发泡过程：①通过等温退火/饱和产生具有高熔融温度的晶体；②通过冷却/发泡产生具有低熔融温度的晶体；③对样品中生成的峰进行表征[22]。应该注意的是，第一阶段的气体压力很高，用来模拟气体饱和过程，压力在第二阶段降低，用来模拟发泡过程。第三阶段是研究在PLA 珠粒泡沫中形成的双峰晶体。下一节中详细描述了此操作。

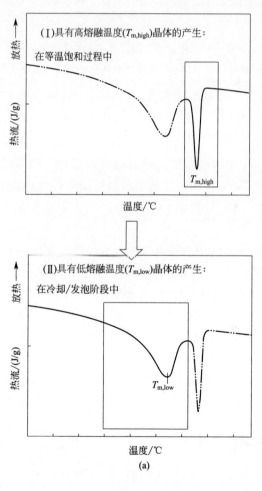

图 7.1

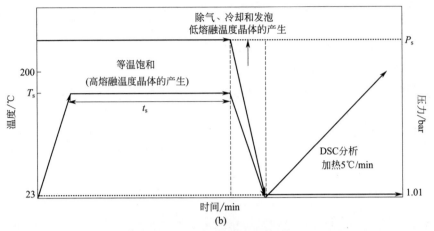

图 7.1 （a）形成双峰晶体（即熔融温度高的晶体和熔融温度低的晶体）
和（b）在差示扫描量热仪（DSC）中形成双峰晶体所用的实际实验过程的示意图

采用 DSC 研究了不同退火温度（T_a）和退火时间（t_a）对 PLA 试样中双结晶熔融峰的演变规律。以 30℃/min 的速率将 PLA 样品加热至不同 T_a（在 PLA 的 T_m 附近）[269] 并等温退火不同的 t_a。然后将样品以 20 ℃/min 的速度冷却至室温，在此期间形成低熔融温度的晶体。随后以 5℃/min 的速率将样品重新加热到 200℃，用来分析双结晶熔融峰行为。此外，利用高压差示扫描量热仪（HP-DSC）分析了 CO_2（6MPa 时）对生成的双结晶熔融峰的塑化作用[95,269]。

PLA 珠粒泡沫是在一个小型发泡高压釜中通过气体和超临界 CO_2 饱和塑料颗粒制备的。把样品放入高压釜并被抽真空以除去水分之后，利用 Teledyne ISCO 高压注射泵通过 CO_2 对其加压。然后将样品加热到不同的退火温度并饱和 60 min。经 CO_2 饱和后，通过打开球阀迅速释放压力。然后在水浴中冷却高压釜并收集 PLA 珠粒泡沫。图 7.2 显示了我们使用的珠粒发泡高压釜的示意图。

为了得到不同的珠粒泡沫泡孔形态和膨胀比，应用了三种不同的 CO_2 饱和压力：3MPa 和 6MPa（气态 CO_2）和 17.2 MPa（超临界 CO_2）。

7.1.1 双结晶熔融峰表征

图 7.3 显示了在不同温度下，经过 60min 等温退火后获得的 PLA 样品的加热图[22]。表 7.1 还给出了产生的高、低熔融峰（$T_{m,high}$ 和 $T_{m,low}$），以及退

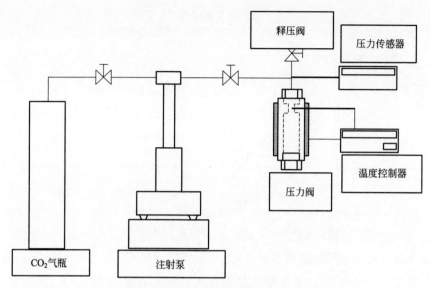

图 7.2　珠粒发泡高压釜装置示意图

火后样品的总结晶度、低熔融温度峰的结晶度和高熔融温度峰的结晶度[22]。

在 140℃和 145℃的 T_a 下，大部分 PLA 样品的原有晶体在退火过程中仍然保持不熔化，因为 T_a 仍低于 PLA 的熔融温度（T_m）。然而，由于退火过程中发生的晶体完善，退火后这些晶体的熔融峰开始向更高的温度（高于 T_m）偏移[268,269]。

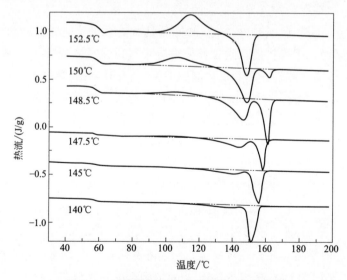

图 7.3　双晶熔融峰随退火温度变化的演变

表 7.1　在不同温度下退火的聚乳酸样品的熔融温度和结晶度

$T_a/℃$	$T_{m,low}$	$T_{m,high}$	总结晶度/%	低熔融温度(低 T_m)峰的结晶度/%	高熔融温度(高 T_m)峰的结晶度/%
140.0	138.8±0.5	151.2±0.4	28.8±0.4	2.3±0.6	26.5±0.4
145.0	141.6±0.1	156.2±0.5	29.2±0.5	4.4±0.3	24.8±0.6
147.5	144.6±0.1	158.2±0.1	29.4±0.3	8.2±0.3	21.2±0.3
148.5	146.5±0.4	160.9±0.4	30.1±0.4	12.0±0.4	18.1±0.4
150.0	148.5±0.2	162.2±0.3	15.3±0.5	10.7±0.5	4.6±0.4

在 145℃ 以上退火的 PLA 样品中，一部分原有的晶体开始熔融，一部分剩余的晶体在退火过程中成为晶体完善的主体。因此，与早先的低 T_a 的情况相比，产生了一个更小的面积（由于高熔融温度的晶体）。然而，产生的高熔融温度峰出现在较高的温度下。这是由于在更高的 T_a 下分子活性增加且分子回弹更容易以形成更紧密堆叠的晶体结构（即更好的完善)[269]。相比之下，在高温下退火的样品因为低熔融温度的晶体在低温下显示一个更大的峰。这是因为在冷却和冷结晶过程中，可用于结晶的熔体数量增加。我们需要指出的是，表 7.1 中的结晶度值不包括冷结晶。

图 7.4 显示了当 t_a 变化时，退火的 PLA 样品在 148.5℃ 下的结晶行为[22]。当样品冷却时，在不允许任何退火（$t_a = 0$ min）的情况下，在稍高的温度（155.5℃）下出现了一个代表具有更紧密堆叠结构的未熔化晶体的小峰。主要的晶体都是在冷却过程中形成的，并以原始熔融峰的形式出现。

退火时间较长（10～300min）的样品具有更多的完善晶体（即具有高熔融温度的晶体），因为扩散时间较长使得分子可以重排。因此，样品的总结晶度也得到了提高。此外，随着退火时间的延长，晶体的完善度进一步提高并且高熔融温度峰（$T_{m,high}$）在较高温度下形成。这可以给珠粒泡沫在蒸汽模塑成型过程中提供更宽的加工温度范围。我们还应注意，经过较长的退火时间后，由于在冷却过程中能够结晶的可用熔体量减少，因此 PLA 样品中的低熔融温度峰面积较小。

图 7.5 显示了在 6MPa 的 CO_2 压力下，当饱和温度（T_s）变化，而退火时间固定为 60min 时，PLA 样品中产生的双结晶熔融峰[22]。与大气压相比（图 7.3），当施加 CO_2 压力时，双峰结构在 T_s 的较低范围内产生。这是由于溶解的 CO_2 的塑化作用，它将所需的 T_s 范围降低了几乎 8～10℃[269]。我们还证实了在相同的 CO_2 压力下，PLA 的熔融温度几乎低于其原始 T_m[95]。

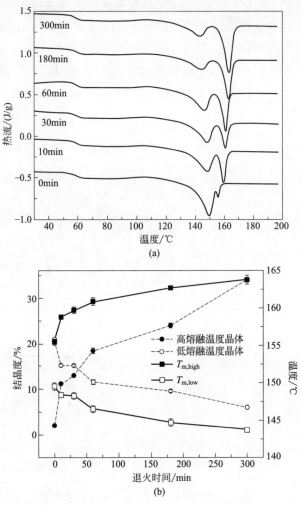

图 7.4　(a) 双结晶熔融峰随着不同退火时间的演变和（b）
在 148.5℃ 的固定退火温度下退火的聚乳酸样品中产生的较低和较高
的晶体熔融峰以及较低和较高熔融温度峰的结晶度

7.1.2　具有双结晶熔融峰的聚乳酸珠粒泡沫

在本节中，对在 3MPa、6MPa 和 17.2MPa 的 CO_2 饱和压力下获得的
PLA 珠粒泡沫进行了表征。在这些饱和压力下，产生双结晶熔融峰的饱和温
度范围分别在 145～155℃、135～145℃、110～120℃ 之间。所需 T_s 范围的下
降速率与压力增加的变化规律与 HP-DSC 结果基本一致。珠粒泡沫的结果显

示，在 3MPa CO_2 压力下饱和的 PLA 样品不能发泡。在接下来的部分中，我们研究了 PLA 珠粒泡沫的结晶行为以及在 3MPa 下饱和的未发泡样品。随后分析了珠粒泡沫的性能。

图 7.6 显示了在 5℃/min 的加热速率下记录的 PLA 珠粒的 DSC 加热图[22]。图 7.7 还显示了产生的高熔融温度峰（$T_{m,high}$）、总结晶度和高熔融温度峰的结晶度[22]。

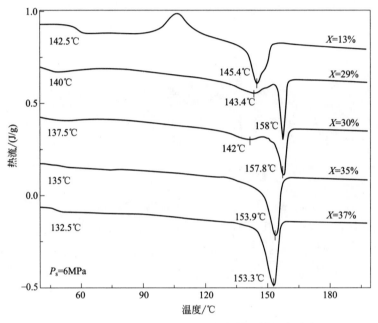

图 7.5　在 6MPa CO_2 压力下研究的双结晶熔融峰

如图 7.6 所示，在给定的饱和压力下，在选定的饱和温度范围内，在 PLA 珠粒中形成了双结晶熔融峰[22]。在所有三种施加压力下，在低饱和温度下饱和后，大多数泡沫的总结晶度由具有高熔融温度的晶体形成。然而，在较高饱和温度下制备的样品中，高熔融温度的晶体数量减少。因此，总结晶度降低且主要受低熔融温度峰（冷却和发泡期间形成的）的结晶度控制。尽管具有较高熔融温度的晶体数量减少，但在较高温度下出现了高熔融温度峰值（即 $T_{m,high}$）。正如前面所讨论的，这是由于当使用较高的饱和温度时，PLA 分子的活性提高且晶体完善得更好。

此外，PLA 珠粒中产生的高熔融温度晶体受饱和压力的影响。当施加较低的饱和压力时，产生的高熔融温度峰出现在较高的温度且峰较窄。然而，随

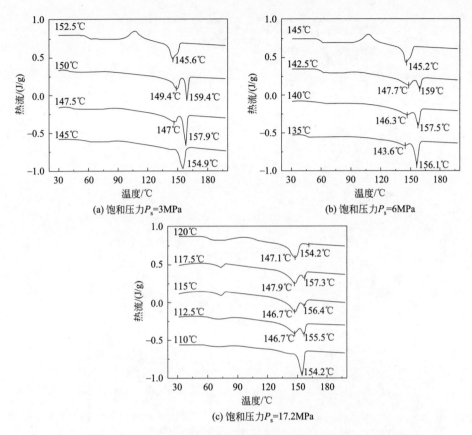

图 7.6　在不同饱和条件下获得的聚乳酸珠粒泡沫样品的差示扫描量热图

着饱和压力的增加，产生的高熔融温度峰变宽并出现在相对较低的温度下。这可能表明，在低饱和压力下，PLA 珠粒中形成了更大的晶体和/或更完善的晶体。而且，所得珠粒具有较高的高熔融温度结晶度部分且较高的总结晶度。相比之下，随着饱和压力的增加（即溶解的 CO_2 含量的增加），与那些在较低压力下饱和时形成的晶体相比，产生的具有较高熔融温度的晶体可能是以更小的尺寸且更低的完善度形成的。在第 3 章中，我们证明了在较低的 CO_2 压力（即较低的 CO_2 溶解量）下，更容易形成较大的完善晶体，这也增加了最终结晶度。另一方面，在 PLA 中，增加的 CO_2 压力加速了晶体的成核率。因此，大量成核的晶体增加了 PLA 的分子缠结，从而降低了晶体的完善度并阻碍了它们的生长。似乎溶解的 CO_2 对在饱和过程中产生的具有高熔融温度的晶体结晶动力学的影响与第 3 章所示的影响有相似的趋势。

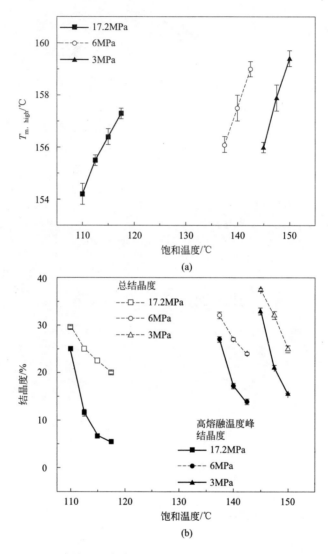

图 7.7　高熔融温度峰（$T_{m,high}$）和不同饱和压力和温度下
的聚乳酸珠粒样品的总结晶度和高熔融温度峰结晶度

　　图 7.8 和图 7.9 分别显示了在施加不同饱和压力和温度后得到的 PLA 珠粒泡沫的膨胀率和泡孔形态。在 6MPa 和 17.2MPa 的 CO_2 下饱和后，随着饱和温度的升高，分别得到膨胀率为 3～25 倍和 3～30 倍的珠粒泡沫。观察到相应的平均气泡尺寸也分别在 500nm～500μm、700nm～15μm 之间。如图所示，在较低的饱和温度下，也可以获得膨胀率约为三倍的纳米泡孔珠粒泡沫。这很

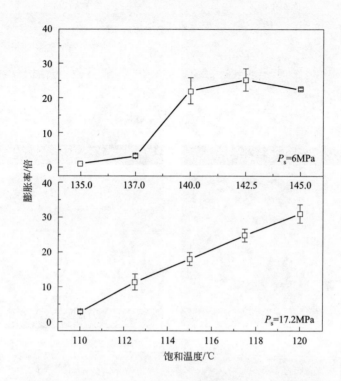

图 7.8　不同压力和温度下饱和的聚乳酸珠粒泡沫的膨胀率

有可能是由于在 CO_2 饱和过程中形成的大量完善晶体（即具有高熔融温度的晶体）周围发生的非均相气泡成核现象增强。如图 7.7（b）所示，在 6MPa 和 17.2MPa 下饱和后，在相应的最低饱和温度下，在 CO_2 饱和期间，诱导了 25.27％的高熔融温度晶体的结晶度。尽管膨胀率仅有三倍，但这些诱导的大量晶体促进了气泡成核向着纳米气泡结构的方向发展。因此，先不管双结晶熔融峰珠粒发泡的目的，该生产路线也为生产纳米泡沫，如超绝缘材料，提供了一条新的方法[30]。

在 6MPa 和 17.2MPa 的 CO_2 压力下饱和后，随着饱和温度的升高，PLA 珠粒泡沫的膨胀率分别提高到 25 倍和 30 倍。这是由于 PLA 基体的硬度降低，从而促进了气泡生长。换句话说，随着饱和温度的升高，高熔融温度晶体的数量开始从 25.27％左右下降到 15％以下。由于 PLA 基体中的高熔融温度结晶度降低，尽管非均相气泡成核率降低因而泡孔密度也降低，但发泡过程中的气泡生长得到了促进。

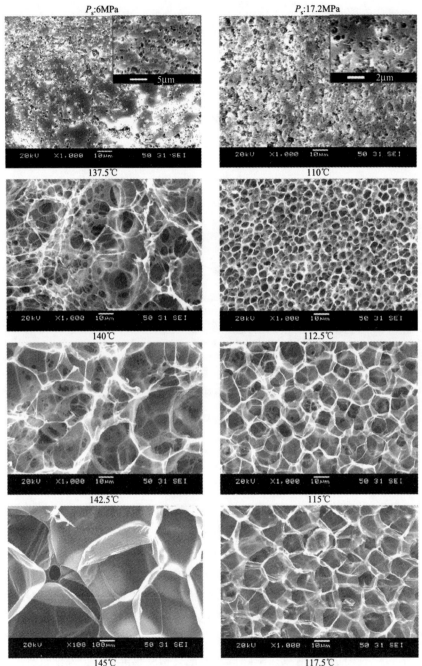

图 7.9　在 6MPa 和 17.2MPa 的 CO_2 压力和不同饱和温度下
饱和 60 min 的聚乳酸珠粒泡沫扫描电子显微镜图像

还应注意的是，由于在非常高的饱和温度下绝对不存在具有高熔融温度的晶体，因此 PLA 的熔体强度将显著降低，这将加快发泡过程中的气体损失并抑制膨胀率[58]。在 6MPa CO_2 压力下，在 145℃饱和后的 PLA 发泡样品中可以看到高饱和温度下的膨胀-塌陷趋势。如图 7.6 所示，在给定条件下的饱和过程中，根本没有形成熔融温度高的晶体。

此外，图 7.8 显示，当施加的饱和压力从 6MPa 提高到 17.2MPa 时，珠粒泡沫的膨胀率提高。在 17.2MPa 的饱和压力下，溶解在 PLA 中的 CO_2 含量增加，显著提高了 PLA 的膨胀能力。Li 等人[106] 和 Mahmood 等人[135] 证明，当暴露在 6MPa 和 17.2MPa 的 CO_2 压力下时，CO_2 在 180℃的 PLA 中的溶解度分别约为 4.5% 和 13%。还应指出，在珠粒发泡的饱和过程中，当饱和温度变化时[126] 和当结晶发生时[169]，CO_2 在 PLA 中的溶解度会变得更加复杂。随着温度的降低，CO_2 在聚合物中的溶解度通常会增加。另一方面，随着结晶的发生，CO_2 在聚合物中的溶解度应该降低，因为它很难溶解在晶体结构中。如前一节所述，在较低的饱和压力下，在饱和阶段最有可能形成较少数量的更紧密堆叠的大尺寸晶体，而且高熔融温度的结晶度将进一步增加。因此，由于存在较大的晶区和较高的高熔融温度峰结晶度，较低的饱和压力下，在 PLA 中的 CO_2 的溶解度比较高的饱和压力下下降得更多。

如图 7.9 所示，在 6MPa 和 17.2MPa 下饱和后，获得的泡孔密度随饱和温度的升高而降低。根据 DSC 分析，在 137.5℃（6MPa）和 110℃（17.2MPa）下饱和后，在饱和过程中分别诱导了 27% 和 25% 的高熔融温度结晶度。大量诱导的结晶度通过晶体周围的局部应力变化显著地促进了非均相气泡的成核速率[76]。然而，由于 PLA 基体的硬度因为高熔化温度下形成的晶体而增加，气泡生长受到明显阻碍。另外，当在高温下饱和时，高熔融温度晶体的数量减少，这有助于气泡的生长。但高熔融温度晶体的减少降低了非均相气泡成核的密度，因为非均相气泡成核点减少。

总的来说，扫描电子显微镜（SEM）图像表明，在 17.2MPa 的饱和压力下，随着饱和温度从 110℃升高到 117.5℃，获得了平均泡孔尺寸为 $700nm \sim 15\mu m$、闭孔率更高的非常均匀的泡孔形态。然而，在 6MPa 的饱和压力下，随着饱和温度从 137.5℃变化到 142.5℃，得到的是不均匀的、开孔率更多的结构。在 145℃下，获得了平均尺寸为 500 mm 的均匀的闭孔结构。图 7.10 总结了 PLA 珠粒泡沫的泡孔尺寸是如何受高熔融温度结晶度的影响的[22]。

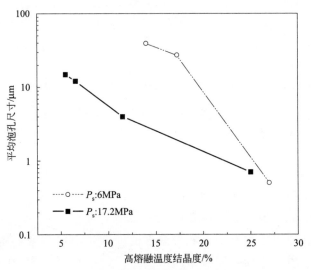

图 7.10　不同压力下饱和的聚乳酸珠粒泡沫的泡孔
尺寸变化与高熔融温度结晶度的关系

在较高的 CO_2 压力 17.2MPa（T_s 在 112.5～117.5℃之间）下饱和后，增加的泡孔密度和更均匀的闭孔结构可以通过两种机制来解释。第一，在 17.2MPa 的饱和压力下，PLA 中溶解的 CO_2 含量的增加肯定是通过增加热力学不稳定性促进了气泡成核率[59]。第二，在较高压力下饱和时，饱和过程中诱导的具有高熔融温度的晶体最有可能是通过更多的晶核体现的[76,95,147,171,90]。大量的小尺寸成核晶体可以显著促进晶体周围的非均相气泡成核。此外，通过这些成核晶体连接的 PLA 分子肯定提高了 PLA 的熔体强度以及闭孔率更高的泡孔形态。

相比之下，在较低的饱和压力 6MPa（T_s 在 140～145℃之间）下，具有较高熔融温度的晶体很有可能是由尺寸相对较大的有限数量的晶体诱导而得的[76,95,147,171,190]。因此，晶体周围的非均相气泡核数量减少，而大尺寸的紧密堆叠的晶体可能抑制了气泡形态的均匀性。因此，观察到更高的开孔率。这可以通过由 Lee 等人证明的硬-软链段泡孔开放机制来解释[272]。在该机制中，在硬区（即大尺寸紧密堆叠晶体）之间存在着大的软区（即无定形结构）。可以在气泡生长过程中引起泡孔开放和不均匀性。图 7.11 给出了这个假设机制的示意图[22]。在不同的饱和压力下，它解释了高熔融温度晶体的不同的结晶动力学是如何影响泡孔形态的。在饱和过程中，晶体尺寸受不同的 CO_2 压力的影响。高熔融温度的晶体分别在高和低 CO_2 饱和压力下形成，具有大量的小尺寸晶体和少量的大尺寸晶体。

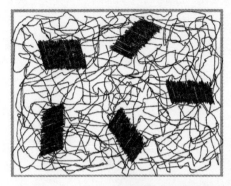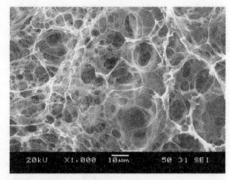

(a) 低饱和压力(140℃)假设机制示意图及所得泡沫形态

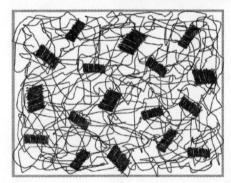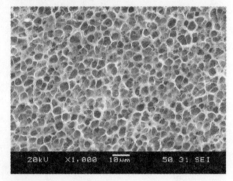

(b) 高饱和压力(112.5℃)假设机制示意图及所得泡沫形态

图 7.11　假设机制示意图

　　冷却过程中形成的低熔融温度晶体也会影响泡孔形态。添加少量滑石粉（0.5%）和润滑剂加快了 PLA 的结晶速度。这一变化影响了冷却过程中 PLA 低熔融温度峰的结晶速率。这反过来又影响了泡沫的性能和形态。本节对 PLA、PLA-T 和 PLA-TL 珠粒泡沫进行了表征。饱和压力固定为 17.2MPa，饱和温度在 110～120℃范围内。饱和时间为 60min。

　　图 7.12 显示了 PLA、PLA-T 和 PLA-TL 珠粒泡沫的 DSC 图[22]。样品的双峰形成显示出非常相似的趋势，只有轻微的差异。在 PLA 中加入滑石粉和润滑剂对形成高熔融温度峰晶体没有明显的影响。然而，由于含滑石粉和润滑剂的 PLA 样品的结晶速度较快，在冷却过程中（同时发生发泡时）低熔融温度峰的形成应有所不同。

　　图 7.13 显示了 PLA 珠粒泡沫的总结晶度和高熔融温度峰的结晶度，以及

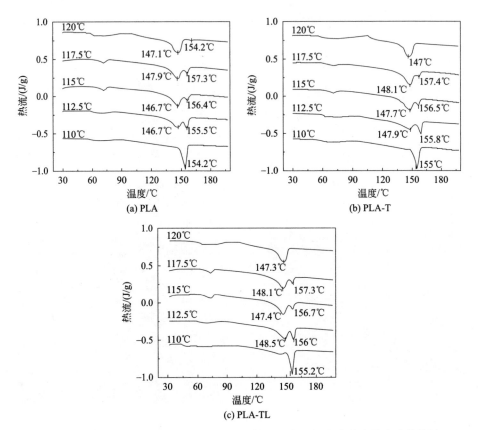

图 7.12　用差示扫描量热仪加热具有不同结晶动力学的聚乳酸珠粒泡沫的热图

它们在不同温度下饱和后的膨胀率[22]。正如我们在引言中所概述的，在冷却过程中，当发生发泡时，低熔融温度峰在饱和阶段之后形成。在 PLA 样品中，在冷却过程中，冷却时低熔融温度峰的结晶肯定是按如下顺序发生得更快：PLA-TL＞PLA-T＞PLA[175,273]。冷却过程中结晶较快还可以抑制泡沫膨胀，这是因为 PLA 基体的硬度在样品膨胀时增加[151]。如图 7.13(b) 所示，随着饱和温度的升高，所有样品的膨胀率均增大。这是由于在高熔融温度下晶体数量减少所致。然而，PLA、PLA-T 和 PLA-TL 的最大膨胀率分别是 30 倍、20倍和 18 倍。尽管在冷却过程中 PLA-TL 和 PLA-T 的结晶速度更快，但所有样品中报告的总结晶似乎都有着相同的顺序。这可以通过相应样品的不同膨胀率来解释。虽然在冷却过程中纯 PLA 的结晶速率应该较慢，但其较高的膨胀率也可以通过应变诱导结晶对泡沫的总结晶度作出贡献[151]。

图 7.14 显示了在 110℃、112.5℃ 和 115℃ 温度下饱和的 PLA、PLA-T 和

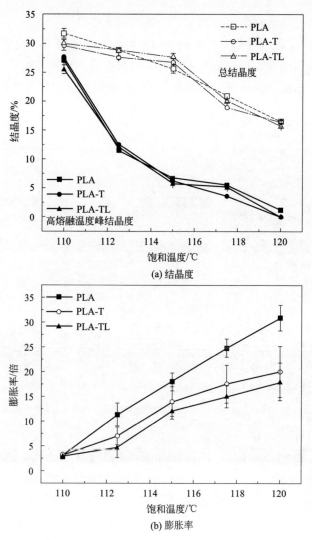

(a) 结晶度

(b) 膨胀率

图 7.13　在 17.2MPa 下饱和 60min 的珠粒泡沫的总结晶
度和高熔融温度峰结晶度和膨胀率

PLA-TL 珠粒泡沫的泡孔形态[22]。图 7.15 还显示了 PLA 珠粒泡沫的泡孔尺寸变化与高熔融温度峰结晶度的关系[22]。在所有 110℃下的 PLA 样品中，饱和时诱导的过高的结晶度显著提高了非均相气泡成核率并抑制了气泡的生长。在 PLA、PLA-T 和 PLA-TL 珠粒泡沫中诱导的完善晶体的数量范围在 20％～25％之间，平均泡孔尺寸分别为 700mm、400mm 和 350nm。这些样品的膨胀率都在三倍左右。这再次表明，通过该珠粒发泡方法可以制备出纳米孔 PLA 泡沫，同时通过优化材料组成和工艺条件控制泡孔尺寸。

在 112.5℃，似乎 PLA-T 和 PLA-TL 的气泡生长没有在纯 PLA 中那样均匀，并且可以看到实心区域的网络结构。如前所述，这很可能是由于这些样品在冷却过程中结晶更快，进一步增加了 PLA 珠粒泡沫在气泡生长和膨胀过程中的硬度。

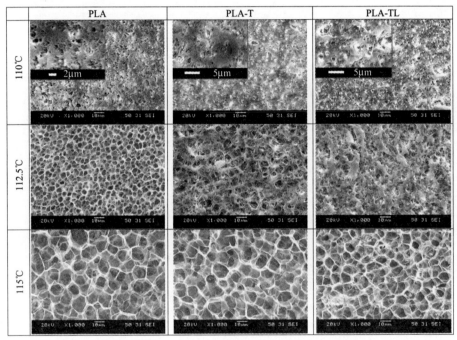

图 7.14　在 17.2MPa CO_2 压力和各种饱和温度下饱和
的聚乳酸珠粒泡沫的扫描电子显微镜图像

最终，在 115℃时，所有的 PLA 样品中的泡孔均匀性都得到了改善，这是因为在较高的饱和温度下，熔融温度较高的晶体数量的减少降低了 PLA 基体的硬度，而在冷却过程中，PLA-T 和 PLA-TL 中更快的结晶不能限制气泡的生长和膨胀。还应注意的是，滑石粉的存在不仅有助于提高结晶动力，而且有助于改善发泡期间的气泡成核[76]。

7.1.3　小结

研制了具有双结晶熔融峰结构的 PLA 珠粒泡沫。采用 DSC 和 HP-DSC 研

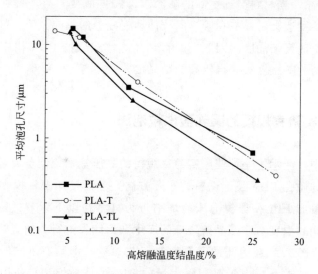

图 7.15　在 17.2MPa 下饱和的聚乳酸珠粒泡沫
的泡孔尺寸变化与高熔融温度峰结晶度的关系

究了 PLA 双峰生成的机理。然后，研制出膨胀率为 3～30 倍，平均泡孔尺寸范围为 350nm～15μm，具有双结晶熔融峰结构的 PLA 珠粒泡沫。

还用较低的饱和温度制备了膨胀率为三倍的纳米 PLA 珠粒泡沫。这一开发是由 CO_2 饱和时产生的大量完善晶体开始的，这些晶体显著改善了非均相气泡成核同时阻碍了气泡生长。另一方面，随着饱和温度的升高，珠粒泡沫具有更高的膨胀率。事实上，高熔融温度晶体的减少有助于珠粒泡沫的膨胀。换言之，由于高熔融温度峰结晶度降低（即气泡成核点减少），泡孔密度降低。

此外，随着饱和压力的增加，发泡珠粒的泡孔密度和膨胀率也随之提高。这是通过增加热力学不稳定性来实现的。然而，不同的 CO_2 压力也会影响气体饱和时形成的高熔融温度晶体的结晶动力学。在高的气体饱和压力下，产生了大量小尺寸的完善晶核，这些晶核可以显著促进非均相气泡成核形成。此外，通过这些晶核连接的 PLA 分子开始具有很高的熔体强度。因此，泡孔形态变得更加均匀、闭孔率提高。相反，在较低的饱和压力下，大尺寸晶体周围的非均相气泡成核点点减少，PLA 泡沫结构的均匀性降低。因此，我们观察到一个具有较高开孔率的泡孔形态。

冷却过程中的快速结晶动力学也由于 PLA 基体的硬度增加阻碍了 PLA-T 和 PLA-TL 发泡珠粒的膨胀。另一方面，对于冷却/发泡过程中结晶速度较慢的纯 PLA 样品，当材料受到更高的膨胀（即拉伸应变）时，最终结晶度可能会得到提高。发泡会诱导泡孔壁双向拉伸和支柱上的单向拉伸。这两种应变都进一步提高了最终结晶度。因此，固有结晶速率较低的 PLA 树脂也可以通过发泡（即较高的膨胀度）获得较高的结晶度。

7.2　生产实验室规模的聚乳酸珠粒泡沫

在本节中，演示了一种使用实验室规模的高压釜系统制备大量具有双结晶熔融峰结构的微孔 PLA 发泡珠粒的实际方法，然后使用蒸汽模塑成型进一步演示了所制备的 EPLA 珠粒泡沫的烧结行为（将在以下章节讨论）[23,270]。研究了饱和时间和温度对双结晶熔融峰的产生和后续发泡行为的影响。还研究了不同条件下 EPLA 珠粒泡沫的闭孔率与工艺参数（即具有不同峰比的双结晶熔融峰结构）的关系。由于要制备大量的 EPLA 珠粒泡沫，使用水①作为等温饱和过程中的混合介质②在高压釜中均匀分配热量，从而对如何在珠粒发泡过程中使 PLA 水解最小化的方法进行了评估。

图 7.16 显示了容积为 1.2L 的实验室规模的高压釜系统的示意图[23,274]。用水作为混合介质，以将热量和溶解的气体均匀地分配给颗粒，同时避免颗粒团聚。可以在水中添加很多添加剂，以防止珠粒的团聚[274]，但由于 PLA 对水解很敏感，因此还将 20mL 的硅油作为表面活性剂添加到悬浮介质中，以防止团聚并延迟 PLA 的水解。这是因为使用的非极性疏水表面活性剂可以覆盖颗粒的表面，并显著最小化水和颗粒之间的相互作用。

随后，在密封反应釜后，将 5.5MPa（即 800psi）的 CO_2 压力施加到反应釜中，以使气体浸润到 PLA 颗粒中。然后将反应釜加热至设定的饱和温度 (T_s) 并平衡一定时间，在此期间发生浸润并形成高熔融温度晶体。发现生成双结晶熔融峰所需的 T_s 范围在 120～126℃之间。所选的饱和时间 (t_s) 为 15min、30min 和 60min。此加工步骤在后续章节中将被称为退火/气体饱和阶段。

在下一步中，通过打开切断阀来实现泄压，饱和的塑料颗粒、水、硅油和发泡剂从高压釜中排放到装满冷水的容器中。一旦饱和颗粒从反应釜中卸载则由于热力学不稳定性发生发泡。由于绝热膨胀效应[275]，随着泡沫结构的发展发生冷却。此加工步骤将在后续章节中称为发泡/冷却阶段。然后用热水清洗

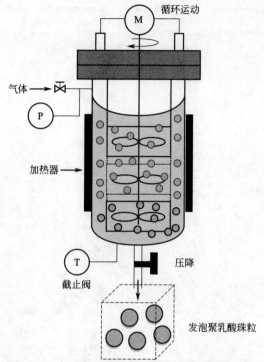

循环运动

气体 →

加热器 →

压降

截止阀

发泡聚乳酸珠粒

图 7.16　实验室规模的高压釜珠粒发泡室示意图

珠粒泡沫样品以用于随后的蒸汽模塑阶段。

　　图 7.17 比较了在不同的 T_s 和 t_s 以及 5.5MPa（P_s）的 CO_2 压力下获得的 EPLA 珠粒泡沫的图像[23]。在低于和高于选定的饱和温度时，所得的 PLA 样品要么是未发泡的要么是熔融的。在 126℃下饱和 30min 和 60min 后获得的样品也被熔融了。

7.2.1　发泡聚乳酸珠粒泡沫的结晶行为

　　图 7.18 显示了 EPLA 珠粒泡沫的 DSC 图[23]。图 7.19 还显示了结晶度和所产生的高熔融温度峰的结晶度，以及每种条件下的 $T_{m,low}$ 和 $T_{m,high}$[23]。在低饱和温度下，在退火和气体饱和阶段会产生大量的高熔融温度晶体。这是因为现存的未熔融的晶体在饱和过程中受到晶体完善和演化（即晶体重新排列成具有更紧密堆叠的结构）的影响，因此产生了一个在温度比上一节所述的PLA 原始熔融温度更高的新的晶体熔融峰。随着 T_s 的增加，高熔融温度晶体的数量减少，这也引起了总结晶度降低。这是因为在退火和气体饱和阶段，现

图 7.17　在不同饱和条件下获得的发泡聚乳酸珠粒泡沫
（每袋仅包含来自每批产品的少量发泡珠粒）

有的晶体更多地被熔融，更少的晶体被完善形成高熔融温度晶体。这与上一节的讨论是一致的。然而，在较高温度下出现了 $T_{m,high}$，这是由于 PLA 分子活性的增加促进了分子重排和收缩从而形成了更完善的晶体。换句话说，在较高的 T_s（约 124℃）下饱和后，在发泡和冷却阶段形成的 $T_{m,low}$ 开始变得更加清晰。这是因为存在更多的可用熔体，在同时发生发泡的冷却过程中可能会结晶。在此背景下，在 124℃ 的 T_s 处可以观察到产生了两个不同的峰，这更类似于用于 EPP 珠粒发泡的双结晶熔融峰[269,274]。

　　换句话说，提高 T_s 增加了诱导的高熔融温度峰的完善晶体的数量。增加的高熔融温度峰结晶度也提高了珠粒泡沫的总结晶度。随着完善晶体数量的增加，$T_{m,high}$ 也随之增加，因为较长时间的饱和度提供了进一步的分子扩散，从而形成更高完善度的晶体。换句话说，在 124℃ 饱和的珠粒泡沫中更清楚地看

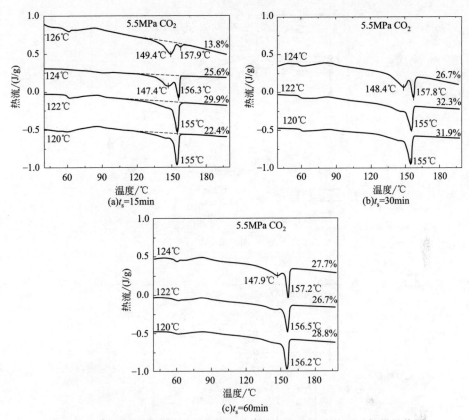

图 7.18 在不同饱和条件下获得的聚乳酸珠粒发泡泡沫的差示扫描量热图

到，随着饱和时间的增加，低熔融温度的晶体数量减少。换言之，由于完善晶体（即具有高熔融温度的晶体）数量的增加，在发泡和冷却阶段，可用于结晶的熔体较少，因此只有少量具有低熔融温度峰的晶体可以形成。

7.2.2 发泡聚乳酸珠粒泡沫的分子量变化

如前所述，在退火和气体饱和阶段，水被用作混合介质，在避免团聚的同时将热量和气体均匀分配到塑料颗粒中。然而，水解可以打断 PLA 的分子链。在没有硅油的情况下进行的实验中，所有饱和的 PLA 颗粒都团聚在一起，颜色发生了严重的变化，变成了深棕色。这是由于 PLA 颗粒严重水解/降解，随后发生了团聚。然而，我们观察到添加体积分数 2% 的硅油作为表面活性剂显著推迟了水解，并且确实在没有团聚和颜色没有显著变化的情况下获得了珠粒泡沫。但是，在退火和气体饱和阶段肯定有水解的机会，因此珠粒泡沫样品的

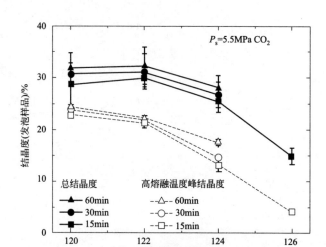

(a)

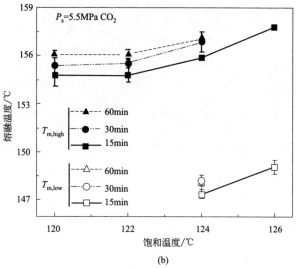

(b)

图 7.19　聚乳酸珠粒发泡泡沫的总结晶度、
高熔融温度峰结晶度和所产生峰的熔融温度

M_w 肯定降低了。

图 7.20 比较了使用凝胶渗透色谱法（GPC）测试的在不同饱和温度和时间下得到的 EPLA 珠粒泡沫的分子量[23]。如图 7.20 所示，所用的支化 PLA 的分子量相对较高，约为 $360×10^3$。在较不敏感的饱和条件下（即 120℃的低 T_s 和 15min 的短 t_s），M_w 降低到 $305×10^3$ 左右。然而，在给定时间内，随着 T_s 增加到

126℃，水解更加活跃，M_w 降低到 285×10^3 左右。另一方面，在 124℃ 的恒定 T_s 下，饱和时间的增加对降低 M_w 的影响更大。当饱和时间从 15min 增加到 60min，M_w 从 300×10^3 降低至大约 160×10^3，这是因为在较长的时间段内，PLA 分子会遭遇更多的水解/降解。这表明 PLA 分子链断裂为不到其一半的长度。

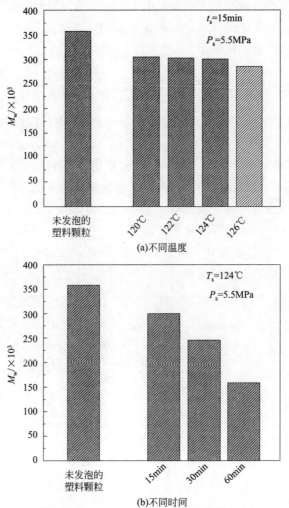

图 7.20　在不同温度和时间下饱和的发泡聚乳酸珠粒泡沫的平均分子量

尽管这种水解量并不有利，但它可能在某种程度上有益于发泡行为。随着 M_w 减小，当分子链长度减小时，在退火和气体饱和阶段会产生完善的晶体，晶体成核速率也随之增大。这是因为晶体成核机制决定了低分子量半结晶型聚合物的结晶动力学。因此，尽管发生了降解，但在这一阶段可能形成了更多数量的完善晶体（即高熔融温度晶体），可以更显著地促进晶体周围的非均相成核。另一方面，虽然 M_w 减少会加速气体损失和抑制泡沫膨胀，但在形成完善晶体期间（退火和气体饱和）增强的晶体成核速率可以补偿由于 M_w 降低引起的 PLA 整体熔体强度的降低。但总的来说，M_w 降低会降低力学性能，这种不良水解作用应该被最小化。因此，由于 M_w 减少对饱和时间更为敏感，因此建议在实际的制造系统中应尽量缩短饱和时间，这也在缩短加工时间/成本的同时提供了质量更高的珠粒泡沫。

7.2.3 发泡聚乳酸珠粒泡沫的发泡行为

图 7.21 显示了在不同 T_s 和 t_s 下饱和的 PLA 珠粒泡沫的膨胀率[23]。随着 T_s 从 120℃增加到 124℃（和 126℃）时，EPLA 珠粒泡沫的膨胀率从 5～10 倍增加到 12～20 倍（甚至到 30 倍）。这肯定是由于在退火和气体饱和阶段产生的完善晶体（即高熔融温度峰晶体）数量减少，降低了气体饱和 PLA 基体的硬度，如前一节所述。根据图 7.19，在 120℃的 T_s 下，退火和气体饱和过程诱导了约 22.24% 的高熔融温度晶体，而在 124℃（和 126℃）提高了的 T_s 下，第二个峰的结晶度分别降低到 15% 和 4%。因此，气泡生长得到了促进，珠粒的膨胀能力得到了提高。

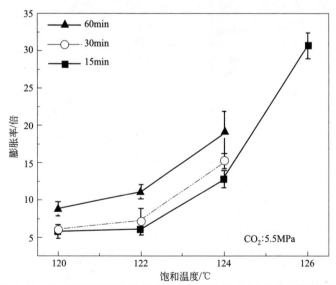

图 7.21　在不同条件下饱和后获得的聚乳酸珠粒发泡泡沫的膨胀率

随着 t_s 从 15 min 增加到 60 min，尽管完善晶体的结晶度增加，但 EPLA

珠粒泡沫的膨胀率也增加。这可能表明，在较长的饱和时间内，无定形区域的 M_w 减小，可能有助于气泡生长速率，尽管高熔融温度峰的结晶度（即硬度）有所增加。因此，在发泡和冷却阶段，气体饱和的 PLA 颗粒的整体膨胀能力得到了增强，尽管完善晶体的数量也得到了大量增加（由于 M_w 降低而引起）。

图 7.22 显示了 EPLA 珠粒泡沫的泡孔形态，而图 7.23(a) 和 （b）以及图 7.24 分别报告了其相应的泡孔密度、泡孔大小和开孔率[23]。在所有样品中获得的泡孔形态均匀，特别是饱和 15 min 的样品，获得的平均泡孔尺寸在 6～23μm 范围内（除了在 126℃下饱和 15 min 的样品），属于微孔泡沫。如前所述，在低饱和温度下，诱导了大量的完善晶体（约 22.24%）成为高温熔融峰。这些晶体可以显著改善泡沫[22,23,76] 中的非均相气泡成核速率，从而提高 EPLA 珠粒泡沫样品的泡孔密度。在 126℃下饱和 15 min 的样品中可以观察到高熔融温度晶体对气泡成核的作用减小。如图 7.19 所示，在这种饱和条件下，只产生了 4% 的高熔融温度峰晶体。因此，参与非均相气泡成核的晶体数量较少，PLA 基体的硬度降低有助于气泡生长，并可获得高达 30 倍的膨胀率。

如前所述，t_s 的增加进一步增加了高熔融温度晶体，这可以通过晶体周围的局部应力/压力变化进一步提高发泡过程中的非均相气泡成核率。例如，在 124℃的 T_s 下，随着 t_s 从 15min 增加到 60min，EPLA 珠粒泡沫样品的平均泡孔尺寸从 19μm 减少到 7μm。如前所述，M_w 减少也可能在较长的高熔融温度晶体形成的饱和过程中通过提高结晶成核率对气泡尺寸减小作出贡献。

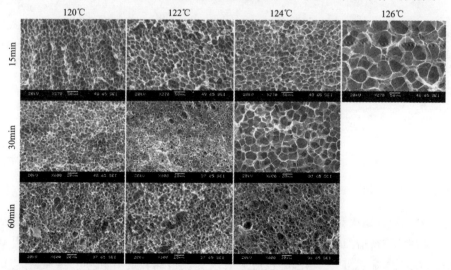

图 7.22　在不同条件下饱和后获得的发泡聚乳酸珠粒泡沫的泡孔形态的扫描电子显微图像

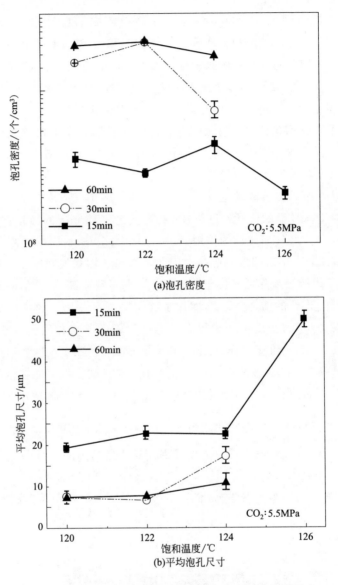

图 7.23 聚乳酸珠粒发泡样品的泡孔密度和平均泡孔尺寸

　　为了研究退火和气体饱和阶段高熔融温度峰的结晶度和 PLA 分子链断裂是如何对成核气泡的稳定性产生影响的，我们测定了 EPLA 珠粒泡沫的开孔率。图 7.24 显示 T_s 的增加并没有显著改变发泡珠粒的开孔率。然而，T_s 的增加显著影响了开孔形态的形成。当 t_s 从 15min 增加到 60min 时，开孔率从

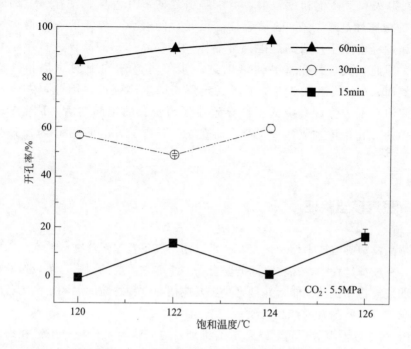

图 7.24　聚乳酸珠粒发泡泡沫样品的开孔率

10%增加到 90%左右。首先，这表明通过调整 t_s，可以控制成核气泡的稳定性。其次，t_s 对成核气泡稳定性的影响可以归因于 t_s 对 PLA 分子链 M_w 减少的影响。如前所述，降低的 M_w 可以在较长的饱和阶段提高晶体的成核率。成核（完善）的晶体的数量越大，其周围的非均相成核率就越高。然而，随着 M_w 的降低，无定形相的熔体强度降低，并且更薄的细胞壁的存在[272] 在气泡生长期间也必定降低泡孔壁的强度。因此，随着 t_s 的增加，珠粒泡沫的闭孔率降低。

7.2.4　小结

在本节中，采用实验室规模的高压釜系统，研制了具有大量双结晶熔融峰结构的微孔 PLA 珠粒泡沫。得到的 EPLA 珠粒泡沫的膨胀率和平均泡孔尺寸分别为 6～31 倍和 6～50μm。在退火和气体饱和阶段生成的高熔融温度晶体通过提高 PLA 的低熔体强度和促进完善晶体周围的非均相气泡成核，显著影响了 PLA 珠粒泡沫的膨胀率和泡孔密度。

在退火和气体饱和过程中，由水解引起的 EPLA 珠粒泡沫 M_w 的降低对 t_s 的敏感性高于对 T_s 的敏感性。但是，随着 M_w 的降低，在退火和气体饱和过程中用于形成高熔融温度晶体（完善晶体）的晶体成核率也必定增加。因此，大量的完善晶体可以进一步促进晶体周围的非均相气泡成核。然而，M_w 减小也必定降低了无定形相的熔体强度，因此，在气泡生长期间泡孔壁的强度会降低。这导致在经历较长的饱和期后，EPLA 珠粒泡沫中的开孔率增加（约 90%），而在 124℃ 和 15min 的短 t_s 内，开孔率低至 10%。

7.3 蒸汽模塑验证

蒸汽模塑成型技术是一种商业技术，用于制备发泡聚合物珠粒泡沫的模塑零件。在成型过程中，珠粒之间的黏合是一个非常重要的因素，可以影响模塑产品的最终物理机械性能，并最终决定其应用。这种珠粒间的黏合高度依赖于成型条件，对所制备的产品的质量控制至关重要[276]。Rossacci 等人[276] 提出了 EPS 加工过程中珠粒间黏结形成的机理。他们认为聚合物分子链在珠粒间区域的扩散会在珠粒间形成黏结。此外，后续的分子链之间的物理缠结与可能影响聚合物链扩散过程的任何其他变量相结合，对 EPS 产品的力学性能产生影响。成型压力和时间的增加促进了珠粒间的黏结[276]，这有助于改善拉伸、压缩和断裂韧性性能[277]。然而，在蒸汽模塑成型过程中，珠粒长期暴露在高温蒸汽中可能导致泡孔结构塌陷[278]。有研究人员[276] 报道了 EPS 分子量对珠粒间黏结的影响。高分子量的 EPS 由于分子链在珠粒间结合处难以扩散而表现出较弱的珠粒间的黏结。珠粒的尺寸是影响珠粒间黏结的另一个重要变量[279]。

由于 EPP 较高的使用温度和较好的力学性能，近年来对于 EPP 加工行为和力学性能的研究受到越来越多的关注[280~282]。Nakai 等人[283] 进行了数值模拟以研究诸如蒸汽的蒸发和凝结以及蒸汽模塑成型过程中的传导等基础问题。研究了 EPP 的各种力学性能，如单轴压缩、泊松比和压缩阻力，后来 Mills 等人建立了模型[284]。在其他研究[285,286] 中，Mills 等人分析了 EPP 的压缩性能，讨论了蠕变速率、气体逸出和泡孔结构的弯曲速率之间的关系。近年来，Zhai 等人研究了 EPP 珠粒在蒸汽模塑成型方法中的珠粒间的黏结机理[287,288]。他们报告，由于蒸汽加工的温度高，珠粒之间区域的晶体熔化。这使得无定形区域的分子链变得自由并在珠粒间区域扩散。此外，在冷却阶段，会发生结晶从而加强珠粒之间的黏结。这些研究也报道了珠粒之间和珠粒内部的断裂；然而，珠粒之间的断裂是 EPP 样品失效机制的主要模式[287,288]。

对于所产生的具有双结晶熔融峰结构的 EPLA 珠粒泡沫，可以应用使用在 EPP 中的类似技术来产生珠粒间的强烧结。在本章中，通过对最终产品力学性能（拉伸测试）和模塑后的 EPLA 泡沫产品形态的测定[23]，采用蒸汽模塑验证了 EPLA 珠粒泡沫的烧结行为。

7.3.1　蒸汽模塑成型过程

采用一台由韩国 Dabo Precision（DPM-0404VS）生产的商业化的实验室规模蒸汽模塑成型设备对生产的 PLA 珠粒泡沫进行蒸汽模塑成型验证。模具由定模和动模组成。模具两侧都有向模腔注入蒸汽的孔。蒸汽模塑工艺的基本过程包括三个主要步骤。图 7.25 概述了这些步骤[103]。第一步，在模腔中填充珠粒。在第二步中，蒸汽以所需的加工蒸汽压力和温度（P1）从固定模具中注入。然后蒸汽从移动模具（P2）中注入。随后，蒸汽从两个模具（P3）中注入，然后泄压。第三步包括先用水冷却模具，然后通过抽真空去除残留的水，然后将样品排出。本研究所用的蒸汽压力单位为以 bar 为单位的表压，比绝对压力低 1bar。

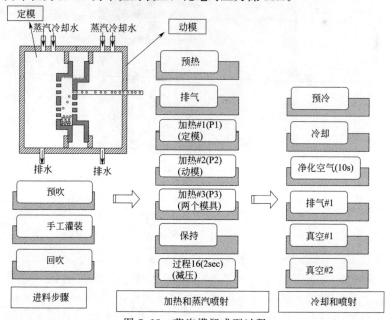

图 7.25　蒸汽模塑成型过程

采用膨胀率为 13 倍的 EPLA。图 7.26 显示了如前一节所述的 EPLA 珠粒泡沫[103]。图 7.27 还显示了 EPLA 的晶体熔化行为，并与 JSP 公司的 EPP 进行了比较[23,103]。所述 EPLA 珠粒泡沫的泡孔形态也如图 7.27 所示。

图 7.26　通过实验室规模的珠粒发泡装置制备的聚乳酸发泡珠粒泡沫

由模塑件制备长方体试样用于拉伸试验。试样尺寸如下：厚度＝14mm，宽度＝19mm 和长度＝155mm。使用微型测试仪（Instron 5848）在 5mm/min 的十字头速度下测量试样的拉伸强度。

用 SEM（JEOL JMS 6060）观察了 EPLA 模塑样品的形貌。对于 EPLA 模塑样品，观察了产品表面；直接用锋利的刀切割产品的切割表面；执行拉伸测试后获得断裂表面。

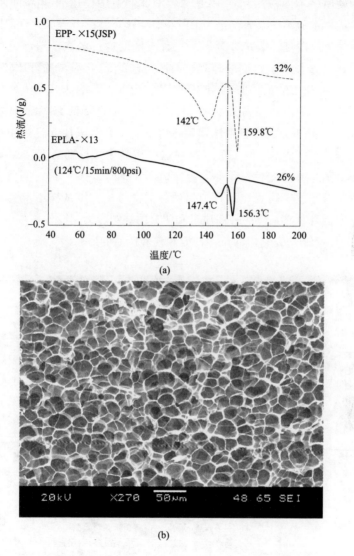

图 7.27　用于蒸汽模塑成型的膨胀13 倍的 EPLA 珠粒和膨胀 15 倍的 EPP
珠粒的加热热图的比较（a）和所用 EPLA 珠粒的扫描电子显微镜图像（b）

7.3.2　蒸汽模塑和机械测试

根据 Zhai 的研究[287,288]，试图找到蒸汽模塑成型参数的正确范围，以获得
具有合适的表面质量和正确的珠粒间烧结的 EPLA 珠粒泡沫制品。表 7.2 列出了

本研究中使用的不同样品和在 EPP 珠粒泡沫制造中使用的样品的对比[287,288]。蒸汽模塑成型中的不同参数仅选为 P1、P2 和 P3，其中蒸汽压力（即温度）和蒸汽注射时间可以改变。表 7.2 列出了七种不同的通过蒸汽模塑制备的 EPLA 泡沫[103]。图 7.28 显示了它们的外观，与所生产的 EPP 泡沫进行比较[103]。如图 7.28 所示，在 EPLA1、EPLA2 和 EPLA3 的情况下，泡沫结构大幅度塌陷，主要是由于蒸汽压力高和加热循环时间长。然而，通过降低 P3 蒸汽压力，获得了 EPLA4 样品，外观更稳定且泡沫塌陷率降低。也在蒸汽注入过程中进一步减少加热循环制备了 EPLA5 和 EPLA6。在这些样品中，特别是 EPLA6，泡沫产品表现出更好的尺寸稳定性。但是，与 EPLA5 和 EPLA6 一样，制备 EPLA7 时，蒸汽压力略有增加，表观烧结行为仍然较弱。可见，该试样不仅具有最佳的尺寸稳定性，而且具有最优的表面质量和明显的烧结行为。在下一步中，选择 EPLA6 和 EPLA7 来研究它们的拉伸性能和模塑产品的形态。

图 7.28　在表 7.2 所示的各种条件下生产的模压成型的 EPLA 珠粒发泡泡沫

表 7.2　用于生产模压成型 EPLA 样品的不同条件（蒸汽压力/时间）

样品/条件	定模，P1		动模，P2		两个模具，P3	
EPP1	3bar	10s	3bar	10s	3.9bar	10s

续表

样品/条件	定模,P1		动模,P2		两个模具,P3	
EPLA1	3bar	10s	3bar	10s	3.9bar	10s
EPLA2	3bar	10s	3bar	10s	3.5bar	10s
EPLA3	2bar	10s	2bar	10s	3bar	10s
EPLA4	2bar	10s	2bar	10s	2bar	10s
EPLA5	2bar	5s	2bar	5s	2bar	5s
EPLA6	2bar	1s	2bar	1s	2bar	5s
EPLA7	2bar	1s	2bar	1s	2.5bar	5s

图 7.29 显示了在 2bar 和 2.5bar 的 P3 蒸汽压力下产生的 EPLA6 和 EP-LA7 样品的应力-应变图[23,103]。此外，图 7.30 显示了样品的拉伸强度和杨氏模量，并与参考文献 [288] 中相应的 EPP 模塑样品进行了比较。如图 7.29 所示，将 P3 压力增加到 2.5bar 可使珠粒间的烧结更好，从而获得更高的拉伸强度和杨氏模量值。这些结果还表明，EPLA 的拉伸性能与 EPP 泡沫产品相当。然而，通过进一步优化蒸汽模塑成型参数，可以获得更好的珠粒间烧结和更高的力学性能。但是，由于蒸汽模塑样品的制备需要大量的珠粒泡沫，我们无法深入研究所有的不同蒸汽模塑型工艺参数对其力学性能的影响。在 EPLA 样品中获得的拉伸性能表明 EPLA 泡沫产品不仅可以作为 EPS 产品的合适替代物，而且在各种应用中也有可能成为 EPP 产品的颇具前途的替代物。

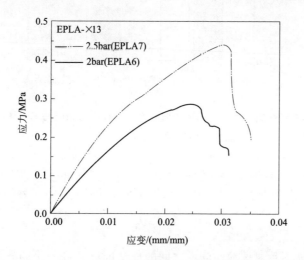

图 7.29　在不同蒸汽压力下模压成型的 EPLA 样品的应力-应变行为
（EPLA6 和 EPLA7）

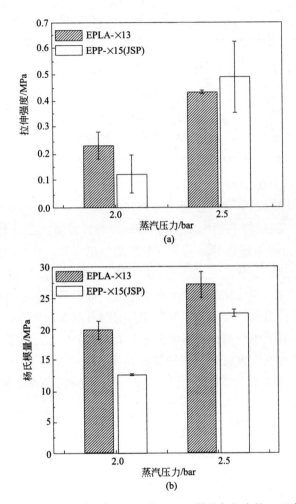

图 7.30　不同蒸汽压力下的模压成型的 EPLA 样品与相应的 EPP 模压成型样
品的拉伸强度和杨氏模量的对比

[源自 M. Nofar，A. Ameli，C. B. Park，Anovel technology to manufacture
biodegradable polylactide bead foam products，Mater. Des. 83（2015）
413-421 和 M. Nofar，Expanded PLA Bead Foaming：Crystallization
Kinetics Analysis and Novel Technology Development
（博士论文），多伦多大学，2013 年]

　　通过 SEM 图片对珠粒与珠粒之间的烧结进行了进一步的研究。观察模塑
EPLA 样品的表面、切割表面和断裂表面，结果如图 7.31[23,103] 所示。模塑
的 EPLA7 样品的表面质量比 EPLA6 高很多。模塑珠粒的切割表面显示，EP-

LA6 样品也有很强的局部烧结，尽管 EPLA7 表现出更高的表观的珠粒对珠粒的烧结质量。微粒泡沫的断裂面也表明，EPLA6 和 EPLA7 都解释了珠粒的内部失效，这表明珠粒之间的烧结很强。然而，与 EPLA6 相比，EPLA7 样品显示了较高比例的珠内烧结。

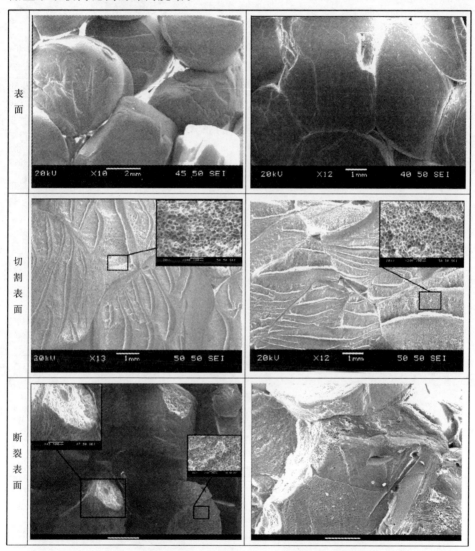

图 7.31　在不同蒸汽压力下生产的模压成型发泡聚乳酸样品
的表面、切割表面和断裂表面的扫描电子显微照片

还应注意的是，拉伸测试中的各种应变速率可能对失效类型产生不同的影

响。但是，由于我们的珠粒发泡装置不能生产大量的珠粒泡沫来广泛研究力学性能，因此我们没有显示可变的应变速率的结果。然而，理论上，我们可以预期，在较高的应变速率下，材料失效发生得更快，而增加的应变硬化行为可以进一步提高拉伸强度。

7.3.3　小结

通过蒸汽模塑成型验证了 EPLA 珠粒泡沫制品的烧结行为。通过改变蒸汽压力和注射时间，获得了表面质量高、珠粒之间烧结合适的 EPLA 模塑样品。模塑 EPLA 珠粒泡沫的拉伸性能显示，具有双结晶熔融峰结构的 EPLA 珠粒泡沫不仅是 EPS 而且还是 EPP 制品的非常具有前景的替代物。

第 8 章

总结和展望

生物聚合物在学术界和工业界都引起了很大兴趣。然而，有些生物聚合物仅仅是基于生物但不可降解，而有些是可生物降解但又不是来自可再生资源（如从汽油中来）。在目前开发的生物聚合物中，聚乳酸（PLA）被认为是在各种应用中取代目前正在使用的石油基聚合物的最有前景的生物聚合物替代物。这是因为 PLA 是以生物为基础的，可生物降解、可生物相容、商业化发展好、价格低廉、容易获得、且具有良好的物理机械性能。所有这些优点推动全球致力于开发新一代的 PLA 产品。由于材料和加工成本具有竞争力，以及可比的力学性能，这种环境友好生物聚合物被认为是一种有希望替代聚苯乙烯和聚对苯二甲酸乙二醇酯固体和泡沫产品在日常和工程上的应用，如包装，缓冲、建筑、隔热隔声、塑料器具等的替代物。这种方法将大大减少大量石油基固体和泡沫废物垃圾的填埋量，这已成为全球关注的焦点，同时也将大大减少世界对汽油的依赖。同时，由于 PLA 的生物相容性、无毒性和生物降解性，它可用于生物医学应用，如组织工程，支架和药物输送[72~78]。

除了 PLA 的这些优点外，它也存在着一些缺点，阻碍了 PLA 产品的生产和使用。这些缺点源于 PLA 熔融强度低、结晶动力学慢、加工性能和发泡性能差、使用温度低和脆性特点。因此，为了开发高质量的 PLA 实心和泡沫产品并扩大其作为石油产品替代品的应用范围，这些缺点需要被克服。

由于 PLA 存在明显的缺点，目前以超临界二氧化碳或氮气为物理发泡剂，大批量生产具有均匀泡孔形态的低密度 PLA 泡沫仍然具有很大的挑战性。在这本书中，我们已经揭示了当二氧化碳作为发泡剂被浸润时，在不同的温度下，PLA（具有不同的 D-丙交酯单体含量）的溶解度、扩散率和界面张力特性是如何受到影响的。此外，还说明了 PLA 结晶动力学的提高是如何成为一个突破口去提高 PLA 大部分显著缺陷的，包括加工性能和发泡性能差、熔体强度低和脆性以及低韧性。

在本书中，我们解释了不同类型 PLA 的结晶动力学，包括线型和支化PLA，具有不同 D-丙交酯单体含量的 PLA，以及 PLA 微/纳米复合物，无论是否存在各种溶解气体，包括二氧化碳、氮气和氦气。介绍了引入扩链剂；改变 PLA 分子的 L/D-乳酸单体配比结构；和用不同类型的添加剂混合 PLA，是如何成为提高 PLA 熔体强度的有效方法，从而提高 PLA 在溶解有气体时的发泡性能。强化结晶可以补偿 PLA 在加工过程中的低熔体强度，从而提高其发泡性。强化结晶可以进一步提高最终产品的力学性能并能补偿 PLA 的低热变形温度。

本书回顾了已经应用于不同类型的 PLA 包括 PLA 复合材料和纳米复合材

料的泡沫制造技术。对 PLA 发泡行为的研究表明，提高结晶动力学可以显著提高发泡样品的膨胀率和泡孔密度。在泡沫加工过程中诱导的晶核可以通过晶体-晶体网络提高，PLA 固有的低熔体强度。晶核还可以作为异相气泡成核剂并提高泡孔密度。进一步表明，由于结晶度提高，PLA 的刚度增加，也会限制其膨胀率。此外，PLA 分子的改性，如 D-丙交酯单体含量和/或分支度的改变，可能通过影响 PLA 的结晶及其熔体强度来影响 PLA 的发泡行为。加入纳米颗粒还可以通过提高 PLA 泡沫的熔体强度和非均相成核能力，从而改善 PLA 泡沫的成核和膨胀行为。纳米颗粒还可以诱导更多的晶体成核，从而进一步提高膨胀率和/或泡孔密度。

研究发现，挤出发泡工艺可制备出膨胀率高达 45 倍左右的微孔 PLA 泡沫材料。然而，制造具有高膨胀率的纳米泡孔 PLA 泡沫仍然是一个严峻的挑战。泡沫注射成型可制备最小尺寸为 1mm 的 PLA 泡沫样品，孔隙率可达到约 55%。已经成功地获得孔隙率为 65% 的泡沫注射成型 PLA 样品，平均泡孔尺寸为 $38\mu m$。介绍了一种生产双结晶熔融峰 PLA 珠粒泡沫的新技术。利用气体饱和过程中产生的高熔融温度晶体，可以利用非均相气泡机制，并可以得到膨胀率约为 30 倍的微孔 PLA 泡沫。在蒸汽模塑成型过程中，由于双结晶熔融峰的产生，将改善珠粒之间的烧结特性。

总之，我们要指出的是，通过改变 PLA 的分子结构和构型，更重要的是通过控制 PLA 的结晶动力学，可以制备出具有均匀泡沫形态的微孔 PLA 泡沫产品。高性能 PLA 泡沫产品可通过挤出发泡、注射发泡、珠粒发泡等多种技术制造。然而，纳米多孔 PLA 泡沫产品的制造仍然是一个巨大的挑战。

参 考 文 献

[1] S. P. Silva, M. A. Sabino, E. M. Fernandes, V. M. Correlo, L. F. Boesel, R. L. Reis, Cork: properties, capabilities and applications, Int. Mater. Rev. 50 (6) (2005) 345-365.

[2] D. Klempner, V. Sendijarevic, Handbook of Polymeric Foams and Foam Technology, second ed. , Hanser Publishers, 2004.

[3] D. F. Baldwin, N. P. Suh, Microcellular poly (ethylene terephthalate) and crystallizable poly (ethylene terephthalate): characterization of process variables, in: SPE ANTEC Tech. Papers, ANTEC 92-Shaping the Future, vol. 38, 1992, pp. 1503-1507.

[4] D. I. Collias, D. G. Baird, R. J. M. Borggreve, Impact toughening of polycarbonate by microcellular foaming, Polymer 35 (18) (1994) 3978-3983.

[5] D. I. Collias, D. G. Baird, Tesile toughness of microcellular foams of polystyrene, styrene-acrylonitrile copolymer, and polycarbonate, and effect of dissolved gas on the tensile toughness of the same polymer matrices and microcellular foams, Polym. Eng. Sci. 35 (14) (1995) 1167-1177.

[6] K. A. Seeler, V. Kumar, Tension-tension fatigue of microcellular polycarbonate: initial results, J. Reinf. Plast. Compos. 12 (3) (1993) 359-376.

[7] L. M. Matuana, C. B. Park, J. J. Balantinecz, Structures and mechanical properties of microcellular foamed polyvinyl chloride, Cell. Polym. 17 (1) (1998) 1-16.

[8] J. L. Throne, Thermoplastic Foam Extrusion, Hanser Publishers, New York, 2004.

[9] L. Glicksman, Notes from MIT summer program 4. 10S, in: Foams and Cellular Mate-rials: Thermal and Mechanical Properties, 1992, Cambridge, MA.

[10] J. Reignier, J. Tatibouët, R. Gendron, Batch foaming of poly (ε-caprolactone) using carbon dioxide: impact of crystallization on cell nucleation as probed by ultrasonic measurements, Polymer 47 (14) (2006) 5012-5024.

[11] M. Shimbo, D. F. Baldwin, N. P. Suh, The viscoelastic behavior of microcellular plastics with varying cell size, Polym. Eng. Sci. 35 (17) (1995) 1387-1393.

[12] C. B. Park, N. P. Suh, Extrusion of microcellular filament: a case study of axiomatic design, Cell. Pol-ym. 38 (1992) 69-91.

[13] E. P. Giannelis, Polymer layered silicate nanocomposites, Adv. Mater. 8 (1) (1996) 29-35.

[14] M. Okamoto, P. H. Nam, P. Maiti, T. Kotaka, N. Hasegawa, A. Usuki, A house of cards structure in polypropylene/clay nanocomposites under elongational flow, Nano Lett. 1 (6) (2001) 295-298.

[15] X. Han, C. Zeng, L. Lee, K. Koelling, D. Tomasko, Processing and cell structure of nanoclay modified microcellular foams, in: ANTEC 2002 Annual Technical Conference, 2001.

[16] M. Kwak, M. Lee, B. K. Lee, Effects of processing parameters on the preparation of high density polyethylene/layered silicate nanocomposites, in: ANTEC 2002 Annual Tech-nical Conference, 2001.

[17] C. A. Villamizar, C. D. Han, Studies on structural foam processing II. Bubble dynamics in foam injection molding, Polym. Eng. Sci. 18 (9) (1978) 699-710.

[18] D. Maldas, B. V. Kokta, C. Daneault, Composites of polyvinyl chloride-wood. fibers: IV. Effect of the nature of fibers, J. Vinyl Addit. Technol. 11 (2) (1989) 90-99.

[19] N. E. Zafeiropoluos, C. A. Baillie, F. L. Matthews, A study of the effect of surface treat-ments on the thermal stability of flax. fibres, Adv. Compos. Lett. 9 (4) (2000) 291.

[20] G. Cantero, A. Arbelaiz, R. Llano-Ponte, I. Mondragon, Effects of fibre treatment on wettabili-ty and mechanical behaviour of flax/polypropylene composites, Compos. Sci. Technol. 63 (9) (2003) 1247-1254.

[21] N. Mills, Polymer Foams Handbook: Engineering and Biomechanics Applications and Design Guide, first ed., Butterworth-Heinemann, Oxford, 2007 (Chapter 4).

[22] M. Nofar, A. Ameli, C. B. Park, Development of polylactide bead foams with double crystal melting peaks, Polymer 69 (9) (2015) 83-94.

[23] M. Nofar, A. Ameli, C. B. Park, A novel technology to manufacture biodegradable polylactide bead foam products, Mater. Des. 83 (2015) 413-421.

[24] A. Arbelaiz, B. Fernandez, G. Cantero, R. Llano-Ponte, A. Valea, I. Mondragon, Mechanical properties of flax fibre/polypropylene composites. In fluence of fibre/matrix modi fication and glass. fibre hybridization, Compos. Part A Appl. Sci. Manuf. 36 (12) (2005) 1637-1644.

[25] P. Balasuriya, L. Ye, Y. Mai, J. Wu, Mechanical properties of wood flake-polyethylene compos-ites. Ⅱ. Interface modification, J. Appl. Polym. Sci. 83 (12) (2002) 2505-2521.

[26] B. V. Kokta, D. Maldas, C. Daneault, P. Beland, Composites of polyvinyl chloride-wood. bers. Ⅰ. Effect of isocyanate as a bonding agent, Polym. Plast. Technol. Eng. 29 (1-2) (1990) 87-118.

[27] B. N. Kokta, D. Maldas, C. Daneault, P. Beland, Composites of polyvinyl chloride-wood fibers. Ⅲ: Effect of silane as coupling agent, J. Vinyl Addit. Technol. 12 (3) (1990) 146-153.

[28] K. L. Pickering, A. Abdalla, C. Ji, A. G. McDonald, R. A. Franich, The effect of silane coupling agents on radiata pine fibre for use in thermoplastic matrix composites, Compos. Part A Appl. Sci. Manuf. 34 (10) (2003) 915-926.

[29] K. C. Frisch, J. H. Saunders (Eds.), Plastics Foams, Marcel Dekker Inc., New York, 1972.

[30] C. Thiagarajan, R. Sriraman, D. Chaudhari, M. Kumar, A. Pattanayak, Nano-cellular Polymer Foam and Methods for Making Them, 2010. US7838108 B2.

[31] J. W. S. Lee, K. Wang, C. B. Park, Challenge to extrusion of low-density microcellular polycar-bonate foams using supercritical carbon dioxide, Ind. Eng. Chem. Res. 44 (1) (2005) 92-99.

[32] M. Shimbo, Ⅰ. Higashitani, Y. Miyano, Mechanism of strength improvement of foamed plastics having fine cell, J. Cell. Plast. 43 (2) (2007) 157-167.

[33] N. P. Suh, Private Communication, MIT-Industry Polymer Processing Program, 1980.

[34] J. L. Throne, Thermoplastic Foams, Sherwood Publishers, Ohio, 1996.

[35] L. M. Matuana, C. B. Park, J. J. Balatinecz, Processing and cell morphology relationships for mi-crocellular foamed PVC/wood-fiber composites, Polym. Eng. Sci. 37 (7) (1997) 1137-1147.

[36] B. Notario, J. Pinto, M. A. Rodríguez-Pérez, Towards a new generation of polymeric foams: PMMA nanocellular foams with enhanced physical properties, Polymer 63 (2015) 116-126.

[37] J. S. Colton, N. P. Suh, The nucleation of microcellular thermoplastic foam with additives: Part

I: Theoretical considerations, Polym. Eng. Sci. 27 (7) (1987) 485-493.

[38] C. B. Park, A. H. Behravesh, R. D. Venter, Low density microcellular foam processing in extrusion using CO_2, Polym. Eng. Sci. 38 (11) (1998) 1812-1823.

[39] S. T. Lee, Foam Extrusion-Principles and Practice, second ed., Technomic Publishing Company Inc., PA, 2000.

[40] A. Wong, L. H. Mark, M. M. Hasan, C. B. Park, The synergy of supercritical CO_2 supercritical N_2 in foaming of polystyrene for cell nucleation, J. Supercrit. Fluids 90 (2014) 35-43.

[41] G. Li, F. Gunkel, J. Wang, C. B. Park, V. Altstädt, Solubility measurements of N_2 and CO_2 in polypropylene and ethene/octene copolymer, J. Appl. Polym. Sci. 103 (5) (2007) 2945-2953.

[42] K. C. Frich, J. H. Saunders (Eds.), Plastic Foams, Part I, Marcel Dekker Inc., NY, 1972.

[43] R. A. Gorski, R. B. Ramsey, K. T. Dishart, Physical properties of blowing agent polymer systems I. Solubility of fluorocarbon blowing agents in thermoplastic resins, J. Cell. Plast. 22 (1) (1986) 21-52.

[44] UNEP Ozone Secretariat, Handbook for the Montreal Protocol on Substances that Deplete the Ozone Layer, UNEP, Kenya, 2006.

[45] C. B. Park, N. P. Suh, Filamentary extrusion of microcellular polymers using a rapid decompressive element, Polym. Eng. Sci. 36 (1) (1996) 34-48.

[46] J. J. Crank, G. S. Park, Diffusion in Polymers, Academic Press Inc., New York, 1968.

[47] J. W. Gibbs, The Scientific Papers: Thermodynamics, vol. 1, Dover Publications Inc., New York, 1961.

[48] S. N. Leung, A. Wong, Q. Guo, C. B. Park, J. H. Zong, Change in the critical nucleation radius and its impact on cell stability during polymeric foaming processes, Chem. Eng. Sci. 64 (23) (2009) 4899-4907.

[49] A. Wong, Y. Guo, C. B. Park, Fundamental mechanisms of cell nucleation in poly-propylene foaming with supercritical carbon dioxide-effects of extensional stresses and crystals, J. Supercrit. Fluids 79 (2013) 142-151.

[50] K. Taki, D. Kitano, M. Ohshima, Effect of growing crystalline phase on bubble nucle-ation in poly (L-Lactide) /CO_2 batch foaming, Ind. Eng. Chem. Res. 50 (6) (2011) 3247-3252.

[51] A. Wong, C. B. Park, The effects of extensional stresses on the foamability of polystyrene-talc composites blown with carbon dioxide, Chem. Eng. Sci. 75 (2012) 49-62.

[52] S. N. Leung, A. Wong, C. Wang, C. B. Park, Mechanism of extensional stress-induced cell formation in polymeric foaming processes with the presence of nucleating agents, J. Supercrit. Fluids 63 (2012) 187-198.

[53] A. Wong, R. K. M. Chu, S. N. Leung, C. B. Park, J. H. Zong, A batch foaming visualization system with extensional stress-inducing ability, Chem. Eng. Sci. 66 (1) (2011) 55-63.

[54] M. Amon, C. D. Denson, A study of the dynamics of foam growth analysis of the growth of closely spaced spherical bubbles, Polym. Eng. Sci. 24 (13) (1984) 1026-1034.

[55] S. N. Leung, C. B. Park, D. Xu, H. Li, R. G. Fenton, Computer simulation of bubble-growth phenomena in foaming, Ind. Eng. Chem. Res. 45 (2006) 7823-7831.

[56] S. T. Lee, N. S. Ramesh, in: V. Kumar, K. A. Seeler (Eds.), Cellular and Microcellular Materials, vol. 76, 1996, pp. 71-80.

[57] C. B. Park, A. H. Behravesh, R. D. Venter, in: K. Khemani (Ed.), Polymeric Foam: Science and Technology, ACS, Washington, 1997 (Chapter 8).

[58] H. E. Naguib, C. B. Park, N. Reichelt, Fundamental foaming mechanisms governing the volume expansion of extruded polypropylene foams, J. Appl. Polym. Sci. 91 (4) (2004) 2661-2668.

[59] C. B. Park, D. F. Baldwin, N. P. Suh, Effect of the pressure drop rate on cell nucleation in continuous processing of microcellular polymers, Polym. Eng. Sci. 35 (5) (1995) 432-440.

[60] S. Doroudiani, C. B. Park, M. T. Kortschot, Effect of crystallinity and morphology on the microcellular foam structure of semicrystalline polymers, Polym. Eng. Sci. 36 (21) (1996) 2645-2662.

[61] M. F. Champagne, R. Gendron, Rheological behavior relevant to extrusion roaming, in: S. T. Lee (Ed.), Thermoplastic Foam Processing: Principles and Development, CNRC Press, Bocca Raton, 2005.

[62] C. Kwag, C. W. Manke, E. Gulari, Effects of dissolved gas on viscoelastic scaling and glass transition temperature of polystyrene melts, Ind. Eng. Chem. Res. 40 (2001) 3048-3052.

[63] C. Kwag, C. W. Manke, E. Gulari, Rheology of molten polystyrene with dissolved supercritical and near-critical gases, J. Polym. Sci. Part B Polym. Phys. 37 (19) (1999) 2771-2781.

[64] N. Mills, Polymer Foams Handbook, Butterworth-Heinemann, Oxford, 2007 (Chapter 4).

[65] S. Sopher, Advances in low density expanded polyolefin bead foam for shape molding and fabrication, in: Polymer Foam 2007, Newark, 2007.

[66] D. W. Grijpma, A. J. Pennings, (Co) polymers of L-lactide, 2. Mechanical properties, Macromol. Chem. Phys. 195 (5) (1994) 1649-1663.

[67] G. Perego, G. D. Gella, C. Bastioli, Effect of molecular weight and crystallinity on poly (lactic acid) mechanical properties, J. Appl. Polym. Sci. 59 (1996) 37-40.

[68] R. G. Sinclair, The case for polylactic acid as a commodity packaging plastic, J. Macromol. Sci. Part A Pure Appl. Chem. 33 (5) (1996) 585-590.

[69] H. Tsuji, Y. Ikada, Blends of aliphatic polyesters. II. Hydrolysis of solution-cast blends from poly (L-lactide) and poly (E-caprolactone) in phosphate-buffered solution, J. Appl. Polym. Sci. 67 (3) (1998) 405-410.

[70] O. Martin, L. Averous, Poly (lactic acid): plasticization and properties of biodegradable multiphase systems, Polymer 42 (14) (2001) 6209-6219.

[71] J. Dorgan, R. H. Lehermeier, M. Mang, Thermal and rheological properties of commercial-grade poly (lactic acid), J. Polym. Environ. 8 (1) (2000) 1-9.

[72] R. E. Drumright, P. R. Gruber, D. E. Henton, Polylactic acid technology, Adv. Mater. 12 (23) (2000) 1841-1846.

[73] Q. Fang, M. A. Hanna, Characteristics of biodegradable Mater-Bi®-starch based foams as affected by ingredient formulations, Ind. Crops Prod. 13 (3) (2001) 219-227.

[74] R. Auras, B. Harte, S. Selke, An overview of polylactides as packaging materials, Macromol. Biosci. 4 (9) (2004) 835-864.

[75] B. Gupta, N. Revagade, J. Hilborn, Poly (lactic acid) fiber: an overview, Prog. Polym. Sci. 32 (4) (2007) 455-482.

[76] M. Nofar, C. B. Park, Poly (lactic acid) foaming, Prog. Polym. Sci. 39 (10) (2014) 1721-1741.

[77] D. Garlotta, A literature review of poly (lactic acid), J. Polym. Environ. 9 (2) (2001) 63-84.

[78] N. Kawashima, S. Ogawa, S. Obuchi, M. Matsuo, T. Yagi, Polylactic acid LACEA, in: A. Steinbüchel, M. Hofrichter, Y. Doi (Eds.), Biopolymers, 2002, pp. 251-274 (Chapter 4).

[79] Y. Di, S. Iannace, E. Di Maio, L. Nicolais, Reactively modified poly (lactic acid): properties and foam processing, Macromol. Mater. Eng. 290 (11) (2005) 1083-1090.

[80] J. Dorgan, J. Williams, Melt rheology of poly (lactic acid): entanglement and chain architecture effects, J. Rheol. 43 (5) (1999) 1141-1155.

[81] J. Dorgan, Rheology of poly (lactic acid), in: R. Auras, L. T. Lim, S. E. M. Selke, H. Tsuji (Eds.), Poly (Lactic Acid): Synthesis, Structures, Properties, Processing, and Applications, John Wiley & Sons Inc., New Jersey, 2011.

[82] J. Dorgan, J. Janzen, M. Clayton, S. Hait, D. Knauss, Melt rheology of variable L-content poly (lactic acid), J. Rheol. 49 (3) (2005) 607-619.

[83] Y. Di, S. Iannace, E. Di Maio, L. Nicolais, Poly (lactic acid) /organoclay nanocomposites: thermal, rheological properties and foam processing, J. Polym. Sci. Part B Polym. Phys. 43 (6) (2005) 689-698.

[84] S. Y. Gu, J. Ren, B. Dong, Melt rheology of polylactide/montmorillonite nano-composites, J. Polym. Sci. Part B Polym. Phys. 45 (23) (2007) 3189-3196.

[85] S. Y. Gu, C. Y. Zou, K. Zhou, J. Ren, Structure-rheology responses of polylactide/calcium carbonate composites, J. Appl. Polym. Sci. 114 (3) (2009) 1648-1655.

[86] R. Krishnamoorti, K. Yurekli, Rheology of polymer layered silicate nanocomposites, Curr. Opin. Colloid Interface Sci. 6 (5) (2001) 464-470.

[87] S. S. Ray, Rheology of polymer/layered silicate nanocomposites, J. Ind. Eng. Chem. 12 (6) (2006) 811-842.

[88] S. S. Ray, M. Okamoto, New polylactide/layered silicate nanocomposites, 6 melt rheology and foam processing, Macromol. Mater. Eng. 288 (12) (2003) 936-944.

[89] S. Saeidlou, M. Huneault, H. Li, C. B. Park, Poly (lactic acid) crystallization, Prog. Polym. Sci. 37 (12) (2012) 1657-1677.

[90] R. M. Rasal, A. V. Janorkar, D. E. Hirt, Poly (lactic acid) modifications, Prog. Polym. Sci. 35 (3) (2010) 338-356.

[91] Y. Srithep, P. Nealey, L. S. Turng, Effects of annealing time and temperature on the crystallinity, heat resistance behavior, and mechanical properties of injection molded poly (lactic acid) (PLA), Polym. Eng. Sci. 53 (3) (2013) 580-588.

[92] P. R. Gruber, E. S. Hall, J. H. Kolstad, M. L. Iwen, R. D. Benson, R. L. Borchardt, Continuous Process for Manufacture of Lactide Polymers with Controlled Optical Purity, 1992. US5142023 A.

[93] NatureWorks Commercializes New High-Performance Ingeo Grades for Durable Goods

Manufacture. http：//www. natureworksllc. com/News-and-Events/Press-Releases/2013/0-31-13-new-high-performance-ingeo-grades-for-durable-goods.

[94] E. Fischer, W. Sterzel, H. J. G. Wegner, K. Collo, Investigation of the structure of solution grown crystals of lactide copolymers by means of chemical reaction, Polym. Sci. 251 (11) (1973) 980-990.

[95] M. Nofar, A. Tabatabaei, A. Ameli, C. B. Park, Comparison of melting and crystallization behaviors of polylactide under high-pressure CO_2, N_2, and He, Polymer 54 (23) (2013) 6471-6478.

[96] W. D. Ding, T. Kuboki, A. Wong, C. B. Park, M. Sain, Rheology, thermal properties, and foaming behavior of high d-content polylactic acid/cellulose nanofiber composites, RSC Adv. 5 (111) (2015) 91544-91557.

[97] Y. Ikada, K. Jamshidi, H. Tsuji, S. H. Hyon, Stereocomplex formation between enan-tiomeric poly (lactides), Macromolecules 20 (4) (1987) 904-906.

[98] H. Tsuji, Poly (lactide) stereocomplexes: formation, structure, properties, degradation, and applications, Macromol. Biosci. 5 (7) (2005) 569-597.

[99] H. Yamane, K. Sasai, Effect of the addition of poly (D-lactic acid) on the thermal property of poly (L-lactic acid), Polymer 44 (8) (2003) 2569-2575.

[100] L. T. Lim, R. Auras, M. Rubino, Processing technologies for poly (lactic acid), Prog. Polym. Sci. 33 (8) (2008) 820-852.

[101] M. Nofar, W. Zhu, C. B. Park, J. Randall, Crystallization kinetics of linear and long-chain-branched polylactide, Ind. Eng. Chem. Res. 50 (24) (2011) 13789-13798.

[102] W. D. Callister, D. G. Rethwisch, Materials Science & Engineering, an Introduction, ninth ed. , John Wiley & Sons, NY, 2011.

[103] M. Nofar, Expanded PLA Bead Foaming: Crystallization Kinetics Analysis and Novel Technology Development (Ph. D. thesis), University of Toronto, 2013.

[104] Y. G. Li, C. B. Park, H. B. Li, J. Wang, Measurement of the PVT property of PP/CO_2 solution, Fluid Phase Equilib. 270 (1) (2008) 15-22.

[105] Y. Sato, M. Yurugi, K. Fujiwara, S. Takishima, H. Masuoka, Solubilities of carbon dioxide and nitrogen in polystyrene under high temperature and pressure, Fluid Phase Equilib. 125 (1) (1996) 129-138.

[106] G. Li, H. Li, L. S. Turng, S. Gong, C. Zhang, Measurement of gas solubility and diffusivity in polylactide, Fluid Phase Equilib. 246 (1) (2006) 158-166.

[107] H. Li, L. J. Lee, D. L. Tomasko, Effect of carbon dioxide on the interfacial tension of polymer melts, Ind. Eng. Chem. Res. 43 (2) (2004) 509-514.

[108] D. J. Mooney, D. F. Baldwin, N. P. Suh, J. P. Vacantis, R. Larger, Novel approach to fabricate porous sponges of poly (D, L-lactic-co-glycolic acid) without the use of organic solvents, Biomaterials 17 (14) (1996) 1417-1422.

[109] M. Montjovent, L. Mathieu, B. Hinz, L. L. Applegate, P. E. Bourban, P. Y. Zambelli, et al. , Biocompatibility of bioresorbable poly (l-lactic acid) composite scaffolds ob-tained by supercritical gas foaming with human fetal bone cells, Tissue Eng. 11 (12) (2005) 1640-1649.

［110］ I. Tsivintzelis，E. Pavlidou，C. Panayiotou，Porous scaffolds prepared by phase inver-sion using supercritical CO_2 as antisolvent I. Poly (l-lactic acid)，J. Supercrit. Fluids 40 (2007) 317-322.

［111］ X. H. Zhu，L. Y. Lee，J. S. H. Jackson，Y. W. Tong，C. H. Wang，Characterization of porous poly (D, L-lactic-co-glycolic acid) sponges fabricated by supercritical CO_2 gas-foaming method as a scaffold for three-dimensional growth of Hep3B cells，Biotechnol. Bioeng. 100 (2008) 998-1009.

［112］ S. P. Nalawade，F. Picchioni，L. P. B. M. Janssen，Supercritical carbon dioxide as a green solvent for processing polymer melts: processing aspects and applications，Prog. Polym. Sci. 31 (1) (2006) 19-43.

［113］ S. N. Leung，H. Li，C. B. Park，Impact of approximating the initial bubble pressure on cell nu-cleation in polymeric foaming processes，J. Appl. Polym. Sci. 104 (2) (2007) 902-908.

［114］ H. Park，C. B. Park，C. Tzoganakis，K. H. Tan，P. Chen，Surface tension measurement of pol-ystyrene melts in supercritical carbon dioxide，Ind. Eng. Chem. Res. 45 (5) (2006) 1650-1658.

［115］ H. Park，R. B. Thompson，N. Lanson，C. Tzoganakis，C. B. Park，P. Chen，Effect of temper-ature and pressure on surface tension of polystyrene in supercritical carbon di-oxide，J. Phys. Chem. B 111 (15) (2007) 3859-3868.

［116］ B. Wong，Z. Zhang，Y. P. Handa，High precision gravimetric technique for determining the sol-ubility and diffusivity of gases in polymers，J. Polym. Sci. Part B Polym. Phys. 36 (12) (1998) 2025-2032.

［117］ Y. Sato，T. Takikawa，A. Sorakubo，S. Takishima，H. Masuoka，Solubility and diffusion coef-ficient of carbon dioxide in biodegradable polymers，Ind. Eng. Chem. Res. 39 (12) (2000) 4813-4819.

［118］ Y. Sato，T. Takikawa，S. Takishima，H. Masuoka，Solubilities and diffusion coefficients of carbon di-oxide in poly (vinyl acetate) and polystyrene，J. Supercrit. Fluids 19 (2) (2001) 187-198.

［119］ Y. Einaga，Thermodynamics of polymer solutions and mixtures，Prog. Polym. Sci. 19 (1) (1994) 1-28.

［120］ P. J. Flory，Principles Polymer Chemistry，Cornell University Press，Ithaca，NY，1953.

［121］ P. J. Flory，R. A. Orwoll，A. Vrij，Statistical thermodynamics of chain molecule liquids. I. An equation of state for normal paraffin hydrocarbons，J. Am. Chem. Soc. 86 (17) (1964) 3507.

［122］ I. C. Sanchez，R. H. Lacombe，An elementary molecular theory of classical fluids. Purefluids，J. Phys. Chem. 80 (21) (1976) 2352-2362.

［123］ I. C. Sanchez，R. H. Lacombe，Statistical thermodynamics of polymer solutions，Macromole-cules 11 (6) (1978) 1145-1156.

［124］ I. C. Sanchez，P. A. Rodgers，Solubility of gases in polymers，Pure Appl. Chem. 62 (11) (1990) 2107-2114.

［125］ R. Simha，T. Somcynsky，On the statistical thermodynamics of spherical and chain molecule flu-ids，Macromolecules 2 (4) (1969) 342-350.

［126］ G. Li，J. Wang，C. B. Park，R. Simha，Measurement of gas solubility in linear/branched PP me-lts，J. Polym. Sci. Part B Polym. Phys. 45 (17) (2007) 2497-2508.

[127] Y. Sato, T. Takikawa, M. Yamane, S. Takishima, H. Masuoka, Fluid Phase Equilib. 194 (2002) 847-858.

[128] D. J. Buckley, M. Berger, D. Poller, The swelling of polymer systems in solvents. I. Method for obtaining complete swelling-time curves, J. Polym. Sci. Part A Polym. Chem. 56 (163) (1962) 163-174.

[129] Y. G. Li, C. B. Park, The effects of branching on the PVT behaviors of PP/CO_2 solutions, Ind. Eng. Chem. Res. 48 (14) (2009) 6633-6640.

[130] X. Liao, Y. G. Li, C. B. Park, P. Chen, Interfacial tension of linear and branched PP in supercritical carbon dioxide, J. Supercrit. Fluids 55 (1) (2010) 386-394.

[131] P. T. Jaegar, R. Eggers, H. Baumgartl, Interfacial properties of high viscous liquids in a supercritical carbon dioxide atmosphere, J. Supercrit. Fluids 24 (3) (2002) 203-217.

[132] S. Enders, H. Kahl, J. Winkelmann, Interfacial properties of polystyrene in contact with carbon dioxide, Fluid Phase Equilib. 228 (2005) 511-522.

[133] K. Dimitrov, L. Boyadzhiev, R. Tufeu, Properties of supercritical CO_2 saturated pol-y (ethyleneglycol) nonylphenylether, Macromol. Chem. Phys. 200 (7) (1999) 1626-1629.

[134] J. M. Andreas, E. A. Hauser, W. B. Trucker, Boundary tension by pendant drop, J. Phys. Chem. 42 (8) (1938) 1001-1019.

[135] S. H. Mahmood, M. Keshtkar, C. B. Park, Determination of carbon dioxide solubility in polylactide acid with accurate PVT properties, J. Chem. Thermodyn. 70 (2014) 13-23. http: // dx. doi. org/10. 1016/j. jct. 2013. 10. 019.

[136] S. H. Mahmood, A. Ameli, N. Hossieny, C. B. Park, The interfacial tension of molten polylactide in supercritical carbon dioxide, J. Chem. Thermodyn. 75 (2014) 69-76. http: //dx. doi. org/10. 1016/j. jct. 2014. 02. 017.

[137] E. Funami, K. Taki, M. Ohshima, Density measurement of polymer/CO_2 single-phase solution at high temperature and pressure using a gravimetric method, J. Appl. Polym. Sci. 105 (5) (2007) 3060-3068.

[138] F. Rindfleisch, T. P. DiNoia, M. A. McHugh, Solubility of polymers and copolymers in supercritical CO_2, J. Phys. Chem. 100 (38) (1996) 15581-15587.

[139] S. Areerat, E. Funami, Y. Hayata, D. Nakagawa, M. Oshima, Measurement and prediction of diffusion coefficients of supercritical CO_2 in molten polymers, J. Appl. Polym. Sci. 44 (10) (2004) 1915-1924.

[140] J. Wang, W. Zhu, H. Zhang, C. B. Park, Continuous processing of low-density, microcellular poly (lactic acid) foams with controlled cell morphology and crystallinity, Chem. Eng. Sci. 75 (2012) 390-399.

[141] H. Park, C. B. Park, C. Tzoganakis, P. Chen, Effect of molecular weight on the surface tension of polystyrene melt in supercritical nitrogen, Ind. Eng. Chem. Res. 46 (11) (2007) 3849-3851.

[142] H. Park, C. B. Park, C. Tzoganakis, K. H. Tan, P. Chen, Simultaneous determination of the surface tension and density of polystyrene in supercritical nitrogen, Ind. Eng. Chem. Res. 47 (13) (2008) 4369-4373.

[143] P. Cheng, A. W. Neumann, Computational evaluation of axisymmetric drop shape analysis-profile (ADSA-P), Colloids Surf. 62 (4) (1992) 297-305.

[144] P. Marteau, P. Tobaly, V. Ruffier-Meray, A. Barreau, In situ determination of high pressure phase diagrams of methane-heavy hydrocarbon mixtures using an infrared absorption method, Fluid Phase Equilib. 119 (1-2) (1996) 213-230.

[145] S. T. Lee, L. Kareko, J. Jun, Study of thermoplastic PLA foam extrusion, J. Cell. Plast. 44 (4) (2008) 293-305.

[146] C. Wang, S. N. Leung, M. Bussmann, W. T. Zhai, C. B. Park, Numerical investigation of nucleating agent-enhanced heterogeneous nucleation, Ind. Eng. Chem. Res. 49 (24) (2010) 12783-12792.

[147] M. Nofar, W. Zhu, C. B. Park, Effect of dissolved CO_2 on the crystallization behavior of linear and branched PLA, Polymer 53 (15) (2012) 3341-3353.

[148] S. Pilla, S. G. Kim, G. K. Auer, S. Gong, C. B. Park, Microcellular extrusion-foaming of polylactide with chain-extender, Polym. Eng. Sci. 49 (8) (2009) 1653-1660.

[149] T. Ouchi, S. Ichimura, Y. Ohya, Synthesis of branched poly (lactide) using polyglycidol and thermal, mechanical properties of its solution-cast film, Polymer 47 (1) (2006) 429-434.

[150] M. Mihai, M. A. Huneault, B. D. Favis, Rheology and extrusion foaming of chain-branched poly (lactic acid), Polym. Eng. Sci. 50 (3) (2010) 629-642.

[151] M. Keshtkar, M. Nofar, C. B. Park, P. Carreau, Extruded PLA/clay nanocomposite foams blown with supercritical CO_2, Polymer 55 (16) (2014) 4077-4090.

[152] M. Avrami, Kinetics of phase change. II transformation-time relations for random distribution of nuclei, J. Chem. Phys. 8 (2) (1940) 212-224.

[153] J. Cai, M. Liu, L. Wang, K. Yao, S. Li, H. Xiong, Isothermal crystallization kinetics of thermoplastic starch/poly (lactic acid) composites, Carbohydr. Polym. 86 (2) (2011) 941-947.

[154] A. Jeziorny, Parameters characterizing the kinetics of the non-isothermal crystallization of poly (ethylene terephthalate) determined by DSC, Polymer 19 (10) (1978) 1142-1144.

[155] M. Takada, S. Hasegawa, M. Ohshima, Crystallization kinetics of poly (L-lactide) in contact with pressurized CO_2, Polym. Eng. Sci. 44 (1) (2004) 186-196.

[156] D. Li, T. Liu, L. Zhao, X. Lian, W. Yuan, Foaming of poly (lactic acid) based on its nonisothermal crystallization behavior under compressed carbon dioxide, Ind. Eng. Chem. Res. 50 (4) (2011) 1997-2007.

[157] S. Huang, H. Li, S. Jiang, X. Chen, L. An, Crystal structure and morphology influenced by shear effect of poly (L-lactide) and its melting behavior revealed by WAXD, DSC and in-situ POM, Polymer 52 (2011) 3478-3487.

[158] W. Xu, G. Liang, W. Wang, S. Tang, P. He, W. Pan, PP-PP-g-MAH-Org-MMT nanocomposites. I. Intercalation behavior and microstructure, J. Appl. Polym. Sci. 88 (14) (2003) 3225-3231.

[159] X. Zhang, M. Yang, Y. Zhao, S. Zhang, X. Dong, X. Liu, et al., Polypropylene/montmorillonite composites and their application in hybrid fiber preparation by melt-spinning, J. Appl. Polym. Sci. 92 (1) (2004) 552-558.

[160] L. Yu, H. Liu, K. Dean, Thermal behaviour of poly (lactic acid) in contact with com-pressed

carbon dioxide，Polym. Int. 58 (4) (2009) 368-372.

[161] M. Takada，M. Tanigaki，M. Ohshima，Comparison of melting and crystallization behaviors of polylactide under high-pressure CO_2，N_2，and He，Polym. Eng. Sci. 41 (11) (2001) 1936-1946.

[162] M. Nofar，K. Majithiya，T. Kuboki，C. B. Park，The foamability of low-melt-strength linear polypropylene with nanoclay and coupling agent，J. Cell. Plast. 48 (3) (2012) 271-287.

[163] M. Takada，M. Ohshima，Effect of CO_2 on crystallization kinetics of poly (ethylene terephthalate)，Polym. Eng. Sci. 43 (2) (2003) 479-489.

[164] H. E. Naguib，C. B. Park，S. W. Song，Effect of supercritical gas on crystallization of linear and branched polypropylene resins with foaming additives，Ind. Eng. Chem. Res. 44 (17) (2005) 6685-6691.

[165] P. Tremblay，M. M. Savard，J. Vermette，R. Paquin，Gas permeability，diffusivity and solubility of nitrogen，helium，methane，carbon dioxide and formaldehyde in dense polymeric membranes using a new on-line permeation apparatus，J. Membr. Sci. 282 (1) (2006) 245-256.

[166] Y. Hsieh，X. Hu，Melting behaviour，crystal transformation and morphology of sulfo-nated poly (ethylene terephthalate) fibres，Polymer 38 (20) (1997) 5079-5084.

[167] N. Overbergh，H. Berghmans，H. Reynaers，Influence of crystallization and annealing conditions on the morphology of bulk-crystallized isotactic polystyrene，J. Polym. Sci. Part B Polym. Phys. 14 (1976) 1177-1186.

[168] G. Groeninckx，H. Reynaers，H. Berghmans，G. Smets，Morphology and melting behavior of semicrystalline poly (ethylene terephthalate) . I. Isothermally crystallized PET，J. Polym. Sci. Part B Polym. Phys. 18 (6) (1980) 1311-1324.

[169] G. Li，C. B. Park，A new crystallization kinetics study of polycarbonate under high-pressure carbon dioxide and various crystallinization temperatures by using magnetic suspension balance，J. Appl. Polym. Sci. 118 (5) (2010) 2898-2903.

[170] P. Scherrer，Bestimmung der Größe und der inneren Struktur von Kolloidteilchen mittels Röntgenstrahlen，Mathematisch-Physikalische Klasse 26 (1918) 98-100.

[171] M. Nofar，A. Ameli，C. B. Park，The thermal behavior of polylactide with different D-lactide content in the presence of dissolved CO_2，Macromol. Mater. Eng. 299 (10) (2014) 1232-1239.

[172] H. Xiao，L. Yang，X. Ren，T. Jiang，J. T. Yeh，Kinetics and crystal structure of poly (lactic acid) crystallized nonisothermally：effect of plasticizer and nucleating agent，Polym. Compos. 31 (12) (2010) 2057-2068.

[173] M. Li，D. Hu，Y. Wang，C. Shen，Nonisothermal crystallization kinetics of poly (lactic acid) formulations comprising talc with poly (ethylene glycol)，Polym. Eng. Sci. 50 (12) (2010) 2298-2305.

[174] D. Battegazzore，S. Bucchini，A. Frache，Crystallization kinetics of poly (lactic acid) -talc composites，Express Polym. Lett. 5 (10) (2011) 849-858.

[175] H. Li，A. Huneault，Effect of nucleation and plasticization on the crystallization of poly (lactic acid)，Polymer 48 (23) (2007) 6855-6866.

[176] D. Wu，L. Wu，L. Wu，B. Xu，Y. Zhang，M. Zhang，Nonisothermal cold crystallization beha-

vior and kinetics of polylactide/clay nanocomposites，J. Polym. Sci. Part B Polym. Phys. 45 （9）
（2007）1100-1113.

[177] M. Pluta，Morphology and properties of polylactide modified by thermal treatment，filling with
layered silicates and plasticization，Polymer 45 （24）（2004）8239-8251.

[178] E. Picard，E. Espuche，R. Fulchiron，Effect of an organo-modified montmorillonite on PLA cry-
stallization and gas barrier properties，Appl. Clay Sci. 53 （1）（2011）58-65.

[179] J. Y. Nam，S. S. Ray，M. Okamoto，Crystallization behavior and morphology of biodegradable
polylactide/layered silicate nanocomposite，Macromolecules 36 （19）（2003）7126-7131.

[180] J. J. Hwang，S. M. Huang，H. J. Liu，H. C. Chu，L. H. Lin，C. S. Chung，Crystallization kine-
tics of poly （L-lactic acid）/montmorillonite nanocomposites under isothermal crystallization con-
dition，J. Appl. Polym. Sci. 124 （3）（2012）2216-2226.

[181] M. Day，A. V. Nawaby，X. Liao，A DSC study of the crystallization behaviour of polylactic acid
and its nanocomposites，J. Therm. Anal. Calorim. 86 （3）（2006）623-629.

[182] S. Barrau，C. Vanmansart，M. Moreau，A. Addad，G. Stoclet，J. M. Lefebvre，et al. ，Cryst-
allization behavior of carbon nanotube-polylactide nanocomposites，Macromole-cules 44 （16）
（2011）6496-6502.

[183] Y. Li，Y. Wang，L. Liu，L. Han，F. Xiang，Z. Zhou，Crystallization improvement of poly （L-
lactide ） induced by functionalized multiwalled carbon nanotubes，J. Polym. Sci. Part B
Polym. Phys. 47 （3）（2009）326-339.

[184] Z. Xu，N. Yanhua，L. Yang，W. Xie，H. Li，Z. Gan，et al. ，Morphology，rheology and crys-
tallization behavior of polylactide composites prepared through addition of five-armed star polylac-
tide grafted multiwalled carbon nanotubes，Polymer 51 （3）（2010）730-737.

[185] J. W. Huang，Y. C. Hung，Y. L. Wen，C. C. Kang，M. Y. Yeh，Polylactide/nano-and micro-sc-
ale silica composite films. II. Melting behavior and cold crystallization，J. Appl. Polym. Sci. 112
（5）（2009）3149-3156.

[186] Z. Su，Y. Liu，W. Guo，Q. Li，C. Wu，Crystallization behavior of poly （lactic acid） filled with
modified carbon black，J. Macromol. Sci. Part B Phys. 48 （2009）670-683.

[187] G. Z. Papageorgioua，D. S. Achilias，S. Nanaki，PLA nanocomposites：effect of filler type on
non-isothermal crystallization，Thermochim. Acta 511 （1）（2010）129-139.

[188] B. Kalb，A. J. Pennings，General crystallization behaviour of poly （L-lactic acid），Polymer 21
（6）（1980）607-612.

[189] R. Vasanthakumari，A. J. Pennings，Crystallization kinetics of poly （l-lactic acid），Polymer 24
（2）（1983）175-178.

[190] M. Nofar，A. Tabatabaei，C. B. Park，Effects of nano-/micro-sized additives on the crystalliza-
tion behaviors of PLA and PLA/CO$_2$ mixtures，Polymer 54 （9）（2013）2382-2391.

[191] V. Kumar，Microcellular polymers：novel materials for the 21st century，Cell. Polym. 12 （3）
（1993）207-223.

[192] V. Maquet，S. Blacher，R. Pirard，J. P. Pirard，R. Jerome，Characterization of porous polylac-
tide foams by image analysis and impedance spectroscopy，Langmuir 16 （ 26 ）（ 2000 ）

10463-10470.

[193] J. Reignier, R. Gendron, M. F. Champagne, Extrusion foaming of poly (lactic acid) blown with CO_2: toward 100% green material, Cell. Polym. 26 (2) (2007) 83-115.

[194] M. Mihai, M. A. Huneault, B. D. Favis, H. Li, Extrusion foaming of semi-crystalline PLA and PLA/thermoplastic starch blends, Macromol. Biosci. 7 (7) (2007) 907-920.

[195] X. Liao, V. Nawaby, P. Whitfield, M. Day, M. Champagne, J. Denault, Layered open pore poly (L-lactic acid) nanomorphology, Biomacromolecules 7 (11) (2006) 2937-2941.

[196] M. Nofar, Effects of nano-/micro-sized additives and the corresponding induced crystallinity on the extrusion foaming behavior of PLA using supercritical CO_2, Mater. Des. 101 (2016) 24-34.

[197] H. E. Naguib, C. B. Park, U. Panzer, N. Reichelt, Strategies for achieving ultra low-density polypropylene foams, Polym. Eng. Sci. 42 (7) (2002) 1481-1492.

[198] P. Spitael, C. W. Macosko, Strain hardening in polypropylenes and its role in extrusion foaming, Polym. Eng. Sci. 44 (11) (2004) 2090-2100.

[199] J. Stange, H. J. Münstedt, Rheological properties and foaming behavior of polypropylenes with different molecular structures, J. Rheol. 50 (6) (2006) 907-923.

[200] L. Bao, J. R. Dorgan, D. Knauss, S. Hait, N. S. Oliveira, I. M. J. Maruccho, Gas perme-ation properties of poly (lactic acid) revisited, J. Membr. Sci. 285 (2006) 166-172.

[201] J. Wang, D. F. James, C. B. Park, Planar extensional flow resistance of a foaming plastic, J. Rheol. 54 (1) (2010) 95-116.

[202] M. Sentmanat, B. N. Wang, G. H. McKinley, Measuring the transient extensional rheology of polyethylene melts using the SER universal testing platform, J. Rheol. 49 (3) (2005) 585-606.

[203] M. Mihai, M. A. Huneault, B. D. Favis, Crystallinity development in cellular poly (lactic acid) in the presence of supercritical carbon dioxide, J. Appl. Polym. Sci. 113 (5) (2009) 2920-2932.

[204] J. Schultz, Polymer Crystallization: Development of Crystalline Order in Thermoplastic Polymers, American Chemical Society, 2001.

[205] P. Pan, Y. Inoue, Polymorphism and isomorphism in biodegradable polyesters, Prog. Polym. Sci. 34 (7) (2009) 605-640.

[206] D. Sawai, K. Takahashi, T. Imamura, K. Nakamura, T. Kanamoto, S. H. Hyon, Prep-aration of oriented β-form poly (L-lactic acid) by solid-state extrusion, J. Polym. Sci. Part B Polym. Phys. 40 (1) (2002) 95-104.

[207] M. Okamoto, P. Hoai Nam, P. Maiti, T. Kotaka, T. Nakayama, M. Takada, et al., Biaxial flow-induced alignment of silicate layers in polypropylene/clay nanocomposite foam, Nano Lett. 1 (9) (2001) 503-505.

[208] Y. Srithep, L. S. Turng, R. Sabo, C. Clemons, Nanofibrillated cellulose (NFC) rein-forced polyvinyl alcohol (PVOH) nanocomposites: properties, solubility of carbon di-oxide, and foaming, Cellulose 19 (4) (2012) 1209-1223.

[209] W. G. Zheng, Y. H. Lee, C. B. Park, Use of nanoparticles for improving the foaming behaviors of linear PP, J. Appl. Polym. Sci. 117 (5) (2010) 2972-2979.

[210] Z. Zhu, C. B. Park, J. Zong, Challenges to the formation of nano-cells in foaming processes,

Int. Polym. Process. 23 （3） （2008） 270-276.

[211] P. A. M. Lips，I. W. Velthoen，P. J. Dijkstra，M. Wessling，J. Feijen，Gas foaming of segmented poly （ester amide） films，Polymer 46 （22） （2005） 9396-9403.

[212] W. T. Zhai，C. B. Park，Effect of nanoclay on the cellular and crystallization morphologies of PLA during extrusion foaming，in：Polymer Processing Society -27，Marrakech，Morocco，May 10-14，2011，2011.

[213] A. Wong，S. F. L. Wijnands，T. Kuboki，C. B. Park，Mechanisms of nanoclay-enhanced plastic foaming processes：effects of nanoclay intercalation and exfoliation，J. Nanoparticle Res. 15 （2013） 1815. http：//dx. doi. org/10. 1007/s11051-013-1815-y.

[214] W. T. Zhai，T. Kuboki，L. Wang，C. B. Park，E. K. Lee，H. E. Naguib，Cell structure evolution and the crystallization behavior of polypropylene/clay nanocomposites foams blown in continuous extrusion，Ind. Eng. Chem. Res. 49 （20） （2010） 9834-9845.

[215] Q. Guo，J. Wang，C. B. Park，M. Ohshima，A microcellular foaming simulation system with a high pressure-drop rate，Ind. Eng. Chem. Res. 45 （18） （2006） 6153-6161.

[216] N. Naja.，M. C. Heuzey，P. Carreau，P. M. Wood-Adams，Control of thermal degra-dation of polylactide （PLA） -clay nanocomposites using chain extenders，Polym. Degrad. Stab. 97 （4） （2012） 554-565.

[217] M. Yuan，L. S. Turng，S. Gong，D. Caulfield，C. Hunt，R. Spindler，Study of injection molded microcellular polyamide-6 nanocomposites，Polym. Eng. Sci. 44 （4） （2004） 673-686.

[218] S. Wong，J. W. S. Lee，H. E. Naguib，C. B. Park，Effect of processing parameters on the mechanical properties of injection molded thermoplastic polyolefin （TPO） cellular foams，Macromol. Mater. Eng. 293 （7） （2008） 605-613.

[219] K. Hikita，Development of weight reduction technology for door trim using foamed PP，JSAE Rev. 23 （2） （2002） 239-244.

[220] J. W. S. Lee，C. B. Park，S. G. Kim，Reducing material costs with microcellular/fine-celled foaming，J. Cell. Plast. 43 （4-5） （2007） 297-312.

[221] J. W. S. Lee，C. B. Park，Use of nitrogen as a blowing agent for the production of fine-celled high-density polyethylene foams，Macromol. Mater. Eng. 291 （10） （2006） 1233-1244.

[222] J. W. S. Lee，J. Wang，J. D. Yoon，C. B. Park，Strategies to achieve a uniform cell structure with a high void fraction in advanced structural foam molding，Ind. Eng. Chem. Res. 47 （23） （2008） 9457-9464.

[223] S. Pilla，A. Kramschuster，S. Gong，A. Chandra，L. S. Turng，Solid and microcellular polylactide-carbon nanotube nanocomposites，Int. Polym. Process. 22 （5） （2007） 418-428.

[224] A. Kramschuster，S. Pilla，S. Gong，A. Chandra，L. S. Turng，Injection molded solid and microcellular polylactide compounded with recycled paper shopping bag fibers，Int. Polym. Process. 22 （5） （2007） 436-445.

[225] A. Kramschuster，S. Gong，L. S. Turng，T. Li，Injection-molded solid and microcellular polylactide and polylactide nanocomposites，J. Biobased Mater. Bioenergy 1 （2007） 37-45.

[226] S. Pilla，A. Kramschuster，L. Yang，J. Lee，S. Gong，L. S. Turng，Microcellular injection-mo-

lding of polylactide with chain-extender, Mater. Sci. Eng. C 29 (4) (2009) 1258-1265.

[227] S. S. Hwang, P. P. Hsu, J. M. Yeh, K. C. Chang, Y. Z. Lai, The mechanical/thermal properties of microcellular injection-molded poly-lactic-acid nanocomposites, Polym. Compos. 30 (11) (2009) 1625-1630.

[228] S. Pilla, A. Kramschuster, J. Lee, G. K. Auer, S. Gong, L. S. Turng, Microcellular and solid polylactide-flax fiber composites, Compos. Interfaces 16 (7-9) (2009) 869-890.

[229] S. Pilla, A. Kramschuster, J. Lee, C. Clemons, S. Gong, L. S. Turng, Microcellular processing of polylactide-hyperbranched polyester-nanoclay composites, J. Mater. Sci. 45 (10) (2010) 2732-2746.

[230] P. Egger, M. Fischer, H. Kirschling, A. K. Bledzki, Versatility mass production in MeCell injection moulding, Kunstst. Plast. Eur. 95 (12) (2005) 66-70.

[231] A. N. J. Sporrer, V. Altstadt, Controlling morphology of injection molded structural foams by mold design and processing parameters, J. Cell. Plast. 43 (4-5) (2007) 313-330.

[232] T. Ishikawa, M. Ohshima, Visual observation and numerical studies of polymer foaming behavior of polypropylene/carbon dioxide system in a core-back injection molding process, Polym. Eng. Sci. 51 (1) (2011) 1617-1625.

[233] T. Ishikawa, K. Taki, M. Ohshima, Visual observation and numerical studies of N_2 vs. CO_2 foaming behavior in core-back foam injection molding, Polym. Eng. Sci. 52 (4) (2012) 875-883.

[234] A. Ameli, D. Jahani, M. Nofar, P. Jung, C. B. Park, Processing and characterization of solid and foamed injection-molded polylactide with talc, J. Cell. Plast. 52 (4) (2013) 351-374.

[235] A. Ameli, D. Jahani, M. Nofar, P. U. Jung, C. B. Park, Development of high void fraction polylactide composite foams using injection molding: mechanical and thermal insu-lation properties, Compos. Sci. Technol. 90 (2014) 88-95.

[236] A. Ameli, M. Nofar, D. Jahani, G. Rizvi, C. B. Park, Development of high void fraction polylactide composite foams using injection molding: crystallization and foaming behaviors, Chem. Eng. J. 262 (2015) 78-87.

[237] N. Naja., M. C. Heuzey, P. J. Carreau, D. Therriault, C. B. Park, Mechanical and morphological properties of injection molded linear and branched-polylactide (PLA) nanocomposite foams, Eur. Polym. J. 73 (2015) 455-465.

[238] J. J. Lee, S. W. Cha, Characteristics of the skin layers of microcellular injection molded parts, Polym. Plast. Technol. Eng. 45 (7) (2006) 871-877.

[239] I. Pillin, N. Montrelay, A. Bourmaud, Y. Grohens, Effect of thermo-mechanical cycles on the physico-chemical properties of poly (lactic acid), Polym. Degrad. Stab. 93 (2) (2008) 321-328.

[240] R. Pantani, F. De Santis, A. Sorrentino, F. De Maio, G. Titomanlio, Crystallization kinetics of virgin and processed poly (lactic acid), Polym. Degrad. Stab. 95 (7) (2010) 1148-1159.

[241] M. H. Angela, C. J. Ellen, Improving mechanical performance of injection molded PLA by controlling crystallinity, J. Appl. Polym. Sci. 107 (4) (2008) 2246-2255.

[242] F. Yu, T. Liu, X. Zhao, X. Yu, A. Lu, J. Wang, Effects of talc on the mechanical and thermal properties of polylactide, J. Appl. Polym. Sci. 125 (S2) (2012) 99-109.

[243] T. Takayama, M. Todo, H. Tsuji, Effect of annealing on the mechanical properties of PLA/PCL and PLA/PCL/LTI polymer blends, J. Mech. Behav. Biomed. Mater. 4 (3)(2011) 255-260.

[244] X. Ran, Z. Jia, C. Han, Y. Yang, L. Dong, Thermal and mechanical properties of blends of polylactide and poly (ethylene glycol-co-propylene glycol): in. uence of annealing, J. Appl. Polym. Sci. 116 (4) (2010) 2050-2057.

[245] D. Jahani, A. Ameli, P. U. Jung, M. R. Barzegari, C. B. Park, H. Naguib, Open-cell cavity-integrated injection-molded acoustic polypropylene foams, Mater. Des. 53 (2014) 20-28.

[246] L. Yu, H. Liu, F. Xie, L. Chen, X. Li, Effect of annealing and orientation on micro-structures and mechanical properties of polylactic acid, Polym. Eng. Sci. 48 (4) (2008) 634-641.

[247] P. Rachtanapun, S. E. M. Selke, L. M. Matuana, Relationship between cell morphology and impact strength of microcellular foamed high density polyethylene/polypropylene blends, Polym. Eng. Sci. 44 (8) (2004) 1551-1560.

[248] L. M. Matuana, C. B. Park, J. J. Balatinecz, Cell morphology and property relationships of microcellular foamed pvc/wood-fiber composites, Polym. Eng. Sci. 38 (11) (1998) 1862-1872.

[249] M. Antunes, J. I. Velasco, E. Solorzano, M. A. Rodriguez-Perez, Heat Transfer in Multi-phase Materials, Springer, London, 2011.

[250] M. Antunes, V. Realinho, E. Solórzano, M. A. Rodríguez-Pérez, J. A. de Saja, J. I. Velasco, Thermal Conductivity of Carbon Nanofibre-Polypropylene Composite Foams, vols. 297-301, Defect and Diffusion Forum, 2010, pp. 996-1001.

[251] L. W. Hrubesh, R. W. Pekala, Thermal properties of organic and inorganic aerogels, J. Mater. Res. 9 (3) (1994) 731-738.

[252] D. Schmidt, V. I. Raman, C. Egger, C. D. Fresne, V. Schädler, Templated cross-linking reactions for designing nanoporous materials, Mater. Sci. Eng. C 27 (5) (2007) 1487-1490.

[253] N. Najafi, M. C. Heuzey, P. Carreau, D. Therriault, C. B. Park, Rheological and foaming behavior of linear and branched polylactides, Rheol. Acta 53 (10-11) (2014) 779-790.

[254] J. Xu, D. Pierick, Microcellular foam processing in reciprocating-screw injection molding machines, J. Inject. Molding Technol. 5 (3) (2001) 152-160.

[255] N. Najafi, M. C. Heuzey, P. J. Carreau, Polylactide-clay nanocomposites prepared by melt compounding in the presence of a CE, Compos. Sci. Technol. 72 (5) (2012) 608-615.

[256] W. Zhao, Y. Huang, X. Liao, Q. Yang, The molecular structure characteristics of LCB-PP and its effects on crystallization and mechanical properties, Polymer 54 (4) (2013) 1455-1462.

[257] R. F. Landel, L. E. Nielsen, Mechanical Properties of Polymers and Composites, second ed. , CRC Press, New York, 1993.

[258] M. Witt, S. Shah, Methods of Manufacture of Polylactic Acid Foams, 2012. US 8283389 B2.

[259] M. Shinohara, T. Tokiwa, H. Sasaki, Expanded Polylactic Acid Resin Beads and Foamed Molding Obtained Therefrom, 2004. EP1378538 A1.

[260] K. Haraguchi, H. Ohta, Expandable Polylactic Acid Resin Particles, 2005. EP1683828 A2.

[261] J. Noordegraaf, F. P. A. Kuijstermans, J. J. P. Maria De, Particulate, Expandable Polymer, Method for Producing Particulate Expandable Polymer, as well as a Special Use of the Obtained

Foam Material, 2011. US 0218257 A1.

[262] R. N. Britton, F. A. H. Cornelis Van Doormalen, J. Noordegraaf, K. Molenveld, G. G. J. Schennink, Coated Particulate Expandable Polylactic Acid, 2012. US 8268901 B2.

[263] R. N. Britton, J. J. P. Maria De, F. P. A. Kuijstermans, K. Molenveld, J. Noordegraaf, G. G. J. Schennink, F. A. H. Cornelis Van Doormalen, Polymer Blend Containing Poly-lactic Acid and a Polymer Having a Tg Higher than 60°C, 2009. EP2137249 A2.

[264] H. Sasaki, K. Ogiyama, A. Hira, K. Hashimoto, H. Tokoro, Production Method of Foamed Polypropylene Resin Beads, 2005. US 6838488 B2.

[265] F. Braun, Impregnating with Blowing Agent under Pressure, Heating, 2004. US 6723760 B2.

[266] H. Sasaki, M. Sakaguchi, M. Akiyama, H. Tokoro, Expanded Polypropylene Resin Beads and a Molded Article, 2001. US 6313184 B1.

[267] A. Hira, K. Hashimoto, H. Sasaki, Composite Foamed Polypropylene Resin Molding and Method of Producing Same, 2007. US 7182896 B2.

[268] J. B. Choi, M. J. Chung, J. S. Yoon, Formation of double melting peak of poly (propylene-co-ethylene-co-1-butene) during the preexpansion process for production of expanded polypropylene, Ind. Eng. Chem. Res. 44 (2005) 2776-2780.

[269] M. Nofar, Y. Guo, C. B. Park, Double crystal melting peak generation for expanded polypropylene bead foam manufacturing, Ind. Eng. Chem. Res. 52 (2013) 2297-2303.

[270] M. Nofar, C. B. Park, A Method for the Preparation of PLA Bead Foams, 2014. US 201600399-90 A1.

[271] C. Marrazzo, E. Di Maio, S. Iannace, Conventional and nanometric nucleating agents in poly (ecaprolactone) foaming: crystals vs. bubbles nucleation, Polym. Eng. Sci. 48 (2) (2008) 336-344.

[272] P. C. Lee, J. Wang, C. B. Park, Extruded open-cell foams using two semi-crystalline polymers with different crystallization temperatures, Ind. Eng. Chem. Res. 45 (1) (2006) 175-181.

[273] O. Monticelli, S. Bocchini, L. Gardella, D. Cavallo, P. Cebe, G. Germelli, Impact of synthetic talc on PLLA electrospun. bers, Eur. Polym. J. 49 (9) (2013) 2572-2583.

[274] Y. Guo, N. Hossieny, R. K. M. Chu, C. B. Park, N. Zhou, Critical processing parameters for foamed bead manufacturing in a lab-scale autoclave system, Chem. Eng. J. 214 (2013) 180-188.

[275] R. E. K. Lee, Novel Manufacturing Processes for Polymer Bead Foams (Ph. D. thesis), University of Toronto, 2010.

[276] J. Rossacci, S. Shivkumar, Bead fusion in polystyrene foams, J. Mater. Sci. 38 (2) (2003) 201-206.

[277] P. R. Stupak, J. A. Donovan, The effect of bead fusion on the energy absorption of polystyrene foam. Part II: Energy absorption, J. Cell. Plast. 27 (5) (1991) 506-513.

[278] P. R. Stupak, W. O. Fyre, J. A. Donovan, The effect of bead fusion on the energy absorption of polystyrene foam. Part I: Fracture toughness, J. Cell. Plast. 27 (5) (1991) 484-505.

[279] K. F. Wall, S. H. Bhavani, R. A. Overfelt, D. S. Sheldon, K. Williams, Investigation of the performance of an expandable polystyrene injector for use in the lost-foam casting process,

Metall. Mater. Trans. 34 (6) (2003) 843.

[280] M. N. Bureau, M. F. Champagne, R. Gendron, Impact-compression-morphology rela-tionship in polyole. n foams, J. Cell. Plast. 41 (1) (2005) 73-85.

[281] I. Beverte, Deformation of polypropylene foam neopolen® p in compression, J. Cell. Plast. 40 (3) (2004) 191-204.

[282] R. Bouix, P. Viot, J. L. Lataillade, Polypropylene foam behavior under dynamic loading: strain rate, density and microstructure effects, Int. J. Impact Eng. 36 (2) (2009) 329-342.

[283] S. Nakai, K. Taki, I. Tsujimura, M. Oshima, Numerical simulation of a polypropylene foam bead expansion process, Polym. Eng. Sci. 48 (1) (2008) 107-115.

[284] N. J. Mills, A. Gilchrist, Properties of bonded-polypropylene bead foams: data and modelling, J. Mater. Sci. 42 (9) (2007) 3177-3189.

[285] N. J. Mills, Time dependence of the compressive response of polypropylene bead foam, Cell. Polym. 16 (3) (1997) 194-215.

[286] N. J. Mills, A. Gilchrist, Shear and compressive impact of polypropylene bead foam, Cell. Polym. 18 (3) (1999) 157-174.

[287] W. T. Zhai, Y. W. Kim, C. B. Park, Steam-chest molding of expanded polypropylene foams. 1. DSC simulation of bead foam processing, Ind. Eng. Chem. Res. 49 (20) (2010) 9822-9829.

[288] W. T. Zhai, Y. W. Kim, D. W. Jung, C. B. Park, Steam-chest molding of expanded polypropyl-ene foams. 2. Mechanism of inter-bead bonding, Ind. Eng. Chem. Res. 50 (9) (2011) 5523-5531.